Studien zur theoretischen und empirischen Forschung in der Mathematikdidaktik

Reihe herausgegeben von

Gilbert Greefrath, Münster, Deutschland

Stanislaw Schukajlow, Münster, Deutschland

Hans-Stefan Siller, Würzburg, Deutschland

In der Reihe werden theoretische und empirische Arbeiten zu aktuellen didaktischen Ansätzen zum Lehren und Lernen von Mathematik – von der vorschulischen Bildung bis zur Hochschule – publiziert. Dabei kann eine Vernetzung innerhalb der Mathematikdidaktik sowie mit den Bezugsdisziplinen einschließlich der Bildungsforschung durch eine integrative Forschungsmethodik zum Ausdruck gebracht werden. Die Reihe leistet so einen Beitrag zur theoretischen, strukturellen und empirischen Fundierung der Mathematikdidaktik im Zusammenhang mit der Qualifizierung von wissenschaftlichem Nachwuchs.

Valentin Böswald

Die Rolle der Position der Fragestellung beim Textverstehen von mathematischen Modellierungsaufgaben

Zwei empirische Studien mit Befragungen und Eye-Tracking-Technologie

Springer Spektrum

Valentin Böswald
Münster, Deutschland

Dissertation am Institut für Didaktik der Mathematik und der Informatik der Universität Münster
Tag der mündlichen Prüfung: 29.06.2023
Erstgutachter: Prof. Dr. Stanislaw Schukajlow
Zweitgutachter: Prof. Dr. Stephan Dutke

ISSN 2523-8604 ISSN 2523-8612 (electronic)
Studien zur theoretischen und empirischen Forschung in der Mathematikdidaktik
ISBN 978-3-658-43674-2 ISBN 978-3-658-43675-9 (eBook)
https://doi.org/10.1007/978-3-658-43675-9

Die Deutsche Nationalbibliothek verzeichnet diese Publikation in der Deutschen Nationalbibliografie; detaillierte bibliografische Daten sind im Internet über http://dnb.d-nb.de abrufbar.

Planung/Lektorat: Marija Kojic
Springer Spektrum ist ein Imprint der eingetragenen Gesellschaft Springer Fachmedien Wiesbaden GmbH und ist ein Teil von Springer Nature.
Die Anschrift der Gesellschaft ist: Abraham-Lincoln-Str. 46, 65189 Wiesbaden, Germany

Das Papier dieses Produkts ist recyclebar.

Geleitwort

Mathematisches Modellieren in der Didaktik der Mathematik ist ein bedeutendes Forschungsfeld. In den vergangenen Jahrzehnten wurden zahlreiche Studien zum mathematischen Modellieren durchgeführt, welche unser Verständnis und Wissen über diese Fähigkeit erweitert und vertieft haben. Dennoch ist die Forschungslage hinsichtlich bestimmter Aspekte des Modellierens noch lückenhaft. Während es eine breite Basis von Erkenntnissen zu den allgemeinen Merkmalen von Modellierungsprozessen gibt, sind detaillierte Untersuchungen zu spezifischen Aspekten, die mit diesen Prozessen in Verbindung stehen, noch rar.

Herr Böswald hat einen solchen prozessbezogenen Aspekt als Thema seiner Dissertation ausgewählt. Er führte zwei Wirkungsstudien durch, bei denen der Einfluss der Position der Fragestellung beim mathematischen Modellieren im Mittelpunkt des Forschungsinteresses stand. Das Hauptziel dieser Arbeit war es, Verstehens- und Problemlöseprozesse in Abhängigkeit von der Position der Fragestellung zu analysieren. Dabei hat Herr Böswald in seiner Arbeit zwei Forschungsfelder auf anspruchsvolle Weise miteinander verknüpft: Textverstehensforschung und mathematisches Modellieren. Auf Basis dieser neuen theoretischen Überlegungen wurde ein Modell zur Wirkungsweise verschiedener Positionen der Fragestellung beim Modellieren entwickelt. Dieses Modell hat eine besondere Bedeutung für die Forschung zum mathematischen Modellieren und Textverstehen, da es die Auswirkungen der Position der Fragestellung auf die Leseprozesse differenziert und somit die Grundlagen für das Verständnis der Wirkungen der Fragestellung auf Verstehensprozesse und Leistungen legt.

Besonders hervorzuheben ist die Verwendung anspruchsvoller Erhebungs- und Auswertungsmethoden. Neben Leistungstests und Befragungen hat Herr Böswald auch Blickbewegungen der Schülerinnen und Schüler bei Lesen von

Aufgaben erfasst, die Rückschlüsse auf die zugrundeliegenden Verarbeitungsprozesse nahelegen. Die Arbeit zeichnet sich durch einen elaborierten methodischen Umgang mit komplexen Kombinationen aus Leistungs-, Selbstberichts- und Blickbewegungsdaten aus. Bei der Auswertung wurden viele wichtige Aspekte berücksichtigt, wie beispielsweise der Umgang mit fehlenden Werten durch die Einbindung des FIML-Algorithmus in MPLUS.

Eines der Hauptergebnisse der Studie 1 ist, dass keine Effekte der Position der Fragestellung auf abhängige Variablen wie Bearbeitungsdauer, Textverstehen oder Mathematisieren nachgewiesen werden konnten. Darüber hinaus zeigten sich auch keine indirekten Effekte des Textverstehens auf das Modellieren. Allerdings bestätigte sich die erwartete positive Korrelation zwischen Textverstehen und Leistungen beim Modellieren. In seiner Arbeit diskutiert Herr Böswald überzeugend mögliche Gründe dafür, dass die Ergebnisse nur teilweise die theoretischen Überlegungen unterstützen. In diesem Zusammenhang werden die Konzeption der Messinstrumente diskutiert, die in zukünftigen Studien stärker auf ein Leseziel und die gezielte Selektion von Informationen fokussieren sollten, und die Aktivierung möglicherweise hinderlichem Vorwissens. Die Ergebnisse von Studie 2 sind äußerst interessant und bestätigen größtenteils, dass es keine Effekte des Voranstellens der Fragestellung auf Leseleistungen, Textverstehen oder Bearbeitungsdauer gibt. Allerdings zeigen sich Zusammenhänge zwischen der Position der Fragestellung und der Bearbeitungsdauer. Die Diskussion der Ergebnisse verknüpft die Befunde der Dissertation mit den theoretischen Überlegungen und den Ergebnissen anderer empirischer Untersuchungen. Ein wichtiger Teil der Diskussion bezieht sich auf die Übertragbarkeit der Ergebnisse auf andere mathematische Themengebiete (wie Geometrie), andere Kompetenzbereiche (wie Argumentieren) und andere Probandengruppen (wie Schülerinnen und Schüler der Sekundarstufe I).

Abschließend wünschen wir Ihnen, liebe Leserinnen und Leser, eine erkenntnisreiche Lektüre und hoffen, dass die Ergebnisse und Erkenntnisse aus dieser Studie Ihr Verständnis für die mathematische Modellierungskompetenz und die Position der Fragestellung beim Leseverstehen bereichern werden. Möge dieses Buch dazu beitragen, neue Perspektiven und Impulse für die Lehre und Forschung in der Didaktik der Mathematik zu schaffen. Lassen Sie uns gemeinsam die Herausforderungen und Chancen des Leseverstehens und des Modellierens erkunden, um die mathematische Bildung unserer Schülerinnen und Schüler zu fördern.

Stanislaw Schukajlow
Stephan Dutke
(Universität Münster)
Münster, Deutschland

Danksagung

Auf meinem Weg zur Fertigstellung dieser Dissertation haben mich sehr viele Menschen begleitet. Es ist kaum möglich, alle namentlich zu erwähnen. Allen, die sich angesprochen fühlen, möchte ich ein herzliches „Danke!" aussprechen.

Einige haben jedoch so großen Anteil, dass ich ihnen hier persönlich danken möchte:

Zuallererst bedanke ich mich bei meinem Doktorvater, Prof. Dr. Stanislaw Schukajlow-Wasjutinski. Schon bei meinem ersten Gespräch nach meiner Initiativbewerbung hat er mir den Einstieg in die Wissenschaft leicht gemacht. In den vergangen vier Jahren konnte ich sehr viel von ihm lernen, vor allem durch die Betreuung dieser Arbeit. Aber auch die Publikation meines ersten wissenschaftlichen Artikels hat er maßgeblich initiiert und begleitet. Der Austausch über Forschungsmethoden und -vorhaben hat mich zwar gefordert, aber vor allem weitergebracht. Genauso gilt mein Dank meinem Zweitgutachter, Prof. Dr. Stephan Dutke. Durch ihn bin ich auf das spannende Thema des Textverstehens so aufmerksam geworden, dass ich mich fast vier Jahre intensiv mit dieser Thematik auseinandergesetzt habe.

Bedanken möchte ich mich auch bei Prof. Dr. Gilbert Greefrath, der im Institut und auf Konferenzen wertvolle Gedanken zu meiner Arbeit lieferte und sich bereitwillig als Drittprüfer bereiterklärt hat.

Das Projekt „Dealing with Diversity. Kompetenter Umgang mit Heterogenität durch reflektierte Praxiserfahrung" der WWU Münster wird im Rahmen der gemeinsamen „Qualitätsoffensive Lehrerbildung" von Bund und Ländern aus Mitteln des Bundesministeriums für Bildung und Forschung gefördert. Diese Dissertation wurde im Rahmen des dort verorteten Teilprojekts „Kooperative Praxisprojekte" angefertigt. Ich danke Frau Prof. Dr. Marion Bönnighausen und

Herrn Prof. Dr. Michael Hemmer für die wertschätzende Begleitung im Rahmen des Projekts.

Ebenfalls danken möchte ich meinen Kolleginnen und Kollegen im Institut. An die entspannte Atmosphäre beim gemeinsamen Mittagessen oder Kaffeetrinken, aber auch an die gegenseitige Unterstützung bei Kodierungen und Pilotierungen sowie den intensiven fachlichen Austausch werde ich mich gerne erinnern. Zu diesem Personenkreis zählen natürlich auch die Hilfskräfte, die einen beträchtlichen Teil der Kodierungen übernommen haben.

Ein besonderer Dank gilt auch meinen Freundinnen und Freunden sowie meiner Familie. Durch sie trug die Idee, eine Promotion anzustreben, überhaupt erst Früchte. Die bedingungslose Unterstützung ermöglichte es mir, mich auf mein Ziel zu konzentrieren. Meinen Eltern, Birgit und Michael, sei an dieser Stelle von Herzen gedankt. Nicht nur ihre Expertise im wissenschaftlichen Arbeiten und im Umgang mit Texten hat mich stets vorangebracht, sondern auch ihre unermüdliche Unterstützung und Ermutigung waren Grundlage für diese Arbeit.

Vor allem danke ich aber Lisa. Sie hat mich über die Jahre, in denen diese Arbeit gewachsen ist, immer wohlwollend und aufmunternd begleitet. Sie hat mich und mein Selbstbewusstsein bestärkt, wenn schier unüberwindbare Herausforderungen aufgetreten sind, und sie hat mich ertragen, wenn ich an meine Grenzen kam. Aber über allem steht die bedingungslose Wertschätzung, die sie mir immer entgegengebracht hat. Danke!

Zusammenfassung

Das Verstehen der Realsituation in Aufgaben zum mathematischen Modellieren ist eine notwendige Bedingung für einen korrekten Lösungsprozess. Eine Determinante des Textverstehens ist das Leseziel. Durch dieses kann die Aufmerksamkeit beim Lesen und Verstehen eines Textes auf lesezielrelevante Informationen gerichtet werden. Das Leseziel sollte sich konkretisieren lassen, indem die zu einer Modellierungsaufgabe zugehörige Fragestellung dem Aufgabentext vorangestellt wird. Frühere Studien zeigen, dass die Spezifizierung des Leseziels über die Voranstellung von Fragestellungen vor den Text positive Effekte auf das Leseverhalten, das Textverstehen und die Effizienz dabei induzieren kann. In zwei Studien wurde überprüft, inwiefern diese Ergebnisse sich auf Aufgaben zum mathematischen Modellieren übertragen lassen. In Studie 1 (N = 192) wurde mit Lernenden der gymnasialen Oberstufe und aus Erweiterungskursen der Realschule untersucht, welchen Einfluss die Position der Fragestellung auf das Textverstehen bei mathematischen Modellierungsaufgaben hat (Forschungsfrage 1), ob auch das Mathematisieren von der Position der Fragestellung beeinflusst wird und ob das Textverstehen hier als Mediator fungiert (Forschungsfrage 2) und welchen Einfluss die Position der Fragestellung auf die Lese- und Bearbeitungsdauer beim Textverstehen von mathematischen Modellierungsaufgaben hat (Forschungsfrage 3). In Studie 2 (N = 75) wurde überprüft, inwiefern sich die Ergebnisse der Forschungsfragen zum Textverstehen aus Studie 1 replizieren lassen (Forschungsfrage 4). Außerdem wurde untersucht, inwiefern die Position der Fragestellung das Leseverhalten beeinflusst und eine mögliche Mediation des Einflusses auf die Lesedauer vorliegt (Forschungsfrage 5) sowie inwiefern die Position der Fragestellung die Aufmerksamkeitsallokation auf (ir-)relevanten Informationen in den verschiedenen Phasen des Leseprozesses beeinflusst (Forschungsfrage 6).

Zur Erfassung des Textverstehens bei Modellierungsaufgaben wurde ein computerbasiertes Testverfahren entwickelt. Dieses wurde in beiden Studien von den Versuchspersonen bearbeitet. In Studie 2 wurden dabei die Blickbewegungen der Versuchspersonen aufgezeichnet. Zur Auswertung wurden Pfadanalysen eingesetzt. Als Kontrollvariablen wurden die Lesekompetenz, das mathematische Vorwissen und die Arbeitsgedächtnisspanne (nur in Studie 2) berücksichtigt.

In Studie 1 konnten keine signifikanten Einflüsse auf das Textverstehen bei Modellierungsaufgaben, das Mathematisieren sowie die Lese- oder die Bearbeitungsdauer nachgewiesen werden. In Studie 2 zeigte sich eine Verkürzung der Lesedauer durch die Voranstellung der Fragestellung vor den Aufgabentext, wenn die Lesedauer mithilfe von Blickbewegungen operationalisiert wurde. Die Bearbeitungsdauer wird hingegen durch die Voranstellung der Fragestellung vor den Aufgabentext verlängert. Die Versuchspersonen konnten ihre Aufmerksamkeit hypothesenkonform auf relevante und irrelevante Informationen aufteilen. Die Ergebnisse werden unter Bezug auf den bisherigen Forschungsstand und Grenzen der Untersuchungen diskutiert. Außerdem werden Implikationen für die Forschung und die (Schul-)Praxis abgeleitet.

Inhaltsverzeichnis

Abbildungsverzeichnis

Tabellenverzeichnis

Teil I Einleitung

Die Mathematik spielt nicht nur innerhalb der eigenen Domäne eine große Rolle, sondern auch für viele andere Domänen. Die dort verwendete Mathematik reicht von einfachen arithmetischen Operationen bis hin zu komplexen Überlegungen wie in der Astrophysik. Daraus erwächst die Notwendigkeit, die Welt um sich herum mathematisch betrachten und erschließen zu können und Probleme, die diese Situationen aufwerfen, mithilfe mathematischer Methoden lösen zu können. Diese Übersetzung von außermathematischen Situationen in mathematische Inhalte und die Rückübersetzung zurück in die außermathematische Realität wird als mathematisches Modellieren bezeichnet (Niss & Blum, 2020; Niss et al., 2007; Schukajlow et al., 2018). In nationalen und internationalen Schulleistungsstudien wird folglich diese Kompetenz zur Verwendung von Mathematik als Werkzeug zur Lösung von Problemen in realitätsbezogenen Kontexten als Kernstück von mathematischer Grundbildung angesehen (OECD, 2019a; Schwippert et al., 2020). Das mathematische Modellieren ist zudem auch in nationalen (KMK, 2012, 2022b, 2022c) und internationalen Curricula (z. B. USA, Japan, Australien, China, Singapur oder Chile; Niss & Blum, 2020; Schukajlow et al., 2021) explizit als Kernkompetenz für die Allgemeinbildung der Schülerinnen und Schüler aufgeführt. Ein Grundgedanke beim mathematischen Modellieren ist die Förderung der Bedeutung und der Relevanz der (schulischen) Mathematik durch die mathematische Auseinandersetzung mit realweltlichen Kontexten (Blum & Niss, 1991; Greer et al., 2009; Kaiser & Sriraman, 2006).

Frühere Untersuchungen haben gezeigt, dass die Bearbeitung von mathematischen Problemen, z. B. in Aufgaben, für das Lernen von Mathematik sehr wichtig sind. Beispielsweise wurden in der TIMSS-Studie 80 % der Zeit im Mathematikunterricht mit der Bearbeitung von Aufgaben verbracht (Hiebert et al., 2003). Insofern erscheint es dringend notwendig, aus einem nicht nur wissenschaftlichen, sondern auch einem praxis- weil schulbezogenen Erkenntnissinteresse heraus das Stellen von Aufgaben zu beforschen. Ein solcher Aufgabentyp sind

Aufgaben zum mathematischen Modellieren, die bezüglich der Kompetenzentwicklung und der kognitiven Prozesse von Lernenden untersucht werden (für einen Überblick siehe z. B. Cevikbas et al., 2022; Schukajlow et al., 2021). Verschiedenste Forschungsansätze in Bezug auf diese beiden Aspekte wurden bislang verfolgt, beispielsweise hinsichtlich der Entwicklung von Unterrichtseinheiten oder Lehrveranstaltungen zum mathematischen Modellieren (z. B. Frejd & Ärlebäck, 2011; M. Winter & Venkat, 2013), der Auseinandersetzung mit Modellierungsaufgaben zum Erwerb von Erfahrung beim mathematischen Modellieren (z. B. Djepaxhija et al., 2017; Zubi et al., 2019) oder dem Einsatz von digitalen Technologien wie dynamischer Geometriesoftware (z. B. Blomhøj, 2020; Hankeln & Greefrath, 2021; Rodríguez Gallegos & Quiroz Rivera, 2015). Auch die Metakognition von Lernenden (z. B. Frenken, 2022; R. Hidayat et al., 2020; Wijaya, 2017) und motivational-affektive Faktoren werden fokussiert (z. B. Böswald & Schukajlow, 2023a; Kaiser & Maaß, 2007; Schukajlow et al., 2023). Ein Forschungszweig widmet sich dezidiert dem Verstehensprozess beim mathematischen Modellieren (z. B. Krawitz, Chang et al., 2022; Leiss et al., 2019). Diesem wird eine große Rolle zugeschrieben, da bei der Bearbeitung von Modellierungsaufgaben etwa 40 % der gesamten Bearbeitungszeit auf Verstehensprozesse aufgewendet werden (Leiss et al., 2019). Bisher ist jedoch noch nicht viel darüber bekannt, wie sich die konkrete Frage- bzw. Aufgabenstellung auf das Textverstehen und das Lösen von Modellierungsaufgaben auswirkt. Insbesondere an darauf ausgerichteten psychologischen Experimenten fehlt es bislang.

Eine mögliche Variation zur Untersuchung der Rolle der Fragestellung bietet die trivial erscheinende Frage, ob die Fragestellung den Lernenden vor oder nach dem Aufgabentext präsentiert werden sollte. Diese sogenannten Effekte der Position der Fragestellung (*Question Placement Effects*) untersuchten Thevenot et al. (2007) für Textaufgaben aus dem Inhaltsbereich der Arithmetik. Sie konnten zeigen, dass die Aufgaben signifikant besser bearbeitet wurden, wenn die Fragestellung vor dem Aufgabentext platziert wurde. Als Begründung führten Thevenot et al. an, dass das Textverstehen durch die Voranstellung der Fragestellung vor den Aufgabentext unterstützt wurde. Sie merkten ferner an, dass die Unterstützung des Textverstehens durch die Voranstellung insbesondere bei schwierigeren Aufgabentypen noch stärker ausfallen sollte. Passend zum Befund der wachsenden Wichtigkeit des Textverstehens mit ansteigender Komplexität der mathematischen Aufgaben (Hickendorff, 2021) und dem kognitiven Anspruch, den Modellierungsaufgaben mit sich bringen (Greefrath, 2018; Niss & Blum, 2020; Schukajlow et al., 2021), rückt dieser Aufgabentyp somit in den Fokus dieser Arbeit. Wegen der Bedeutsamkeit von Fragestellungen für das Textverstehen, auch über die Mathematik hinaus, sollte die Position der Fragestellung kritisch hinterfragt und evaluiert werden.

Fragestellung und Zielsetzung 1

Diese Arbeit verfolgt zwei übergeordnete Ziele. Zunächst sollen theoretische und empirische Befunde in den Bereichen der Informationsverarbeitung im Gedächtnis, des Textverstehens und des mathematischen Modellierens zusammengefasst und -geführt werden, und daraus anschließend der Einfluss von Fragestellungen und ihrer Platzierung vor bzw. nach dem Aufgabentext auf das Verstehen bei mathematischen Modellierungsaufgaben grundgelegt werden. In einem zweiten Schritt sollen aus dieser Zusammenschau der Theorie und Empirie Forschungsfragen abgeleitet werden, deren Beantwortung das Ziel der zwei empirischen Studien ist, die in dieser Arbeit vorgestellt werden. Der Fokus dieser Forschungsfragen liegt auf der Rolle der Position der Fragestellung für das Textverstehen bei Modellierungsaufgaben, dem dafür grundlegenden Leseverhalten und der damit verbundenen Aufmerksamkeitsallokation. Abschließend sollen aus den Studien resultierende Konsequenzen für die Forschung und die Praxis festgehalten werden. Diese Arbeit soll somit einen theoretischen und empirischen Vergleich von Lese- und Verstehensprozessen bei Modellierungsaufgaben in Abhängigkeit von der Position der Fragestellung ermöglichen.

V. Böswald, *Die Rolle der Position der Fragestellung beim Textverstehen von mathematischen Modellierungsaufgaben*, Studien zur theoretischen und empirischen Forschung in der Mathematikdidaktik,
https://doi.org/10.1007/978-3-658-43675-9_1

Aufbau der Arbeit

2

Die Arbeit besteht aus verschiedenen Teilen. Zuerst werden theoretische Grundlagen vorgestellt: Anfangs werden zunächst Grundlagen zur Informationsverarbeitung im Gedächtnis eingeführt, bevor das mathematische Modellieren fokussiert wird. Anschließend wird auf das Lesen und Verstehen von Texten eingegangen. In einem nächsten Schritt werden diese beiden letztgenannten Kapitel zusammengeführt, indem die Rolle des Textverstehens bei mathematischen Modellierungsaufgaben genauer beleuchtet wird. Daraufhin wird die Relevanz von Fragestellungen aufgezeigt, indem zu Beginn des Kapitels die Bedeutung von Fragen für den Verstehensprozess von Texten allgemein vorgestellt wird und anschließend hergeleitet wird, welche entscheidenden Einflüsse die Platzierung der Fragestellung vor oder nach dem Text auf den Verstehensprozess insbesondere bei mathematischen Modellierungsaufgaben mit sich bringt.

Auf diesen theoretischen Grundlagen basieren zwei empirische Studien, in denen die aufgeworfenen Forschungsfragen mit quantitativen Methoden beantwortet werden sollen. Zunächst wird die Methodik von Studie 1 ausführlich vorgestellt, bevor ihre Ergebnisse präsentiert und diskutiert werden. Die Vorstellung der zweiten Studie mit Methodik, Ergebnissen und Diskussion schließt sich an, bevor im letzten Teil der vorliegenden Arbeit eine Zusammenführung der Ergebnisse aus beiden Studien vorgenommen und ausführlich diskutiert wird, auch mit Blick auf Limitationen der Studien.

Zuletzt erfolgt eine Zusammenfassung der Arbeit und ein Ausblick auf Implikationen praktischer sowie akademischer Natur und auf anzustrebende Folgeuntersuchungen wird gegeben.

V. Böswald, *Die Rolle der Position der Fragestellung beim Textverstehen von mathematischen Modellierungsaufgaben*, Studien zur theoretischen und empirischen Forschung in der Mathematikdidaktik,
https://doi.org/10.1007/978-3-658-43675-9_2

Teil II
Theoretische Grundlagen

3 Informationsverarbeitung im Gedächtnis

Grundlegend für das Denken und Handeln des Menschen ist die Wahrnehmung und Verarbeitung von Informationen. Darunter lassen sich beispielsweise visuelle und akustische Reize (etwa Bilder, Buchstaben(-kombinationen) oder Geräusche) fassen, aber auch Wissensbestände über die Welt und die eigene Person (Gruber, 2018). Diejenigen Prozesse und Systeme, „die für die Einspeicherung, die Aufbewahrung, den Abruf und die Anwendung von Informationen zuständig sind, sobald die ursprüngliche Quelle der Information nicht mehr verfügbar ist" (Gruber, 2018, S. 2), konstituieren das Gedächtnis. Dabei sind vor allem drei Gedächtnisprozesse von zentraler Bedeutung: Das Enkodieren, die Retention bzw. Konsolidierung und der Abruf (Gruber, 2018). Enkodierung meint den Prozess der Informationsverarbeitung, bei dem Informationen im Gedächtnis unter Verfügbarkeit des betreffenden Reizes (z. B. visuell) initial gespeichert werden. Dieser Prozess ist die Grundlage zum Aufbau einer neuen Gedächtnisspur. Gedächtnisspuren definiert Gruber (2018, S. 95) wie folgt: „Die Gedächtnisspur bzw. das Engramm eines Reizes ist die physiologische Spur, die eine Reizeinwirkung als dauerhafte Veränderung im Gehirn hinterlässt. Die Gesamtheit aller Engramme … ergibt das Gedächtnis." Die Retention von Informationen bezieht sich darauf, wie diese gespeicherten Informationen aufrechterhalten werden, wenn die Verfügbarkeit des Reizes nicht mehr gewährleistet ist. Unter der Konsolidierung ist die neuronale Festigung der Gedächtnisspur zur betreffenden Information zu verstehen, die während der Retentionsphase abläuft. Der Abruf von Informationen umfasst, wie die im Gedächtnis gespeicherten Informationen wieder verfügbar gemacht werden können (z. B. zur sprachlichen Wiedergabe). Da sich die Konsolidierung auf neuronale Prozesse bezieht, deren Beleuchtung

V. Böswald, *Die Rolle der Position der Fragestellung beim Textverstehen von mathematischen Modellierungsaufgaben*, Studien zur theoretischen und empirischen Forschung in der Mathematikdidaktik,
https://doi.org/10.1007/978-3-658-43675-9_3

für diese Arbeit zu weit führen würde, werden in den folgenden Ausführungen Konsolidierungsprozesse ausgespart.

Im Folgenden soll zunächst der Aufbau des Gedächtnisses anhand des Mehrspeichermodells von Atkinson und Shiffrin (1968) vorgestellt werden, bevor erst das Langzeitgedächtnis und dann das Arbeitsgedächtnis als zentrale Komponenten des Gedächtnisses detaillierter betrachtet werden sollen. Grundlegend dafür ist die Kognitionspsychologie und eine ihrer zentralen Herausforderungen: „A central issue in higher-level cognition is control – what gives thought its direction, and what controls the transition from thought to thought." (Anderson, 1983, S. ix). An diese Ausführungen schließt sich die nähere Betrachtung der Bedeutung von Aufmerksamkeit für das Gedächtnis an. Abschließend rückt das kognitive Lernen in den Fokus.

3.1 Aufbau des Gedächtnisses

Grundlage für viele moderne Theorien zum Aufbau des Gedächtnisses bildet das Mehrspeichermodell bzw. modale Modell nach Atkinson und Shiffrin (1968). So halten Malmberg et al. (2019, S. 571) fest: „Much, probably most, of the Atkinson and Shiffrin model remains in regular use today, albeit sometimes under alternative terminology." Etwa wird in anderen Theorien der Begriff des Arbeitsgedächtnisses statt dem von Atkinson und Shiffrin (1968) postulierten Kurzzeitgedächtnis verwendet (Baddeley & Hitch, 1974). Starke Einflüsse des Modells finden sich z. B. im SAM-Modell (Raaijmakers & Shiffrin, 1980, 1981), im Recognition-Modell (Gillund & Shiffrin, 1984), dem REM-Modell (Shiffrin & Steyvers, 1997), dem One-Shot-of-Context-Modell (Malmberg & Shiffrin, 2005), dem SARKAE-Modell (Nelson & Shiffrin, 2013) und dem Ansatz zur dynamischen Modellierung des Gedächtnisses (Cox & Shiffrin, 2017) wieder (für einen Überblick siehe Malmberg et al., 2019).

Atkinson und Shiffrin (1968) gehen in ihrem grundlegenden Rahmenmodell davon aus, dass sich das Gedächtnis in drei strukturell verschiedene Komponenten ausdifferenzieren lässt: das sensorische Gedächtnis, das Kurzzeit- und das Langzeitgedächtnis (vgl. Abbildung 3.1). Im Folgenden sollen nun die verschiedenen Komponenten kurz vorgestellt werden, bevor dann ein besonderer Fokus auf das aus dem Kurzzeitgedächtnis weiterentwickelte Arbeitsgedächtnis gelegt wird.

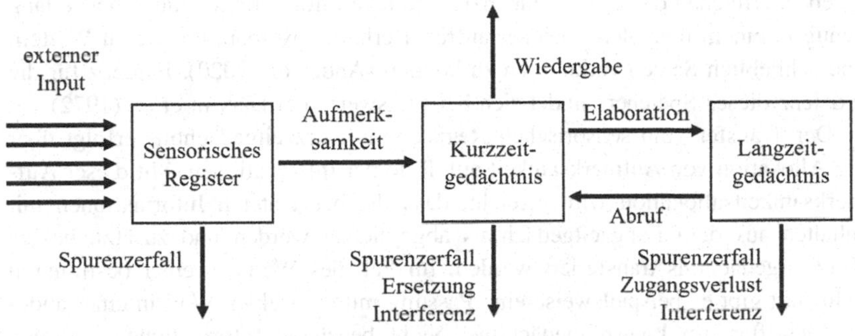

Abbildung 3.1 Mehrspeichermodell nach Atkinson & Shiffrin (1968)

Atkinson und Shiffrin (1968) postulieren in ihrem Modell, dass die eingehende, also wahrgenommene Information zunächst im sensorischen Register aufgenommen wird. Es wird der genaue Reiz abgespeichert, es findet also noch keine weitere Verarbeitung statt. Wird beispielsweise ein Wort in einer bestimmten Schriftart betrachtet, so wird dieses in genau dieser Schriftart im sensorischen Register abgelegt. Die Haltedauer der Information in diesem auch als Ultrakurzzeitgedächtnis bezeichneten Speicher ist stark begrenzt. So können visuelle Reize weniger als eine Sekunde lang gespeichert werden, akustische Reize etwas länger als eine Sekunde. Die Kapazität ist jedoch sehr groß (Hergovich, 2021). Ein klassischer Befund, der als Existenznachweis dieser Komponente herangezogen wird, findet sich bei Sperling (1960). In diesem Experiment wurden Versuchspersonen für eine bestimmte Zeit drei Reihen mit je vier Buchstaben präsentiert. Sobald diese Buchstaben nicht mehr sichtbar waren, wurden die Versuchspersonen mit einem Ton dazu aufgefordert, sich je nach Tonhöhe an eine der drei Reihen zu erinnern und diese wiederzugeben (hoher Ton: Reihe 1, mittlerer Ton: Reihe 2, tiefer Ton: Reihe 3). Die Versuchspersonen waren zumeist zu korrekten Antworten in der Lage, obwohl sie vorher nicht wussten, welche Reihe abgerufen werden muss. In Verbindung mit dem Befund, dass die Anzahl der korrekten Antworten mit zunehmendem Abstand zwischen Verschwinden der Buchstabenreihen und dem Signalton sank, gehen Sperling (1960) und schließlich auch Atkinson und Shiffrin (1968) von einem mindestens visuellen sensorischen Speicher aus.

Neben diesem visuellen Speicher vermuten Atkinson und Shiffrin (1968) außerdem einen auditorischen Speicher, in dem akustische Signale initial verarbeitet werden. Die Notwendigkeit eines solchen Speichers ergibt sich am Beispiel von gesprochener Sprache. Die einzelnen Laute, die Wörter und schließlich Sätze ergeben, erreichen das Gehör sequenziell. Solche Informationen müssen also lang genug in einem mentalen Speicher aufrecht erhalten werden, um sie zu Wörtern und schließlich Sätzen verknüpfen zu können (Anderson, 2020). Evidenz für die Existenz dieses Speichers findet sich beispielsweise bei Darwin et al. (1972).

Der Transfer vom sensorischen Register ins Kurzzeitgedächtnis erfolgt über die Allokation von Aufmerksamkeit auf Teile der Informationen. Mit dieser Aufmerksamkeitsallokation wird erreicht, dass die betrachteten Informationen mit Inhalten aus dem Langzeitgedächtnis abgeglichen werden und zusätzliche ins Kurzzeitgedächtnis transferiert werden. Im Fall des Worts in einer bestimmten Schriftart gibt es beispielsweise eine Passung mit demselben Wort in einer anderen Schriftart im Langzeitgedächtnis. Nicht beachtete Informationen zerfallen wegen der kurzen Haltedauer des sensorischen Registers. Ein solcher Zerfall von Informationen wird als „Spurenzerfall" bezeichnet (Hergovich, 2021). An dieser Stelle ist anzumerken, dass Atkinson und Shiffrin (1968) unter Transfer keine vollständige Übertragung von einem Speicher zum anderen inklusive der Entfernung der Informationen aus ersterem meinen. Vielmehr meinen sie das Anlegen einer Kopie der betreffenden Informationen in letzterem. Wird also ein betrachtetes Wort vom sensorischen Register in das Kurzzeitgedächtnis transferiert, so geht der visuelle Reiz nicht durch den Transfervorgang verloren, sondern durch den Spurenzerfall entsprechend der Charakteristika des sensorischen Registers.

Im Kurzzeitgedächtnis, auch schon von Atkinson und Shiffrin (1968) als „working memory" (S. 92) bezeichnet, werden die Informationen aus dem sensorischen Register, auf die Aufmerksamkeit allokiert wurde, kurzfristig abgelegt, um sie beispielsweise direkt wiedergeben oder aber durch Elaboration ins Langzeitgedächtnis transferieren zu können. Eine begrenzte Menge an Informationen kann gleichzeitig aufrechterhalten werden kann, indem die betreffenden Informationen aktiv wiederholt werden (Atkinson & Shiffrin, 1968). Informationen, die im Kurzzeitgedächtnis gespeichert werden, müssen nicht notwendigerweise von ähnlicher Struktur sein wie bei ihrer ursprünglichen Ablegung im sensorischen Register. Beispielsweise kann ein betrachtetes Wort auch akustisch, also in seiner Aussprache gespeichert werden. Im Mehrspeichermodell werden verschiedene Annahmen zum Kurzzeitgedächtnis getroffen (für eine ausführliche Diskussion siehe z. B. Anderson, 2020; Hergovich, 2021). Das Kurzzeitgedächtnis erfüllt die Funktion der Aufrechterhaltung von Informationen und hat eine Kapazität von 7 ± 2 Elementen. Dies entspricht der unmittelbar nach der Präsentation reproduzierbaren Anzahl an Elementen (auch als Gedächtnisspanne bezeichnet; Anderson, 2020). Die Informationen, die im Kurzzeitgedächtnis gleichzeitig aufrechterhalten werden können, haben eine maximale Haltedauer von 30 Sekunden. Diese Haltedauer gilt den Annahmen entsprechend, wenn keine zusätzlichen

Anstrengungen zum Erinnern der Informationen unternommen werden (z. B. aktives Memorieren; Hergovich, 2021). Eine weitere Annahme bezieht sich auf den Transfer ins Langzeitgedächtnis. Es wird davon ausgegangen, dass nur solche Informationen, die aktiv wiederholt oder elaboriert werden, überhaupt ins Langzeitgedächtnis transferiert werden können. Informationen, die nicht durch Techniken wie inneres Sprechen wiederholt werden, würden zerfallen. Außerdem könnte die Menge an transferierten Informationen durch die Güte der Memorierung beeinflusst werden. Ferner sei der Spurenzerfall verantwortlich dafür, dass Informationen nicht mehr erinnert werden, also vergessen werden. Eine letzte Annahme bezieht sich auf semantische Informationen. Ihnen wird nur im Langzeitgedächtnis Relevanz zugeschrieben, nicht im Kurzzeitgedächtnis (Anderson, 2020).

Da diese Annahmen widerlegt werden konnten (für einen Überblick siehe Hergovich, 2021), wird das Kurzzeitgedächtnis insbesondere in seiner Weiterentwicklung zum Arbeitsgedächtnis (z. B. Baddeley & Hitch, 1974) in 3.3 näher beleuchtet. Beispielsweise wurden Interferenzen nicht als Ursache für das Vergessen von Informationen berücksichtigt. Interferenzen umfassen z. B. die Beeinträchtigung beim Erinnern von Informationen durch zuvor oder anschließend erinnerte Informationen (z. B. Wickens, 1973).

Nach Atkinson und Shiffrin (1968) findet der Transfer vom Kurzzeit- ins Langzeitgedächtnis schon statt, während die Informationen noch im Kurzzeitgedächtnis aufrecht erhalten werden. Welche und wie viele Informationen tatsächlich übertragen werden, hängt dabei von den elaborierenden Prozessen ab, auf die im weiteren Verlauf dieses Kapitels näher eingegangen wird.

Das Langzeitgedächtnis erfüllt im Modell von Atkinson und Shiffrin (1968) die Funktion der (beinahe) dauerhaften Informationsspeicherung. Damit unterscheidet es sich grundlegend von den anderen beiden Komponenten, da in diesen letztlich alle enthaltenen Informationen verloren gehen. Die hier gespeicherten Informationen bleiben jedoch bis zum erneuten Abruf unbewusst. Informationen, die im Langzeitgedächtnis abgespeichert werden, sind dort miteinander vernetzt. Beispielsweise konnten Palermo und Jenkins (1964) zeigen, dass der Begriff „Schuh“ in vielen Fällen die Assoziation „Fuß“ mit sich bringt und umgekehrt genauso. Atkinson und Shiffrin (1968) gehen davon aus, dass eine Information mehrfach abgespeichert werden kann, d. h. für eine Information können mehrere Gedächtnisspuren angelegt werden. Diese können, müssen aber nicht vollständig sein. Es können also auch unvollständige Informationen im Langzeitgedächtnis gespeichert werden.

Transferprozesse sind im Modell von Atkinson und Shiffrin (1968) auch vom Langzeit- ins Kurzzeitgedächtnis möglich. Solche Abrufprozesse treten beispielsweise auf, wenn einem zuvor betrachteten Wort eine oder mehrere Bedeutungen zugewiesen werden oder wenn gelernte mathematische Verfahren angewendet werden. Atkinson und Shiffrin (1968) postulieren, dass mehr als nur solche Informationen aus dem Langzeitgedächtnis in das Kurzzeitgedächtnis transferiert werden, als für den Abgleichungsprozess beim Transfer vom sensorischen Register ins Kurzzeitgedächtnis vonnöten sind. Als Beispiel für solche zusätzlichen Informationen führen sie die Betrachtung einer bestimmten Frucht an. Hier würde nicht nur der Name der Frucht ins Kurzzeitgedächtnis transferiert werden, sondern auch weitere Informationen bezüglich ähnlicher Früchte, wie sich die Frucht anfühlt, wie sie riecht und wie sie schmeckt – sofern diese Informationen im Langzeitgedächtnis vorhanden sind.

Beispielhafte Gedächtnisinhalte in Bezug auf die von Atkinson und Shiffrin (1968) postulierten Gedächtnissysteme und deren Haltedauer finden sich in Abbildung 3.2.

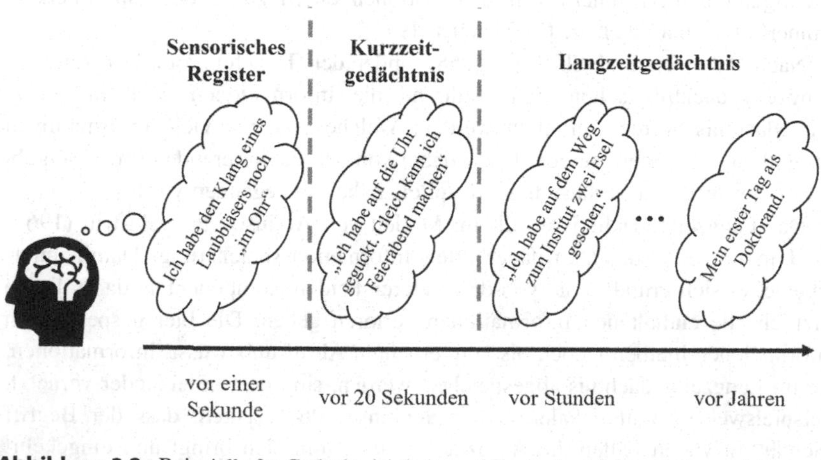

Abbildung 3.2 Beispielhafte Gedächtnisinhalte auf Basis des Mehrspeichermodells nach Atkinson und Shiffrin (1968)

3.2 Langzeitgedächtnis

Eine Weiterentwicklung zum Langzeitgedächtnis, wie Atkinson und Shiffrin (1968) es postulieren, findet sich im Adaptive-Control-of-Thought-Modell (ACT-Modell; Anderson, 2007). Dort wird postuliert, dass der Grad der Aktivierung sowohl die Wahrscheinlichkeit, dass eine bestimmte Information aus dem Langzeitgedächtnis abgerufen wird, als auch die Geschwindigkeit, mit der der Abruf erreicht wird, bestimmt. Über den Mechanismus der Aktivierungsausbreitung (*activation spreading*) werden Informationen aktiviert, die mit der gerade verarbeiteten Information assoziiert sind (Anderson, 2020). Diese werden somit auch abrufbar. Der Prozess der Aktivierungsausbreitung ist von hoher Relevanz für das Textverstehen (siehe 5.3).

Nicht nur bei Anderson (1983, 2007) finden sich Weiterentwicklungen in der Konzeption des Langzeitgedächtnisses. Squire (1987) liefert eine weiterhin gültige (z. B. Anderson, 2020) Ausdifferenzierung des Langzeitgedächtnisses in ein deklaratives und nicht-deklaratives System auf Grundlage von früheren Arbeiten, ähnlich wie Atkinson und Shiffrin (1968). Das deklarative Gedächtnis kann wiederum feiner in das episodische und das semantische Gedächtnis unterteilt werden, das nicht-deklarative Gedächtnis in das prozedurale und perzeptuelle Gedächtnis, in dem z. B. das Priming eine Rolle spielt (siehe Abbildung 3.3). Außerdem führt Squire (1987) die klassische Konditionierung und Habituation als Subsysteme des nicht-deklarativen Gedächtnisses an. Diese sind für die vorliegende Arbeit jedoch nicht von Bedeutung und werden folglich nicht näher berücksichtigt.

In dieser Taxonomie werden die Gedächtnissysteme nach der Art der Repräsentation ausdifferenziert. Grundlegend ist die angesprochene Unterteilung in das deklarative und nicht-deklarative Gedächtnis. In ersterem sind und werden Informationen gespeichert, die explizit und bewusst benannt (d. h. deklariert) werden können. Die Abgrenzung in das semantische und episodische Gedächtnis (v. a. auf Basis von Tulving, 1972; 1986) ermöglicht die Unterscheidung von einerseits Fakten- und Weltwissen, also beispielsweise Wörtern und ihren Bedeutungen, aber auch Informationen über Orte und Sehenswürdigkeiten, und andererseits autobiografischem Wissen über frühere Ereignisse im eigenen Leben. Letztgenannte Informationen können zeitlich datiert werden, beim semantischen Gedächtnis ist für die Person unklar, wie sie diese erworben hat (Squire, 1987). Eine Übersicht über Gemeinsamkeiten und Unterschiede zwischen dem episodischen und dem semantischen Gedächtnis findet sich in Tabelle 3.1.

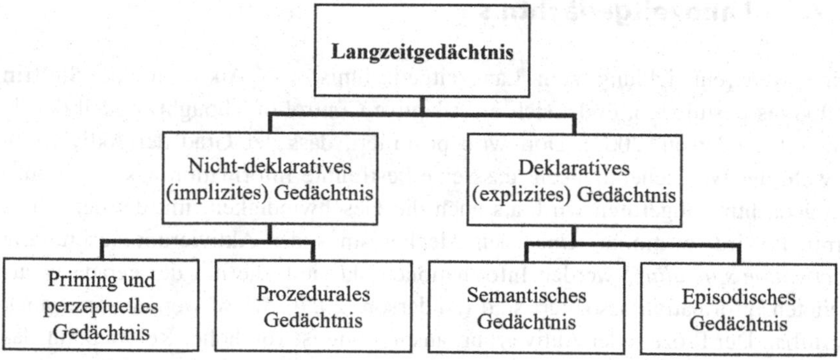

Abbildung 3.3 Ausdifferenzierung des Langzeitgedächtnisses in Anlehnung an Squire (1987)

Tabelle 3.1 Gemeinsamkeiten und Unterschiede zwischen episodischem und semantischem Gedächtnis nach Hergovich (2021)

episodisches Gedächtnis	semantisches Gedächtnis
autobiografisch („Ich erinnere mich")	faktisch („Ich weiß")
raum-zeitlicher Bezug	raum-zeitlicher Bezug nicht notwendig
Information wurde in einer einzigen Situation gelernt, kann aber durch Verarbeitung ähnlicher Episoden geschwächt werden	Information kann in einer Situation gelernt werden, Verstärkung ist durch Wiederholung möglich
flexibel kommunizierbar	
bewusst zugänglich	

Dem deklarativen Gedächtnis gegenüber steht das nicht-deklarative Gedächtnis, das sich im Sinne der vorliegenden Arbeit in das prozedurale Gedächtnis und das perzeptuelle Gedächtnis feiner ausdifferenzieren lässt und in dem abgespeicherte Informationen nur implizit verfügbar sind, d. h. nicht bewusst zugänglich sind (Squire, 1987). Im prozeduralen Gedächtnis sind vor allem motorische, kognitive und perzeptuelle Fertigkeiten gespeichert (Anderson, 2020), also das Wissen darüber, auf welche Art ein Ball geworfen werden kann, der Satz des Pythagoras angewandt wird oder wie die Augen zur Erkennung von Wörtern bewegt werden müssen. Das Wiedererkennen von Inhalten aufgrund von Ähnlichkeit zu bereits Bekanntem ist Kernstück des perzeptuellen Gedächtnisses. Das perzeptuelle Gedächtnis spielt beispielsweise bei der Wiedererkennung von Personen eine Rolle, aber auch bei der Wiedererkennung eines Symbols als Buchstabe und somit auch einer Buchstabenkombination als Wort. Priming bedeutet in diesem Kontext die Erhöhung der Wiedererkennungswahrscheinlichkeit für Reize bzw. Inhalte, die kurz zuvor schon wahrgenommen wurden (Tulving & Schacter, 1990; Wiggs & Martin, 1998).

Die langfristige Speicherung von Informationen im Langzeitgedächtnis, bei dem Informationen in Wissen transformiert werden, wird zumeist als Wissenserwerb oder Lernen bezeichnet (Aamodt & Nygård, 1995; Renkl, 2020). Im Rahmen dieser Arbeit werden diese Begriffe synonym verwendet und meinen das Anlegen neuen Wissens bzw. die Stärkung vorhandenen Wissens (für eine Ausdifferenzierung verschiedener Arten von Wissen, beispielsweise deklaratives, prozedurales oder metakognitives Wissen, siehe z. B. de Jong & Ferguson-Hessler, 1996 oder Alexander et al., 1991). Da das Langzeitgedächtnis in erster Linie der Speicher des Wissens ist, hauptsächlich jedoch das Arbeitsgedächtnis eine herausragende Rolle für Lernprozesse spielt, wird im folgenden Abschnitt näher auf Lernprozesse eingegangen.

Abschließend sei noch angeführt, dass das deklarative und nicht-deklarative System auch dissoziativ fungieren können. Anderson (2020) führt etwa als Beispiel das Schreiben auf einer Tastatur an: Eine Person, die gelernt hat, etwas ohne auf die Tastatur zu blicken beinahe fehlerfrei zu schreiben, weist hohes implizites Wissen in diesem Bereich auf. Damit geht jedoch nicht einher, dass diese Person das Tastaturlayout, also die Position der einzelnen Buchstaben auf einer Tastatur, kennt und beinahe fehlerfrei wiedergeben kann (z. B. Snyder et al., 2014). Folglich weist diese Person niedriges explizites Wissen auf.

3.3 Arbeitsgedächtnis

Eine besonders wichtige Rolle bei der Verarbeitung von Informationen kommt dem Arbeitsgedächtnis zu. Die Theorie des Arbeitsgedächtnisses entwickelte sich aus Theorien zum Kurzzeitgedächtnis und ersetzte diese nach und nach (Crowder, 1982). Das Arbeitsgedächtnis erfüllt grundsätzlich die Funktionen des Kurzzeitgedächtnisses nach Atkinson und Shiffrin (1968), also die gleichzeitige Aufrechterhaltung und Verarbeitung von Informationen aus dem sensorischen Register und dem Langzeitgedächtnis. Die Hauptfunktion ist jedoch die Koordination von kognitiven Ressourcen (Baddeley, 1986; Barnard, 1985; Walter Schneider & Detweiler, 1988). Darunter fällt beispielsweise die Manipulation von eingehenden Informationen, die die Grundlage für weitere kognitive Funktionen wie das logische Denken oder das Problemlösen darstellt (Piefke & Fink, 2013).

Statt dem von Atkinson und Shiffrin (1968) postulierten Kurzzeitgedächtnis, das die Informationen aus dem sensorischen Register zusammenführt (unabhängig davon, ob diese visueller oder akustischer Natur waren), führten Baddeley und Hitch (1974) das Konzept der phonologischen Schleife (*phonological loop*) zur Verarbeitung von sprachlichen bzw. akustischen Informationen und das Konzept des visuell-räumlichen Notizblocks (*visuo-spatial sketch-pad*) zur Verarbeitung von visuellen und räumlichen Informationen ein. Diese beiden Komponenten dienen der bewussten Aufrechterhaltung von Informationen im Arbeitsgedächtnis (Baddeley, 1986). Im ursprünglichen Modell komplettierte die dritte Komponente, die zentrale Exekutive (*central executive*) die Komponenten des Arbeitsgedächtnisses (Baddeley & Hitch, 1974). Sie ist als den übrigen Komponenten übergeordnet anzusehen, indem sie deren Funktionen überwacht und reguliert. Die zentrale Exekutive erfüllt also eine Supervisionsfunktion (Oberauer et al., 2000). Zudem kann die zentrale Exekutive Informationen aus den untergeordneten Komponenten abrufen und diese wieder in dieselbe oder eine der anderen Komponenten einspeisen (Anderson, 2020). Insgesamt erfüllt sie die Funktionen der Aufmerksamkeitsfokussierung auf relevante Informationen, der Koordinierung, Planung und Ausführung von ein oder mehreren Aufgaben, der Gestaltung von Zielen. Außerdem können über die zentrale Exekutive Inhalte im Arbeitsgedächtnis stetig aktualisiert und aufrechterhalten werden (Baddeley, 2003; Tobinski, 2017). Später wurde jedoch noch eine vierte Komponente, der episodische Puffer (*episodic buffer*) ergänzt (Baddeley, 2000). Dieser integriert Informationen aus der phonologischen Schleife, dem visuell-räumlichen Notizblock und dem Langzeitgedächtnis und bereitet diese multimodal auf. Einen Überblick über die Beziehungen zwischen den Komponenten des Arbeitsgedächtnisses gibt Abbildung 3.4.

In seiner ACT-Theorie stellt Anderson (1983) das Gedächtnis und insbesondere das Zusammenspiel von Arbeitsgedächtnis und Langzeitgedächtnis als Produktionssystem dar. In solchen Produktionssystemen ist die Wahl einer neuen Handlung für Personen gleichzusetzen mit der Wahl, welche Produktion als nächstes ausgeführt wird. Als Produktion ist dabei die Wenn-Dann-Wechselwirkung von bestimmten Bedingungs-Aktions-Paaren zu verstehen (Anderson, 1983, S. 5). Im Rahmen dieser Theorie lassen sich die Funktionen des Arbeitsgedächtnisses wie folgt unterteilen: Zunächst werden Informationen aus der Außenwelt über Enkodierungsprozesse aus dem sensorischen Register übernommen. Diese werden anschließend unter Hinzunahme von Informationen aus

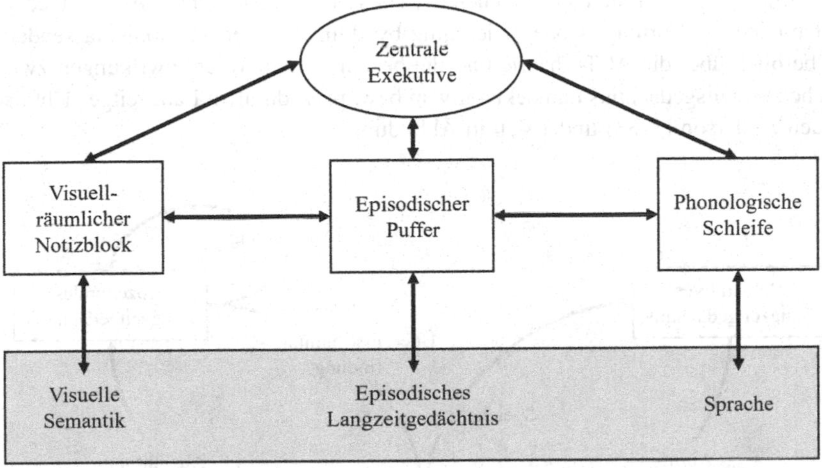

Abbildung 3.4 Modell des Arbeitsgedächtnisses nach Baddeley (2010)

dem deklarativen Langzeitgedächtnis wie z. B. Begriffen oder autobiografischen Informationen interpretiert und schließlich wieder ins deklarative Langzeitgedächtnis zur Speicherung transferiert. Dabei können entweder neue Gedächtnisspuren angelegt werden oder bestehende verstärkt werden, um diese zukünftig schneller und umfassender abrufen zu können. Auch zwischen dem prozeduralen Langzeitgedächtnis und dem Arbeitsgedächtnis bestehen ähnliche Wechselwirkungen, die Anderson (1983, S. 20) als „production application" bezeichnet, also die Anwendung von Produktion. Damit sind Prozesse der Übereinstimmungsfindung zwischen Informationen im Arbeitsgedächtnis und Bedingungen im prozeduralen Langzeitgedächtnis sowie die Ausführung von bestimmten Produktionen gemeint, also die zu den Bedingungen gehörenden Aktionen. Im Ausführungsprozess werden diese Aktionen ins Arbeitsgedächtnis transferiert. Als Output der Wechselwirkungen zwischen Arbeitsgedächtnis und deklarativem bzw. prozeduralem Langzeitgedächtnis steht die Erbringung einer bestimmten Leistung. Diese äußert sich in einem Verhalten, z. B. der verbalen Wiedergabe von Informationen, der Ausführung von Problemlöseprozessen oder von motorischem Verhalten (Anderson, 1983). An dieser Stelle sei noch hinzugefügt, dass die Anwendung von Produktionen und das Reflektieren früher angewandter Produktionen zur Verstärkung der entsprechenden Gedächtnisspur führt bzw. die Anlegung neuer Gedächtnisspuren zu Produktionen ermöglicht. Anderson

(1983, S. 20) postuliert entsprechend: „Thus, in a basic sense, ACT's theory of procedural learning is one of learning by doing." Einen zusammenfassenden Überblick über die ACT-Theorie und die beschriebenen Wechselwirkungen zwischen Arbeitsgedächtnis und deklarativem bzw. prozeduralem Langzeitgedächtnis nach Anderson (1983) findet sich in Abbildung 3.5.

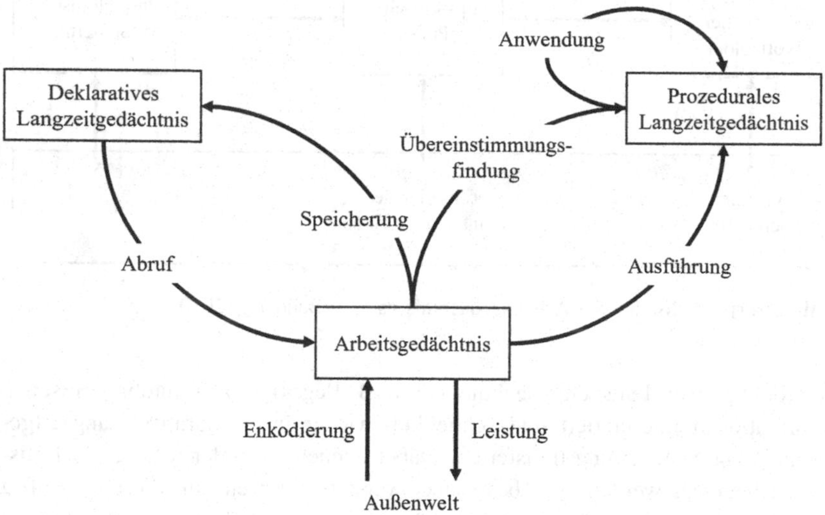

Abbildung 3.5 Wechselwirkungen zwischen Arbeitsgedächtnis und deklarativem bzw. prozeduralem Langzeitgedächtnis nach Anderson (1983)

Dem Arbeitsgedächtnis kommt beim Lernen eine herausragende Rolle zu. In seiner „Taxonomie lernbezogener Funktionen der Informationsverarbeitung im Arbeitsgedächtnis" (Renkl, 2008, S. 116), die eine Erweiterung der Taxonomie der Lernstrategien nach Weinstein und Mayer (1986) darstellt, postuliert Renkl sieben im Arbeitsgedächtnis ablaufende Prozesse, die maßgeblich für die Effektivität des Lernens verantwortlich sind: Die Selektion der wichtigsten aus allen eingehenden Reizen, die Interpretation von eingehenden Reizen, die Organisation der Informationen zur Herstellung von Zusammenhängen zwischen ebendiesen, die Elaboration neuer Informationen durch die Integration mit schon vorhandenem Vorwissen, das Stärken von schon vorhandenen Gedächtnisinhalten durch Wiederholungen (z. B. den Abruf) sowie das Generieren von neuen Informationen durch das Ziehen von Inferenzen. Außerdem führt Renkl (2008) das metakognitive Planen, Überwachen und Regulieren dieser Prozesse als übergeordnete Instanz an. Da das Lernen ein eher untergeordnetes Thema dieser Arbeit ist, wird auf eine weitere Ausführung dieser Prozesse an dieser Stelle verzichtet. Es sei jedoch noch erwähnt, dass Wissen intentional, d. h. absichtlich, aber auch inzidentell, d. h. beiläufig, erworben werden kann (Hyde & Jenkins, 1973; Postman et al., 1956; Pressley et al., 1987). Intentionales Lernen beinhaltet also beispielsweise das gezielte Lernen von Vorlesungsinhalten als Vorbereitung auf eine Klausur oder von Sätzen und Definitionen im Mathematikunterricht. Hingegen ergibt sich inzidentelles Lernen beispielsweise bei einem Kinobesuch aus Unterhaltungsgründen, wenn dort wie in einem Historienfilm eine reale Geschichte verfilmt wurde, und im Anschluss etwa die historischen Zusammenhänge oder das Sozialgefüge der betreffenden Zeit besser verstanden werden können. Entscheidend für die Effektivität des intentionalen und inzidentellen Lernens sind jedoch die oben beschriebenen Prozesse.

Insgesamt ist festzuhalten, dass in den verschiedenen Theorien zum Arbeitsgedächtnis grundsätzlich davon ausgegangen wird, dass dessen Kapazität durch interindividuelle Unterschiede in kognitiven Merkmalen wie Intelligenz, durch zeitlich bedingten Spurenzerfall oder durch Interferenz aufgrund von schon existierenden bzw. nachträglich erworbenen Informationen beschränkt ist (für einen Überblick siehe Oberauer et al., 2016). Damit kann sich das Arbeitsgedächtnis bzw. seine Kapazität einschränkend auf das Erbringen von kognitiven Leistungen auswirken, z. B. beim Lösen von komplexen Problemen (Oberauer et al., 2000). Anzumerken ist jedoch, dass sich Arbeitsgedächtniskapazität weniger darauf bezieht, wie viele Informationen erinnert werden können, sondern vielmehr auf die individuellen Unterschiede in der Steuerung von Aufmerksamkeit (Engle, 2001). Somit ist die Arbeitsgedächtniskapazität – im Folgenden wegen ihrer üblichen Operationalisierung auch als Arbeitsgedächtnisspanne bezeichnet (für einen Überblick siehe Conway et al., 2005) – eine wichtige Variable in der Betrachtung von interindividuellen Personenunterschieden (siehe 5.4.3; Conway et al., 2005).

3.4 Visuelle Aufmerksamkeit

Schon im Mehrspeichermodell von Atkinson und Shiffrin (1968), aber auch in den Theorien zum Arbeitsgedächtnis (z. B. Anderson, 1983; Baddeley, 1986; Baddeley & Hitch, 1974) spielt die Aufmerksamkeit eine besonders wichtige Rolle für Gedächtnisprozesse.

Grundlegend für die Forschung zu Aufmerksamkeitssteuerung sind sogenannte „serial bottlenecks“ (Anderson, 2020, S. 71). Zwar wird von einer grundsätzlichen Parallelität von verschiedenen Gedächtnisprozessen ausgegangen, etwa ist es aufgrund der verschiedenen Steuerungssysteme im Gehirn möglich, gleichzeitig zu gehen, zu gestikulieren, die Augen auf Objekte in der Umgebung zu richten und über kognitiv anspruchsvolle Themen zu sprechen. Sobald jedoch ein Steuerungssystem mehr als eine Aufgabe ausführen soll, gelangt dieses an seine Grenzen. Anderson (2020) führt hier das klassische Beispiel der gleichzeitigen Ausführung einer Klopfbewegung auf mit einer Hand auf dem Kopf und einer kreisenden Bewegung auf dem Bauch an. Üblicherweise fällt Menschen die Ausführung dieser unterschiedlichen Bewegungsabläufe schwer. Bottlenecks sind also solche Stationen auf dem Weg von der Wahrnehmung einer Information hin zur Ausführung einer Aktion, an denen der Mensch nicht mehr alle eingehenden Informationen parallel verarbeiten kann (Anderson, 2020).

Sobald ein solcher Bottleneck registriert wird, müssen bestimmte Bereiche der eingehenden Information fokussiert und andere vernachlässigt werden. Dabei wird üblicherweise zwischen zielgerichteter und stimulusbasierter Aufmerksamkeit unterschieden (Anderson, 2020; Corbetta & Shulman, 2002). Erstere meint die Steuerung der Aufmerksamkeit auf Grundlage der individuellen Ziele (d. h. im Sinne eines Top-Down-Prozesses), zweitere die Steuerung der Aufmerksamkeit auf Basis salienter Merkmale des eingehenden Reizes (d. h. im Sinne eines Bottom-Up-Prozesses). Corbetta und Shulman (2002) illustrieren beide Prozesse anhand eines Ausschnitts aus dem rechten Flügel des Triptychons „Der Garten der Lüste“ (Bosch, 1490–1500; Abbildung 3.6).

Bei erstmaliger Betrachtung des Gemäldes wird die Aufmerksamkeit vermutlich zuerst auf solche Elemente fokussiert, die sich deutlich vom Hintergrund abheben oder in der Mitte des Bildes liegen, beispielsweise die Instrumente oder der goldene Sitzplatz der blau gekleideten Figur. In diesem Fall wird von der stimulusbasierten Aufmerksamkeit gesprochen. Weist jedoch z. B. eine Person, die das Gemälde schon häufiger oder länger betrachtet hat, darauf hin, dass zentral im unteren Drittel ein Hase auf einem Horn spielt, so wird ein Ziel definiert. Auf Basis dieses Ziels wird die Aufmerksamkeit schließlich auf den Hasen gelenkt. Corbetta und Shulman (2002) halten dazu fest: „Human observers are better at detecting an object in a visual scene when they know in advance something about its features“ (Corbetta & Shulman, 2002, S. 202). Grundlage dafür ist die Aufrechterhaltung dieser vorgeschalteten Information.

Abbildung 3.6 Ausschnitt aus „Der Garten der Lüste“ (Bosch, 1490–1500)

Beim Betrachten eines visuellen Reizes wie diesem Ausschnitt aus einem Triptychon wählt das Gehirn nicht nur diejenigen Teile des Stimulus‘ aus, auf die besonders viel Aufmerksamkeit allokiert werden soll, sondern es programmiert gleichzeitig auch die Augenbewegungen, mit denen sie betrachtet werden sollen (Corbetta & Shulman, 2002). Dazu ist es notwendig, sich mit dem Sehen als Grundlage für die Verarbeitung von visuellen Reizen auseinanderzusetzen.

Die zentrale Rolle spielt dabei das Auge. In diesem wird Licht in neuronale Botschaften transformiert, die dann schließlich vom Gehirn als das interpretiert werden, was wir tatsächlich sehen und unserem Gedächtnis weitere Verarbeitung ermöglicht. Auf die neuronale Ebene soll im Folgenden nicht näher eingegangen werden. Ein vereinfachter Aufbau des menschlichen Auges entsprechend den folgend beschriebenen Elementen ist Abbildung 3.7 zu entnehmen.

Der visuelle Reiz dringt als Licht durch die Kornea (auch Hornhaut genannt) in das Auge ein. Neben dem Schutz des Auges erfüllt diese zudem die Funktion der Bündelung des Lichts durch Beugung. Anschließend passiert das Licht die Pupille. Diese ist eine kleine Öffnung, deren Größe je nach Intensität des einfallenden Lichts reguliert werden kann. Das einfallende Licht trifft dann auf die Linse, die das Licht weiter bündelt. Das so mehrfach gebündelte Licht trifft schließlich im Inneren des Augapfels auf die Retina (auch Netzhaut genannt). Dieses mehrschichtige Gewebe besteht unter anderem aus Fotorezeptorzellen, den Stäbchen und Zapfen. Stäbchen und die Zapfen unterscheiden sich insbesondere hinsichtlich ihres Vorkommens auf der Retina und ihrer Aufgaben für das Sehen. Die Zapfen treten hauptsächlich rund um die Fovea Centralis – auch Sehgrube genannt – auf, die ungefähr im Zentrum der Retina lokalisiert werden kann (Myers, 2014). Sie weist einen Durchmesser von etwa 5° auf (Wandell, 1995).

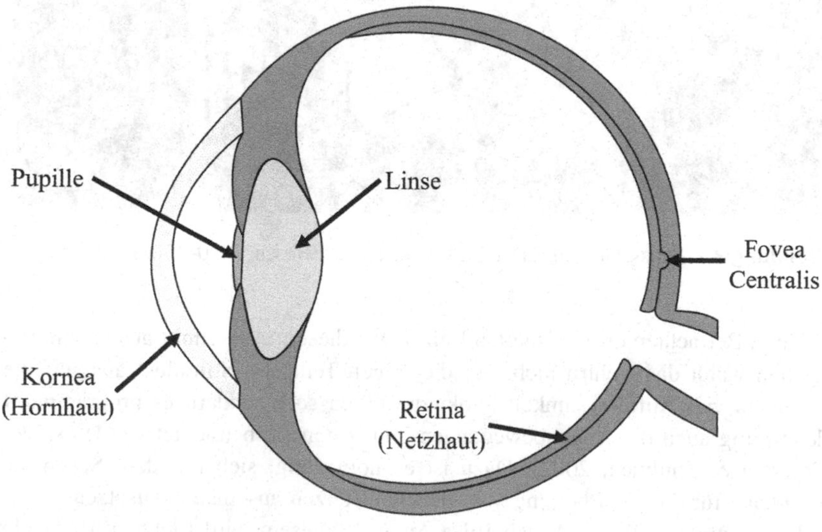

Abbildung 3.7 Vereinfachte Darstellung des menschlichen Auges in Anlehnung an Myers (2014)

Die Bereiche rund um die Fovea Centralis werden als Parafovea (Durchmesser von etwa 5°-9°) und Perifovea (Durchmesser von etwa 9–17°) bezeichnet (Wandell, 1995). Die Konzentration der Zapfen nimmt über die Parafovea und die

Perifovea stetig und schnell ab (Myers, 2014; Wandell, 1995). Die Stäbchen finden sich auf der gesamten Retina, auch Peripherie genannt. Die Zapfen sind zwar wenig dämmerungsempfindlich, dafür aber farb- und insbesondere detailempfindlich (Myers, 2014). Entsprechend ermöglichen sie also scharfes und farbiges Sehen – folgend foveales Sehen genannt. Die Stäbchen, die den überwiegenden Teil der Retina bedecken, sind nicht detail- oder farbempfindlich, ermöglichen aufgrund ihrer Dämmerungsempfindlichkeit dafür jedoch das Sehen bei schwachem Licht (Myers, 2014). Insofern lässt sich das Sehen weiter ausdifferenzieren (für einen Überblick siehe z. B. Strasburger et al., 2011). In dieser Arbeit werden jedoch nur das foveale (scharfe) Sehen und das periphere (verschwommene) Sehen unterschieden. Darauf wird im Folgenden näher eingegangen.

Das Sichtfeld des menschlichen Auges umfasst in vertikaler Richtung jeweils etwa 90°. Für das horizontale Sichtfeld lassen sich pro Auge in Richtung der Nase etwa 60° und in Richtung der Schläfen etwa 105° abdecken. Das gesamte Sichtfeld eines Menschen ohne besondere Sichteinschränkungen beträgt durch die Überlappung der einzelnen Sichtfelder je Auge (etwa 120°) etwa 210° (Atchison, 2023). Das foveale Sehen deckt jedoch nur einen Bereich von 1–2° in vertikale und horizontale Richtung ab, sodass das periphere Sehen den Großteil des Sichtfelds ausmacht (Wandell, 1995).

Aufgrund des sehr kleinen Bereichs des menschlichen Sichtfelds, in dem Details erkannt werden können, liegt hier ein Bottleneck vor. Die Augen müssen also entsprechend der individuellen Ziele oder der salienten Merkmale des Stimulus auf bestimmte Bereiche desselben gerichtet werden, um eine Verarbeitung zu ermöglichen. Dabei werden üblicherweise zwei Arten von Blickbewegungen unterschieden: Fixationen und Sakkaden. Als Fixation wird der Zustand bezeichnet, in dem das Auge über einen bestimmten Zeitraum hinweg stillsteht (Holmqvist et al., 2011), also wenn beispielsweise das Horn des Hasen aus Abbildung 3.6 betrachtet wird. Zwischen zwei Fixationen (z. B. beim Wechsel vom Horn des Hasen zu dem schlittschuhfahrenden Wesen mit Vogelkopf in der oberen rechten Ecke) kommt es zu schnellen Augenbewegungen, den sogenannten Sakkaden. Diese sind ballistische Bewegungen (Holmqvist et al., 2011). Darunter ist zu verstehen, dass nach Initiierung einer Sakkade in eine bestimmte Richtung hin zu einem anvisierten Ziel (z. B. das o. g. Wesen mit Vogelkopf) weder die Richtung noch die Landeposition nachträglich verändert werden kann, vergleichbar mit dem Abfeuern einer Kanonenkugel.

Um das Gemälde in Abbildung 3.6 also möglichst vollständig betrachtet zu haben, sind folglich sehr viele Fixationen und Sakkaden notwendig, da über diese beiden Typen von Blickbewegungen die Aufmerksamkeit auf bestimmte Bereiche des visuellen Reizes allokiert wird. Es muss jedoch angemerkt werden, dass eine Fixation auf einem Bereich eines Stimulus‘ nicht immer gleichbedeutend mit allokierter Aufmerksamkeit und schließlich mit Verarbeitung dieses Bereichs sind. So konnten beispielsweise Posner et al. (1978) zeigen, dass Personen trotz dauerhafter Fixation eines bestimmten Punktes unterschiedlich schnell auf neue Stimuli reagierten, abhängig davon, ob zuvor Hinweisreize an erwarteter oder unerwarteter Position in ihrem Sichtfeld eingeblendet wurden. Inwiefern visuelle Aufmerksamkeit bzw. Blickbewegungen beim Lesen und Verstehen von Texten von Bedeutung sind, wird in 5.5 näher betrachtet.

Mathematisches Modellieren

4

Mathematisches Modellieren umfasst die Übersetzung einer außermathematischen Problemstellung in die Mathematik, die Arbeit mit den daraus resultierenden mathematischen Modellen und der Rückübersetzung der mathematischen Resultate auf die außermathematische Problemstellung (Greefrath, 2018). Dabei wird die Mathematik als Werkzeug zum Verstehen, Strukturieren und Lösen des realweltlichen Problems eingesetzt und infolgedessen kann Mathematik im Alltag bewusst wahrgenommen und beurteilt werden (Leiß & Blum, 2010). Der Begriff des mathematischen Modells ist an dieser Stelle von besonderer Bedeutung. Greefrath (2018, S. 36) kommt zu dem Schluss, ein mathematisches Modell sei „eine zulässige, richtige, zweckmäßige, isolierte Darstellung der Welt, die vereinfacht worden ist, dem ursprünglichen Prototyp entspricht und zur Anwendung der Mathematik geeignet ist." Üblicherweise wird als zusätzliche Klassifizierung die Unterteilung in deskriptive und normative Modelle vorgenommen (Greefrath, 2018; Henn & Müller, 2013). Deskriptive Modelle haben die Abbildung bzw. Nachahmung eines Ausschnitts aus der Realität zum Ziel und können beschreibender, erklärender oder auch voraussagender Natur sein (Greefrath, 2018). Beispiele sind etwa die Wettervorhersage oder die Form des Halteseils einer Boje (wie in der in dieser Arbeit verwendeten Modellierungsaufgabe „Messboje auf dem Ammersee"; siehe Anhang K im elektronischen Zusatzmaterial). Normative Modelle hingegen dienen der Festlegung von Begriffen oder Regeln, etwa zur

---

Ergänzende Information Die elektronische Version dieses Kapitels enthält Zusatzmaterial, auf das über folgenden Link zugegriffen werden kann https://doi.org/10.1007/978-3-658-43675-9_4.

V. Böswald, *Die Rolle der Position der Fragestellung beim Textverstehen von mathematischen Modellierungsaufgaben*, Studien zur theoretischen und empirischen Forschung in der Mathematikdidaktik,
https://doi.org/10.1007/978-3-658-43675-9_4

Berechnung der Einkommenssteuer oder von Wahlmethoden (Henn & Müller, 2013).

Mathematisches Modellieren wird in der mathematikdidaktischen Forschung häufig mit dem Kompetenzbegriff in Verbindung gebracht (siehe z. B. Niss & Blum, 2020). Dabei wird vor allem zwischen einerseits der Modellierungskompetenz als holistische Kompetenz im Sinne der Analyse und Konstruktion von Modellen zu bzw. aus außermathematischen Domänen und Situationen und andererseits verschiedenen Teilkompetenzen des mathematischen Modellierens, die jeweils unabhängig voneinander existieren und erlernt werden können, unterschieden (Niss & Blum, 2020). Letztere basieren auf den ausdifferenzierten kognitiven Prozesse beim mathematischen Modellieren (vgl. 4.3) und entsprechen diesen überwiegend (Niss & Blum, 2020). Greefrath (2018) unterscheidet neun Teilkompetenzen des Modellierens (Verstehen, Vereinfachen, Mathematisieren, Mathematisch arbeiten, Interpretieren, Validieren, Vermitteln, Beurteilen sowie Realisieren). Die Teilkompetenzen „Beurteilen“ und „Realisieren“ ergänzen dabei die in 4.3 erläuterten kognitiven Prozesse um die kritische Beurteilung des verwendeten Modells sowie das Finden bzw. die Zuordnung einer angemessenen Realsituation zu einem gegebenen mathematischen Modell.

Im Rahmen dieser Arbeit umfasst der Kompetenzbegriff wie bei Niss und Blum (2020) nur kognitive Fähigkeiten. Volitionale, motivationale und affektive Komponenten, die beispielsweise Kaiser (2007) zu Modellierungskompetenz hinzuzählt, werden hier nicht berücksichtigt.

4.1 Modellierungsaufgaben

Mathematische Aufgaben in Lern- und Leistungssettings, die das mathematische Modellieren als Gegenstand haben, werden als Modellierungsaufgaben bezeichnet. Niss et al. (2007) unterscheiden mathematische Aufgaben nach ihrem Realitätsbezug. Daraus ergeben sich drei verschiedene Typen von mathematischen Aufgaben: Modellierungsaufgaben, eingekleidete Aufgaben und innermathematische bzw. technische Aufgaben. Während der dritte Typus keinerlei Realitätsbezug aufweist und daher durch Anwendung von Heurismen und mathematischen Verfahren gelöst werden kann, sind eingekleidete Textaufgaben mäßig realitätsbezogen, d. h. die intendierte Anwendung der Mathematik ist in einen außermathematischen Kontext eingebettet und somit „eingekleidet“. Solche Aufgaben unterscheiden sich von Modellierungsaufgaben durch den Grad ihres Realitätsbezugs sowie durch die kognitiven Prozesse, die zur Lösung des Problems erforderlich sind (Niss et al., 2007). Bei Modellierungsaufgaben müssen

Lernende Annahmen über fehlende Daten treffen sowie den gegebenen Kontext strukturieren und vereinfachen, während eingekleidete Aufgaben bereits vorstrukturiert und vereinfacht sind. Wenn im Rahmen dieser Arbeit von Textaufgaben gesprochen wird, so werden darunter alle realitätsbezogenen Aufgaben gefasst, also eingekleidete Aufgaben wie auch Modellierungsaufgaben.

Modellierungsaufgaben können sich, obwohl sie sich alle unter diesem Oberbegriff zusammenfassen lassen können, in ihren Eigenschaften gravierend unterscheiden. Gleichzeitig müssen sie aber bestimmte Kriterien erfüllen, um überhaupt als Modellierungsaufgabe zu gelten. Dazu wurden in der mathematikdidaktischen Forschung Klassifizierungsschemata entwickelt (für einen Überblick siehe z. B. Wess, 2020). Ein solches Schema zur Klassifizierung von Modellierungsaufgaben liefert Maaß (2010). In diesem liegt der Fokus auf der Modellierungsaktivität (holistisch vs. atomistisch, d. h. ganzheitlich oder mit Fokus auf Teilkompetenzen), den verwendeten Daten, dem Realitätsbezug, der Art des verwendeten Modells (normativ vs. deskriptiv) und der Darstellungsart. Zusätzlich werden auch nicht-modellierungsspezifische Faktoren berücksichtigt, nämlich die Offenheit der Aufgabe, der kognitive Anspruch und der mathematische Rahmen.

Im Folgenden sollen diese Kategorien näher erläutert werden, um die Bandbreite an Modellierungsaufgaben greifbarer zu machen: Eine Modellierungsaufgabe kann nach Maaß (2010) entsprechend dem Kriterium „Fokus der Modellierungsaktivität" genau einer von sieben Kategorien zugeordnet werden. Diese Kategorien stimmen weitestgehend mit den kognitiven Prozessen beim Modellieren nach Blum und Leiß (2005) und damit den Teilkompetenzen des Modellierens (siehe 4.3) überein, indem das Verstehen der Situation, das Aufstellen des Realmodells, das Mathematisieren, das mathematische Arbeiten, das Interpretieren und das Validieren fokussiert werden können. Außerdem sind auch holistische Modellierungsaufgaben denkbar. Für das Kriterium der verwendeten Daten stellt Maaß (2010) fünf Kategorien vor. Modellierungsaufgaben können (1) überflüssige Informationen enthalten, (2) es können notwendige Informationen zur Lösung der Aufgabe fehlen, (3) es können inkonsistente Daten vorliegen oder (4) alle Informationen zur Lösung der Aufgabe vorhanden sein. Zudem können Modellierungsaufgaben zwar überflüssige Informationen enthalten, gleichzeitig jedoch nicht alle tatsächlich notwendigen Informationen zur Lösung der Aufgabe bieten (5). In Verbindung mit dem Kriterium der verwendeten Daten nach Maaß (2010) ist die Über- bzw. Unterbestimmtheit der Aufgabe zu nennen (Greefrath, 2018). Überbestimmtheit meint, dass mehr Angaben im Aufgabentext enthalten sind, als tatsächlich zur Lösung der Aufgabe benötigt werden. Entsprechend gilt für unterbestimmte Aufgaben, dass sie „nicht alle Informationen enthalten, die zur Lösung benötigt werden.“ (Greefrath, 2018, S. 81). Hinsichtlich des Realitätsbezugs einer Modellierungsaufgabe finden sich bei Maaß (2010) ebenfalls fünf Kategorien. Die Art des Realitätsbezug kann (1) authentisch, (2) nah an der Realität, (3) eingekleidet, (4) intendiert künstlich und (5) reine Fantasy sein. Eine Modellierungsaufgabe weist nach Maaß (2010) authentischen Realitätsbezug auf, wenn die verwendeten Daten, die Darbietung der Daten und die Fragestellung authentisch sind. Aufgaben werden von Maaß (2010) als realistisch bzw. realitätsnah bezeichnet, wenn entweder die Daten oder die Fragestellung nicht authentisch sind. Ist die Situation austauschbar, die zur Lösung der Aufgabe notwendige Mathematik also nur in einen Kontext eingekleidet, spricht Maaß (2010) im Einklang mit Niss et al. (2007) von eingekleideten Textaufgaben. Aufgaben mit intendiert künstlichem Realitätsbezug verfolgen das Ziel der Auseinandersetzung mit der Situation, während auch Aufgaben mit fiktiven Fantasy-Settings als Modellierungsaufgaben klassifiziert werden können. Maaß (2010) weist jedoch darauf hin, dass die Zuordnung von Aufgaben zu den Kategorien des Realitätsbezugs subjektive Komponenten enthält und somit nicht als vollständig trennscharf anzusehen ist. Bei den Situationen orientiert sich Maaß (2010) an dem in PISA verwendeten Rahmen (OECD, 2003). Dort wird eine Situation bzw. ein Kontext entweder (1) der persönlichen Umwelt der Lernenden, (2) der beruflichen Umwelt, (3) der Öffentlichkeit oder (4) der Wissenschaft zugeschrieben. Ferner wird in diesem Klassifizierungsschema die Art der verwendeten Modelle in deskriptiv und normative Modelle (z. B. Greefrath, 2018; Henn & Müller, 2013) berücksichtigt. Abschließend rekurriert Maaß (2010) für die Klassifizierung der Darstellungsart einer Aufgabe auf Franke (2003) und unterscheidet folglich zwischen (1) rein textbasierter, (2) rein bildbasierter, (3) text- und bildbasierter, (4) materialbasierter sowie (5) situationsbasierter Darstellung der Aufgabe.

Für die allgemeinen Kriterien, nach denen nicht nur realitätsbezogene Aufgaben klassifiziert werden können, greift Maaß (2010) auf das Klassifizierungsschema aus COACTIV zurück (Jordan et al., 2008). Da Modellierungsaufgaben und nicht mathematische Aufgaben im Allgemeinen der Gegenstand dieser Arbeit sind, soll auf diese Kriterien nicht näher eingegangen werden.

Maaß (2010) führt ferner an, dass nicht alle Aufgaben, die mit dem Schema als Modellierungsaufgabe klassifiziert werden würden, auch tatsächlich Modellierungsaufgaben sind: „Within the classification such tasks have also been considered which are not really modelling tasks but which may help to support the sub-competencies needed for modelling“ (Maaß, 2010, S. 295). Beispielsweise ließen sich Aufgaben, die Niss et al. (2007) als eingekleidete Aufgaben bezeichnen, entsprechend dem Schema als Modellierungsaufgabe klassifizieren, da mit ihnen etwa das mathematische Arbeiten oder das Validieren fokussiert werden könnte, sie genau die passende Anzahl an Informationen enthalten, sie die Mathematik in einen (z. B.) beruflichen Kontext einkleiden und das Aufstellen eines deskriptiven Modells erfordern.

Unter Verwendung des oben beschriebenen Schemas können Modellierungsaufgaben entweder konstruiert werden, etwa für den Einsatz in der Schule oder in der Forschung, es können aber auch vorhandene Aufgaben darin eingeordnet und kategorisiert werden.

4.2 Ziele des mathematischen Modellierens in der Mathematikdidaktik

Zu klären bleibt, welche Ziele das Lehren und Lernen von mathematischem Modellieren verfolgt. In der Literatur werden üblicherweise fünf in der Forschung vorherrschende Perspektiven auf das mathematische Modellieren unterschieden (Abassian et al., 2020; Greefrath, 2018; Kaiser & Sriraman, 2006). Die realistische Perspektive (*realistic modelling*; z. B. Pollak, 1969) hat die Entwicklung von Fähigkeiten zur Modellierung und zum Verstehen von authentischen realitätsbezogenen Problemsituationen zum Ziel. Die Perspektive des kontextbezogenen Modellierens (*contextual modelling*; z. B. Lesh & Doerr, 2003) zielt auf ein tiefergehendes Verständnis der Mathematik durch das Modellieren ab, während die soziokritische Perspektive des Modellierens (*socio-critical modelling*; z. B. D'Ambrosio, 1999) die Entwicklung von Fähigkeiten zur Entscheidungsfindung in gesellschaftlichen Settings in den Vordergrund stellt. Die epistemologische Perspektive auf mathematisches Modellieren (*epistemologic modelling*; z. B. Freudenthal, 1983) zielt hingegen auf die Entwicklung von formal-mathematischem schlussfolgernden Denken. In der Perspektive des pädagogischen Modellierens (*educational modelling*, z. B. Niss & Blum, 2020; Niss et al., 2007) dient das mathematische Modellieren in der Schule zur Befähigung der Schülerschaft zum Umgang mit der außermathematischen Welt. Die Lernenden sollen die gelernte und verstandene Mathematik in außermathematischen Problemsituationen zur Bearbeitung dieser Probleme anwenden können. Es geht jedoch nicht nur um die Entwicklung von Modellierungskompetenz (dies ist eher die realistische Perspektive), sondern auch um das Erlernen der dafür benötigten Mathematik (Blomhøj, 2009). Zusätzlich zu diesen fünf Perspektiven, die nicht als trennscharf gesehen werden (Abassian et al., 2020), ist die Meta-Perspektive des kognitiven Modellierens (*cognitive modelling*) erwähnenswert (Kaiser & Sriraman, 2006; Schukajlow et al., 2021). Diese Perspektive ist den übrigen fünf Perspektiven insofern übergeordnet, als dass sie sich mit den kognitiven Prozessen bei der Bearbeitung von Modellierungsaufgaben auseinandersetzt und somit vielmehr eine Forschungsperspektive ist, der keine bestimmte Sichtweise auf mathematisches Modellieren zugrunde liegt (Greefrath, 2018). Die vorliegende Arbeit ist ein Beispiel für diese Perspektive.

Neben diesen Perspektiven stehen die inhaltsorientierten, prozessbezogenen und allgemeinen Ziele des Modellierens (Blum, 1996; Greefrath, 2010; Greefrath et al., 2013; Kaiser-Meßmer, 1986; Niss et al., 2007). Die Inhaltsorientierung meint die Erfüllung der ersten von drei Grunderfahrungen nach H. Winter (1995), die u. a. die Grundlage der deutschen Bildungsstandards darstellen. Diese erste Grunderfahrung bezieht sich dabei auf den Beitrag des schulischen Mathematikunterrichts zur Allgemeinbildung, nämlich „Erscheinungen der Welt um uns … aus Natur, Gesellschaft und Kultur, in einer spezifischen Art wahrzunehmen und zu verstehen“ (H. Winter, 1995, S. 37). Es geht bei diesem Ziel also darum, Lernende durch die Auseinandersetzung mit Modellierungsaufgaben dazu zu befähigen, ihre Umwelt mit der Mathematik als Werkzeug zu erschließen.

Die prozessbezogenen Ziele des mathematischen Modellierens schließen die Entwicklung von Problemlösekompetenz durch die Auseinandersetzung mit Modellierungsaufgaben sowie des mathematischen Kommunizierens und Argumentierens ein und streben somit die Erfüllung der dritten Winterschen Grunderfahrung an (Greefrath et al., 2013), die auf den Erwerb von heuristischen Fähigkeiten und die Problemlösekompetenz ausgerichtet ist (H. Winter, 1995). Greefrath et al. (2013) weiten die prozessbezogenen Ziele insofern aus, als dass sie über die immanent mathematischen Kompetenzen hinaus auch den Lernprozess, insbesondere das „Verstehen und Behalten mathematischer Inhalte durch die Arbeit an Modellierungsaufgaben“ (Greefrath et al., 2013, S. 20) fokussieren und auch die Steigerung von Motivation und Interesse als Ziel des mathematischen Modellierens nennen.

Als allgemeine Ziele des mathematischen Modellierens führen Greefrath et al. (2013) die Entwicklung von sozialen Kompetenzen in der gemeinschaftlichen Auseinandersetzung mit Modellierungsaufgaben an. Zudem nehmen sie auch die Relevanz der Mathematik als Wissenschaft in den Blick und die „Erziehung zum verantwortungsvollen Mitglied der Gesellschaft, das in der Lage ist, verwendete Modelle, wie z. B. Steuermodelle kritisch zu beurteilen.“ (Greefrath et al., 2013, S. 20).

4.3 Kognitive Prozesse beim mathematischen Modellieren

Beim mathematischen Modellieren lassen sich verschiedene kognitive Prozesse ausdifferenzieren. Ausgangspunkt für Modellierungsaufgaben ist eine Realsituation. Diese kann auf unterschiedlichste Weise aufbereitet sein, z. B. als Text, als Text-Bild-Kombination oder sie kann als Beobachtung im Alltag auftreten. Nach Reusser (1990) und Leiss et al. (2010) muss zur Lösung von Modellierungsaufgaben ein mentales Modell konstruiert werden, in dem der Sachverhalt der Aufgabe – also die Realsituation – repräsentiert wird. Dieses sogenannte Situationsmodell dient als Grundlage für alle weiteren Schritte im Lösungsprozess. Blum und Leiß (2005, 2007; siehe Abbildung 4.1) haben diese Notwendigkeit erkannt und das Situationsmodell in ihren Modellierungskreislauf aufgenommen, der in der Vergangenheit häufig zur idealtypischen Beschreibung des Lösungsprozesses von Modellierungsaufgaben und den benötigten kognitiven Prozessen dabei verwendet wurde.

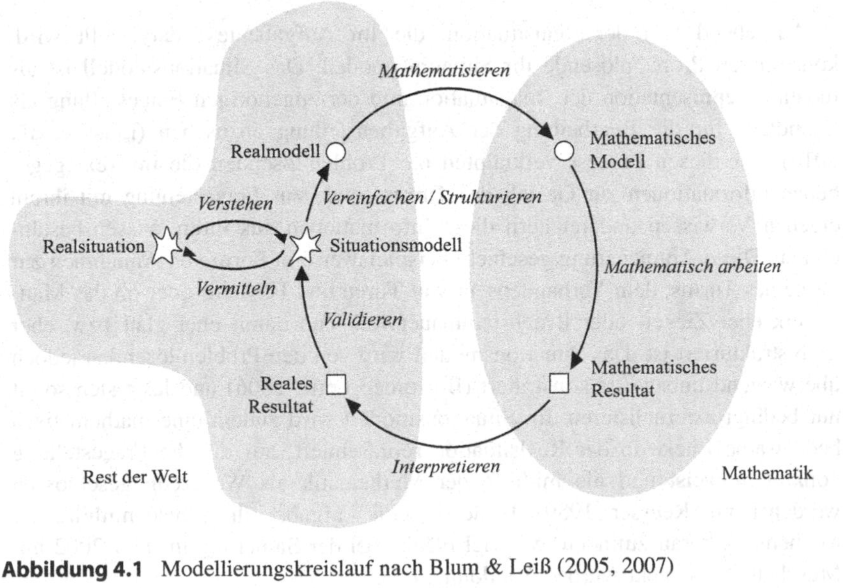

Abbildung 4.1 Modellierungskreislauf nach Blum & Leiß (2005, 2007)

Die kognitiven Prozesse beim mathematischen Modellieren wie bei Blum und Leiß (2005, 2007) sollen nun anhand der in den beiden Studien verwendeten Modellierungsaufgabe „Buddenturm“ (siehe Abbildung 4.2) vorgestellt werden.

Buddenturm

Der sogenannte „Buddenturm“ ist der einzige noch erhaltene Wehrturm der ehemaligen Stadtmauer der Stadt Münster und wurde 1150 errichtet. Ein paar übriggebliebene Ansätze der 8-10 m hohen und 4 km langen Stadtmauer sind an zwei Stellen des runden Turms auch heute noch zu sehen. Der Buddenturm ist insgesamt 30 m hoch und besitzt ein 5 m hohes kegelförmiges Dach. 2002 wurde die Außenwand des 12,5 m breiten Turms zusammen mit den Resten der Stadtmauer saniert, indem eine neue Schicht aus Muschelkalk aufgetragen wurde. Diese Instandsetzungsmaßnahme ist nur eine der wenigen, die der Buddenturm in seiner fast 900-Jährigen Geschichte erfahren hat, bis 1945 war er z. B. noch 40 m hoch.

Aufgabe: Wie viel Fläche wurde 2002 saniert?

Abbildung 4.2 Modellierungsaufgabe „Buddenturm“ mit nachgestellter Fragestellung

Ausgehend von der Realsituation, die im Aufgabentext dargestellt wird, konstruieren Problemlösende ihr Situationsmodell. Das Situationsmodell ist als mentale Repräsentation der Realsituation und der zugehörigen Fragestellung als Grundlage für die Bearbeitung der Aufgabenstellung anzusehen (Leiss et al., 2010). Für diesen Prozess verknüpfen die Problemlösenden die im Text gegebenen Informationen zur Gestalt des Turms sowie zur Fragestellung mit ihrem eigenen Vorwissen und reichern diese Informationen aus ihren Wissensbeständen an. Diese Anreicherung geschieht beispielsweise in Form von Annahmen zur Farbe des Turms, dem Vorhandensein von Türen und Fenstern oder ob das Mauerwerk eher Ziegel- oder Bruchsteinmauerwerk und damit eher glatt bzw. eher grob strukturiert ist. Das Situationsmodell wird von den Problemlösenden jedoch überwiegend unbewusst konstruiert (Borromeo Ferri, 2006) und lässt sich somit nur bedingt externalisieren. Im Situationsmodell wird zudem eine mathematisch bedeutsame Lücke in der Realsituation repräsentiert, auf die die Fragestellung konkret hinweist und die mithilfe der Mathematik als Werkzeug geschlossen werden kann (Reusser, 1989). In der obigen Aufgabe gilt es also mithilfe der Mathematik herauszufinden, wie viel Fläche bei der Sanierung im Jahr 2002 mit Muschelkalk bedeckt wurde (Abbildung 4.3).

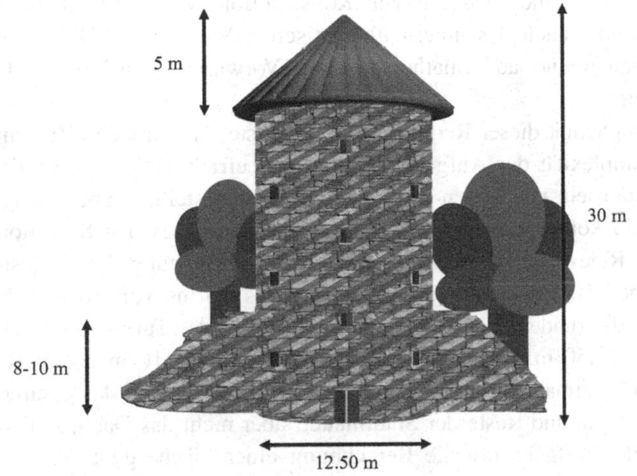

Abbildung 4.3 Beispielhaftes Situationsmodell zur Aufgabe „Buddenturm"

Auf den Prozess des Verstehens folgt dann der Prozess der Vereinfachung und Strukturierung der gegebenen Informationen und damit die Konstruktion des sogenannten Realmodells. Dabei erfolgt die Reduktion des Situationsmodells auf ein mentales Modell, in dem noch immer die außermathematische Realität repräsentiert wird. Kern dieses Prozesses ist die Selektion und Gewichtung von Informationen, die zur Bearbeitung der mathematischen Fragestellung vonnöten sind. Geleitet wird dieser Prozess von der sogenannten implemented anticipation (Niss, 2010; Niss & Blum, 2020), bei der die Problemlösenden auf Basis der identifizierten mathematisch bedeutsamen Lücke ein mathematisches Konzept als besonders relevant für Folgeprozesse erachten und die Vereinfachungs- und Strukturierungsprozesse dahingehend ausrichten. Niss und Blum (2020) halten dazu fest:

> All this involves the second and most significant instance of implemented anticipation by the modeller, who must project her- or himself into yet another situation which doesn't really exist yet. Already at this stage, the modeller will have to anticipate not only what mathematics might be suitable and available for capturing the essentials of the extra-mathematical situation but also how to use this mathematics to obtain conclusions that might eventually generate answers to the extra-mathematical questions that gave rise to the whole enterprise. (S. 23)

Insofern erfolgen die Prozesse zur Konstruktion des Realmodells auf Basis des außer-, aber auch des innermathematischen Vorwissens. Auf die Rolle des mathematischen und außermathematischen Vorwissens wird in 4.4.1 genauer eingegangen.

Die Komplexität dieser Reduktionsprozesse steht in direktem Zusammenhang mit der Komplexität der Aufgabenstellung (Greefrath, 2018). Beispielsweise ist das Vorhandensein von vielen zur Lösung der Fragestellung überflüssigen Informationen ein komplexitätsgenerierendes Merkmal, da es den Selektionsprozess beeinflusst. Relevante Textinformationen zur Beantwortung der Fragestellung in der Aufgabe „Buddenturm" sind die Höhe des Turms von 30 m (ohne Dach also 25 m), die runde (d. h. zylinderförmige) Form des Turms mit einem Durchmesser von 12.50 m, das Vorhandensein von 8 m bis 10 m hohen Resten der ehemaligen Stadtmauer an zwei Seiten des Turms sowie dass das gesamte Mauerwerk, d. h. Turm und Reste der Stadtmauer, aber nicht das Dach, saniert wurden und es in der Aufgabe um die Berechnung einer Fläche geht. Von besonderer Wichtigkeit für die Konstruktion des Realmodells ist auch das bewusste Treffen von Annahmen. Dieses wird vor allem dann notwendig, wenn Informationen der Realsituation als relevant für die Bearbeitung der mathematischen Fragestellung angesehen werden, ebendiese Informationen jedoch im Aufgabentext nicht oder nur unvollständig enthalten sind. Für die Aufgabe „Buddenturm" wären hier etwa die Annahmen zu nennen, dass der runde Turm eine Eingangstür mit einer Höhe von 2 m und einer Breite von 1.50 m hat, Fenster bzw. Schießscharten zur Vereinfachung vernachlässigt werden und das Mauerwerk glatt ist. Die Reste der Stadtmauer werden als quaderförmig angenommen, ein möglicherweise vorhandener Wehrgang und auch Abbruchkanten werden vernachlässigt. Als Maße für die Mauerreste werden je eine Höhe von 10 m, eine Breite von 3 m sowie eine Tiefe von 2 m angenommen. Da diese Prozesse bewusst initiiert werden, können Problemlösende ihr konstruiertes Realmodell externalisieren (Borromeo Ferri, 2006). Diese Vereinfachungen sind in Abbildung 4.4 dargestellt.

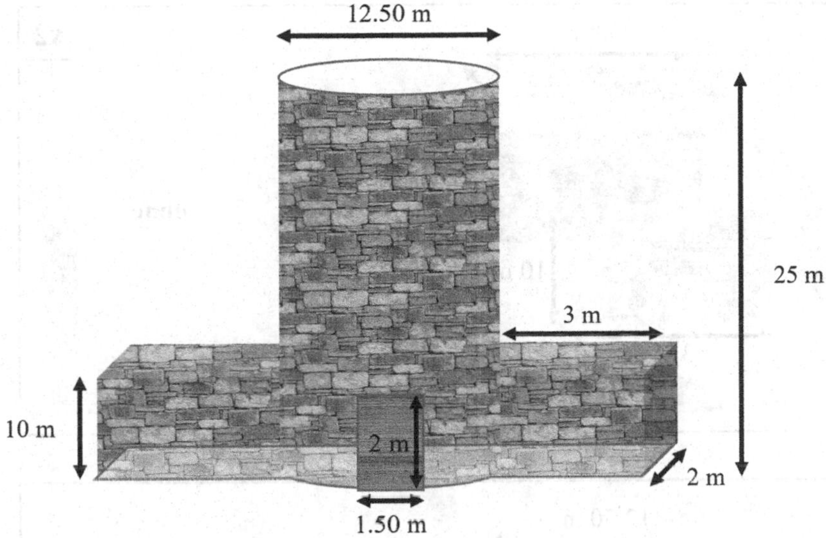

Abbildung 4.4 Beispielhaftes Realmodell zur Aufgabe „Buddenturm“ mit Vereinfachungen

Die Übersetzung des Realmodells in die Mathematik (*Mathematisieren*) geschieht mithilfe einer bijektiven Abbildung. Das bedeutet, dass alle im mathematischen Modell enthaltenen Objekte und die Relationen zwischen diesen auch schon im Realmodell enthalten sind und umgekehrt ebenso. Entsprechend muss das Realmodell so strukturiert sein, dass es mit Ausnahme des Realitätsbezugs äquivalent zum zu konstruierenden mathematischen Modell ist. Eine mögliche Strukturierung ist in Abbildung 4.5 dargestellt.

Auf der Grundlage dieses bewusst vereinfachten und strukturierten mentalen Modells wird dann ein mathematisches Modell konstruiert. Konkret an der Aufgabe „Buddenturm“ wird die Außenwand des Buddenturms als Mantelfläche eines Zylinders aufgefasst, aus der ein Rechteck mit den Maßen der Tür sowie zwei weitere Rechtecke mit den Maßen der Stirnseite der Mauerreste ausgespart werden. Hinzuaddiert wird der Oberflächeninhalt von zwei identischen Quadern abzüglich jeweils einer Seitenfläche mit den Maßen der Stirnseite der Mauerreste sowie einer Seitenfläche mit den Maßen des Wehrgangs. Diese Abzüge müssen vorgenommen werden, da die Grundfläche der Mauerreste der Boden ist und die Mauerreste an der Stelle, wo die Mauer in den Turm übergeht, ebenfalls keine sichtbare Fläche aufweisen. Daher werden neben der Fläche der Tür diesen Fläche auch bei der Berechnung der Turmfläche abgezogen.

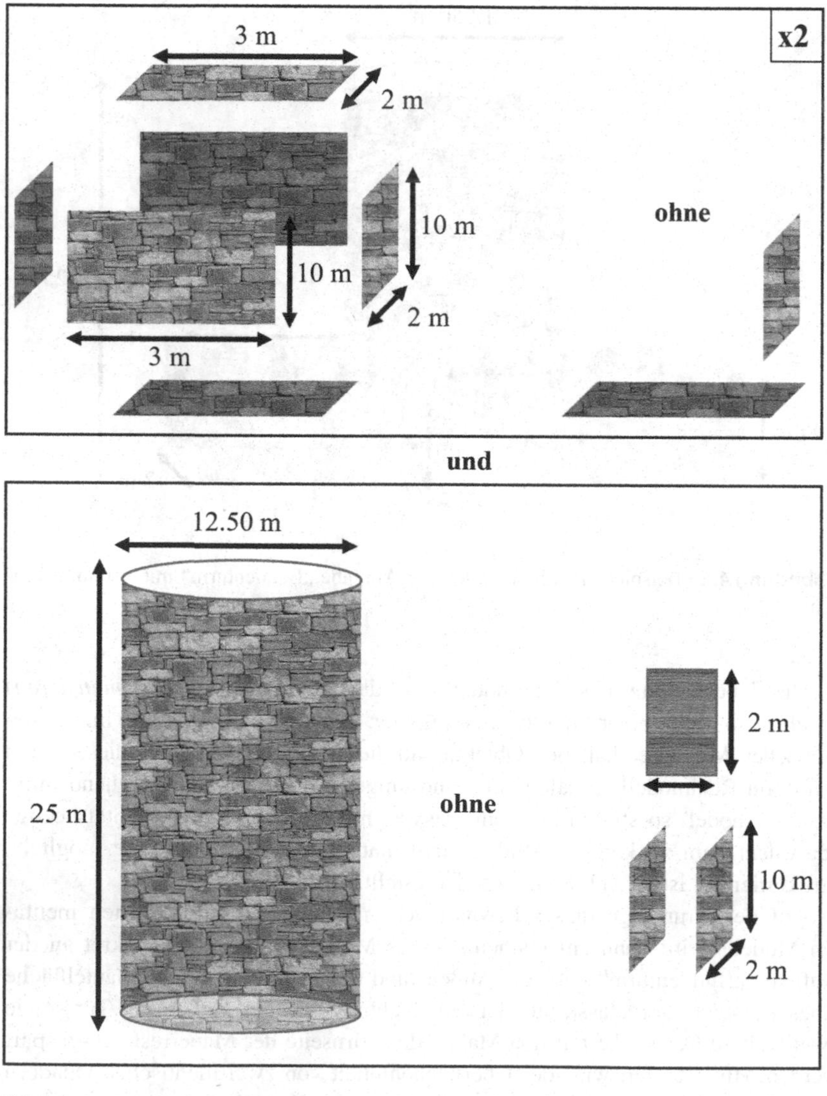

Abbildung 4.5 Beispielhaftes Realmodell zur Aufgabe „Buddenturm" mit Vereinfachungen und Strukturierungen

Über die Mathematisierung konstruieren die Problemlösenden ein mathematisches Modell. Für die Aufgabe „Buddenturm" besteht das mathematische Modell folglich aus Gleichungen, wobei A_{Turm} den Oberflächeninhalt des Turms bzw. seinem nach außen sichtbaren Mauerwerk repräsentiert. Analog gilt die Notation für die Gesamtfläche, die Fläche der Mauerreste, ihrer Stirnseite und der Tür des Turms. Ein mögliches mathematisches Modell könnte wie folgt gestaltet sein:

$$A_{Gesamt} = A_{Turm} + 2 \cdot A_{Mauer} - 2 \cdot A_{Stirnseite} - A_{Tür}$$

mit

$$A_{Turm} = 2\pi \cdot 12.5 \cdot 25, \; A_{Mauer} = 2 \cdot 3 \cdot 10 - 2 \cdot 10 + 2 \cdot 3, \; A_{Stirnseite} = 2 \cdot 10 \; A_{Tür} = 2 \cdot 1.5.$$

In einem nächsten Schritt arbeiten die Problemlösenden innerhalb dieses mathematischen Modells. Für die Aufgabe „Buddenturm" geschieht in diesem Schritt die Berechnung der Fläche A_{Gesamt}, indem die Summanden A_{Turm}, A_{Mauer}, $A_{Stirnseite}$ und $A_{Tür}$ in A_{Gesamt} eingesetzt und schließlich ausgerechnet werden:

$$\begin{aligned} A_{Gesamt} &= 2\pi \cdot 12.5 \cdot 25 + 2 \cdot 2 \cdot 3 \cdot 10 - 2 \cdot 10 + 2 \cdot 3 - 2 \cdot 2 \cdot 10 - 2 \cdot 1.5 \\ &\approx 2161.42[m^2] \end{aligned}$$

Mit dem mathematischen Arbeiten werden mathematische Resultate erzielt, für die Aufgabe „Buddenturm" ist 2161.42 m^2 das mathematische Resultat. Im nächsten Schritt des Modellierungskreislaufs müssen die mathematischen Resultate dann auf der Grundlage der Realsituation bzw. deren mentalen Repräsentation interpretiert werden, was einer Rückübersetzung aus der mathematischen in die außermathematische Welt entspricht. Eine mögliche Interpretation wäre der Antwortsatz „Bei der Sanierung des Buddenturms im Jahr 2002 wurden rund 2160 m^2 Fläche mit Muschelkalk bedeckt." Dieses interpretierte mathematische Resultat wird von Blum und Leiß (2005) als reales Resultat bezeichnet. Bevor das reale Resultat im Antwortsatz jedoch als Produkt des Modellierungskreislaufs festgehalten wird, werden sowohl das reale Resultat als auch die verwendeten Modelle auf Gültigkeit und Plausibilität vor dem Hintergrund der Realsituation bzw. dem konstruierten Situationsmodell überprüft (Borromeo Ferri, 2006). So gilt es, die getroffenen Annahmen (in der Aufgabe „Buddenturm" also z. B. die

Form und Maße der Mauerreste oder die Vernachlässigung eventuell vorhandener Fenster oder Schießscharten) und bzw. oder ein unplausibles Resultat (z. B. aufgrund von Fehlern beim mathematischen Arbeiten) daraufhin zu bewerten, ob ein erneutes (Teil-)Durchschreiten des Modellierungskreislaufs mit Anpassung der Modelle vonnöten sein könnte. Sollte dies nicht der Fall sein, kann die Aufgabenbearbeitung hier abgeschlossen werden. Der Prozess des Vermittelns findet während des gesamten Bearbeitungsprozesses statt und meint die Erstellung eines Lösungsprodukts und des zugehörigen Lösungswegs, häufig also das Aufschreiben.

Abschließend ist noch hervorzuheben, dass Problemlösende den Kreislauf nicht zwingend linear durchschreiten, sondern vielmehr zwischen Schritten hin- und herspringen und möglicherweise auch bestimmte Schritte mehrmals ausführen (Borromeo Ferri, 2011; Schukajlow, 2011).

4.4 Kognitive Einflussfaktoren beim mathematischen Modellieren

Aufgrund der vielfältigen beim mathematischen Modellieren ablaufenden kognitiven Prozesse gibt es eine Vielzahl an Einflussfaktoren, von denen einige ebenfalls kognitiver Natur sind. Auf diese soll im Folgenden eingegangen werden. Da empirische Studien zu kognitiven Determinanten von Modellierungskompetenz bzw. den Teilkompetenzen mathematischen Modellierens rar sind, werden an dieser Stelle auch Ergebnisse zu anderen realitätsbezogenen Textaufgaben wie beispielsweise eingekleideten Aufgaben präsentiert. An dieser Stelle werden bewusst nur kognitive Determinanten vorgestellt. Metakognitive, volitionale, motivationale und affektive Komponenten werden hier aufgrund der auf Kognition ausgerichteten Perspektive der vorliegenden Arbeit nicht berücksichtigt. Leiss et al. (2010) treffen eine Unterscheidung zwischen individuellen Merkmalen der Lernenden sowie textuellen bzw. strukturellen Eigenschaften einer Modellierungsaufgabe, mathematisches Modellieren beeinflussen können (Tabelle 4.1).

Tabelle 4.1 Einflussfaktoren beim mathematischen Modellieren nach Leiss et al. (2010)

individuelle Merkmale der Lernenden	Eigenschaften der Modellierungsaufgabe
– Lesekompetenz	– Format
– situationsbezogenes Vorwissen	– Kontext
– mathematisches Vorwissen	– semantische Struktur
– allgemeine kognitive Fähigkeiten	– mathematische Struktur
– Einstellungen und Beliefs zu Mathematik, Mathematikaufgaben oder dem Kontext der Aufgabe	

4.4.1 Vorwissen

Wie in 3 deutlich gemacht wurde, kommt dem Vorwissen eine herausragende Rolle für die Informationsverarbeitung im Gedächtnis zu. Somit stellt es auch eine zentrale Determinante für das mathematische Modellieren und die Bearbeitung von realitätsbezogenen Textaufgaben dar. Dies konnte empirisch mehrfach nachgewiesen werden (z. B. Krawitz, 2020; Mischo & Maaß, 2012; Verschaffel et al., 2015). Krawitz (2020) unterscheidet dabei situationsbezogenes konzeptuelles, prozedurales und metakognitives Wissen als Einflussfaktoren, während Mischo und Maaß (2012) eine Unterteilung in Allgemeinwissen und mathematisches Vorwissen vornehmen. Im Rahmen dieser Arbeit soll Vorwissen in das domänenspezifische mathematische Vorwissen, das insbesondere deklaratives und prozedurales Vorwissen umfasst (siehe 4.4.1.1), und das außermathematische Vorwissen (siehe 4.4.1.2) ausdifferenziert werden.

4.4.1.1 Mathematisches Vorwissen

Mathematisches Vorwissen, das in der Klassifizierung der Wissensarten nach de Jong und Ferguson-Hessler (1996) vor allem deklarativer und prozeduraler Natur ist, ist dem mathematischen Modellieren inhärent. Dies wird trivialerweise schon dadurch ersichtlich, dass Modellierungsaufgaben eine Teilmenge aller mathematischen Aufgaben darstellen. Die Relevanz des mathematischen Vorwissens für die Modellierungskompetenz ergibt sich außerdem unmittelbar durch die beim mathematischen Modellieren ablaufenden kognitiven Prozesse. In der Erläuterung dazu (vgl. 4.3) wurde etwa postuliert, dass schon bei der Konstruktion des Situationsmodells und beim Aufstellen des Realmodells, das anschließend wiederum in ein mathematisches Modell überführt wird, ein Vorgriff auf das mathematische

Vorwissen vonnöten ist (Niss, 2010; Niss & Blum, 2020; Schukajlow, 2011). Trivialerweise ergibt sich die Notwendigkeit von mathematischem Vorwissen für die Teilprozesse des Mathematisierens und des mathematischen Arbeitens. Beispielsweise kann bei der in der vorliegenden Arbeit verwendeten Modellierungsaufgabe „Buddenturm" die Größe der Mantelfläche des Zylinders nur berechnet werden, wenn das Vorwissen diesbezüglich vorhanden ist. Konzeptuelles Wissen über die für das mathematische Arbeiten benötigten Operationen ist also erforderlich. Niss und Blum (2020) halten bezüglich des Vorgriffs auf mathematisches Vorwissen fest: „This [implemented] anticipation is strongly dependent on the range, nature and accessibility of the mathematical resources in the modeller's possession" (S. 23).

Krawitz (2020) nimmt ferner an, dass auch beim Interpretieren und Validieren das mathematische Vorwissen von Bedeutung ist. Sie begründet diese Annahme für das Interpretieren mit dem Verständnis sowohl des Realmodells als auch des mathematischen Modells, die zur Interpretation des mathematischen Resultats in ein reales Resultat integriert betrachtet werden müssen. Für das Validieren, bei dem unter anderem das reale Resultat auf Plausibilität überprüft wird, bezieht sich Krawitz (2020) auf Überschlagsrechnungen oder Schätzungen, die auf Basis des Situations- und Realmodells angestellt werden.

Für die Relevanz von mathematischem Vorwissen für das mathematische Modellieren existiert in der Literatur umfangreiche empirische Evidenz. Beispielsweise konnte in qualitativen Studien gezeigt werden, dass schon beim Verstehen der Modellierungsaufgabe mathematisches Vorwissen aktiviert wird und dieses für das Aufstellen eines Realmodells verwendet wird (Borromeo Ferri, 2011; Krawitz, 2020; Schukajlow, 2011; Stillman & Brown, 2014). Bei Krawitz (2020) konnte jedoch gezeigt werden, dass mathematisches Vorwissen, insbesondere Wissen über den strukturellen Aufbau von mathematischen Aufgaben (z. B. Signalwörter) auch negative Einflüsse für das mathematische Modellieren haben kann, vor allem beim Verstehen der Modellierungsaufgabe und beim Aufstellen eines Realmodells. Überwiegend wird das mathematische Vorwissen jedoch für die innermathematischen Prozesse beim mathematischen Modellieren eingesetzt und bedingt den Lösungserfolg (Mischo & Maaß, 2012; Verschaffel et al., 2015) – insofern das tatsächlich notwendige mathematische Vorwissen aktiviert wurde (Krawitz, 2020; Stillman & Galbraith, 1998).

4.4.1.2 Außermathematisches Vorwissen

Das außermathematische Vorwissen, das in der Klassifizierung der Wissensarten nach de Jong und Ferguson-Hessler (1996) vor allem dem situationsbezogenen

Wissen entspricht, wird in der Literatur zum Modellieren häufig als Determinante von Modellierungskompetenz herangezogen (Borromeo Ferri, 2010, 2011; Krawitz, 2020; Mischo & Maaß, 2012; Niss & Blum, 2020; Schukajlow, 2011; Verschaffel et al., 2000). Krawitz (2020) hält beispielsweise fest: „Situationsbezogenes Wissen zum Aufgabenkontext kann ... als eine Grundvoraussetzung für mathematisches Modellieren gesehen werden." (S. 47). Die Relevanz des nichtmathematischen Wissens für die Modellierungskompetenz ergibt sich unmittelbar durch die beim mathematischen Modellieren ablaufenden kognitiven Prozesse. In der Erläuterung dazu (vgl. 4.3) wurde postuliert, dass das Situationsmodell durch Integration der im Text enthaltenen Informationen mit den individuellen Wissensbeständen konstruiert wird. Auf Basis des außermathematischen Vorwissens werden zudem die Annahmen über fehlende Informationen getroffen und das reale Resultat validiert (Borromeo Ferri, 2010).

Die empirische Befundlage zur Rolle des außermathematischen Vorwissens beim mathematischen Modellieren lässt vermuten, dass die Aktivierung dieses Vorwissens von hoher Relevanz ist. So konnte beispielsweise Krawitz (2020) in einer qualitativen Studie zeigen, dass Lernende ihr ausreichend vorhandenes außermathematisches Vorwissen nur selten tatsächlich zur Bearbeitung einer Modellierungsaufgabe verwenden. Dieser Befund deckt sich mit Ergebnissen zu realitätsbezogenen Textaufgaben (z. B. Verschaffel et al., 2000). Es existieren jedoch auch Befunde, die die Integration des außermathematischen Vorwissens in den Modellierungsprozess nahelegen (z. B. Borromeo Ferri, 2011). Diese uneinheitliche Befundlage findet sich auch hinsichtlich des Einflusses von außermathematischem Vorwissen auf den Lösungserfolg. Beispielsweise konnte Krawitz (2020) feststellen, dass episodisches Wissen wie z. B. Erinnerungen an das zuletzt im Mathematikunterricht behandelte Thema hinderlich für adäquate Lösungsprozesse sein können. Dahingegen finden sich bei Mischo und Maaß (2012) Ergebnisse, die auf einen positiven Einfluss von außermathematischem Wissen für das Aufstellen des Realmodells hindeuten.

4.4.2 Sprachliche Fähigkeiten

Neben anderen stellen beispielsweise Prediger et al. (2015) die Relevanz von sprachlichen Fähigkeiten bzw. von Sprachkompetenz für die Bearbeitung von realitätsbezogenen Textaufgaben bzw. beim mathematischen Modellieren heraus. Sprachkompetenz umfasst „sowohl lexikalisch-semantische ... als auch grammatikalische Qualifikationen in Sprachrezeption und *-produktion* [Hervorhebung im Original]" (Prediger et al., 2015, S. 81). Dabei unterscheiden Prediger et al.

zwischen der kognitiven und der kommunikativen Funktion von Sprache. Erstere umfasst beispielsweise, dass die Komplexität der kognitiven Prozesse durch sprachliche Mittel wie Verdichtung oder Dekontextualisierung angeregt werden kann (z. B. Schleppegrell, 2004). Mit der kommunikativen Funktion von Sprache verbinden Prediger et al. (2015) etwa, dass über sprachliche Mittel wie Texte Anforderungen an Personen gestellt werden, wie etwa die Bearbeitung einer mathematischen Aufgabe. In verschiedenen empirischen Studien konnte die im angelsächsischen Raum (z. B. Abedi, 2015; Secada, 1992; Wang et al., 2016) postulierte Relevanz von sprachlichen Fähigkeiten für die Bearbeitung von realitätsbezogenen Aufgaben bzw. beim mathematischen Modellieren auch für die deutsche Sprache nachgewiesen werden (Heinze et al., 2007; Paetsch & Felbrich, 2015; Plath & Leiss, 2018; Prediger et al., 2015). Es zeigte sich jeweils, dass sprachlich schwache Lernende schwächere Leistungen bei der Bearbeitung von realitätsbezogenen Aufgaben bzw. beim mathematischen Modellieren hatten.

Zu den sprachlichen Fähigkeiten, insbesondere bezüglich der kommunikativen Funktion von Sprache, gehört auch die Fähigkeit, Texte in der entsprechenden Sprache zu verstehen (Prediger et al., 2015). Das allgemeine und domänenspezifische Textverstehen konnte folglich vielfach als zentrale Determinante bei der Bearbeitung von realitätsbezogenen Textaufgaben (Fuchs et al., 2015; Fuchs et al., 2018; Wang et al., 2016) bzw. beim mathematischen Modellieren (Krawitz, Chang et al., 2022; Krawitz et al., 2017; Leiss et al., 2019; Leiss et al., 2010; Mischo & Maaß, 2012) identifiziert werden. In den nächsten beiden Kapiteln soll deshalb dezidiert darauf eingegangen werden, was Textverstehen aus kognitionspsychologischer Sicht meint und welche Rolle das Textverstehen beim mathematischen Modellieren spielt.

4.4.3 Allgemeine kognitive Fähigkeiten

Sogenannte allgemeine kognitive Faktoren wie räumliche, numerische und verbale Fähigkeiten sowie schlussfolgerndes Denken konnten empirisch als Determinanten für die Bearbeitung von mathematischen Aufgaben allgemein identifiziert werden (z. B. Fuchs et al., 2010). Aber auch dem Arbeitsgedächtnis kommt eine wichtige Rolle zu (Fuchs et al., 2020; Gillard et al., 2009; Wang et al., 2016). Räumliche Fähigkeiten umfassen die Erzeugung, das Behalten, den Abruf und die Transformation von gut strukturierten visuellen Bildern (z. B. Lohmann, 1996). Ein Beispiel für räumliche Fähigkeiten ist die mentale Rotation von dreidimensionalen Objekten. Numerische Fähigkeiten beziehen sich auf den Umgang mit Zahlen, Größen und Mengen, z. B. den Vergleich von zwei unterschiedlich großen numerischen Werten oder Mengen (z. B. Dehaene, 1992). Unter verbalen Fähigkeiten sind beispielsweise der Umgang mit Wörtern und deren Bedeutung oder das Erkennen von zwei oder mehr Buchstaben als gleich oder verschieden zu verstehen (z. B. Hunt, 1978). Schlussfolgerndes Denken umfasst beispielsweise die Fähigkeit, Muster in geometrischen Objekten zu erkennen und fortzusetzen (z. B. Taub et al., 2008).

Mischo und Maaß (2012) sowie Reinhold et al. (2020) untersuchten die Rolle dieser allgemeinen kognitiven Faktoren für das mathematische Modellieren (Mischo & Maaß, 2012) bzw. für die Bearbeitung von realitätsbezogenen Textaufgaben (Reinhold et al., 2020). Beide Studien fanden positive Zusammenhänge zwischen den allgemeinen kognitiven Faktoren und dem mathematischen Modellieren bzw. der Bearbeitung von realitätsbezogenen Textaufgaben. Diese Befunde decken sich mit früheren Studien (z. B. Daroczy et al., 2015).

Bezüglich der Rolle des Arbeitsgedächtnisses bei der Bearbeitung von realitätsbezogenen Aufgaben bzw. beim mathematischen Modellieren konnte ein Zusammenhang zwischen größerer Arbeitsgedächtnisspanne und besseren Leistungen gezeigt werden (Fuchs et al., 2020; Gillard et al., 2009; Wang et al., 2016). In einer Meta-Analyse konnten Peng et al. (2016) nachweisen, dass das Arbeitsgedächtnis für die Bearbeitung von realitätsbezogenen Textaufgaben eine größere Rolle spielt als für andere Typen von mathematischen Aufgaben. Dieser Befund konnte in einer weiteren Metanalyse von Ji und Guo (2023) bestätigt werden. In Einklang dazu leiten Fuchs et al. (2020) ab, dass das Arbeitsgedächtnis vor allem für die Aufmerksamkeitsallokation auf relevanten Informationen und damit einhergehend die Inhibition irrelevanter Informationen im Aufgabentext sowie für die Koordinierung der kognitiven Ressourcen bei der Bearbeitung der Aufgabe beansprucht wird.

Abschließend muss noch festgehalten werden, dass sicherlich nicht alle der vorgestellten Einflussfaktoren für alle Teilkompetenzen des Modellierens gleichermaßen relevant sind (siehe z. B. Mischo & Maaß, 2012) und viele der vorgestellten Studien rein korrelativer Natur waren. Somit kann nur ein Zusammenhang zwischen den allgemeinen kognitiven Faktoren und dem mathematischen Modellieren bzw. der Bearbeitung realitätsbezogener Textaufgaben und keine Kausalität festgehalten werden.

Textverstehen

5

Da Modellierungsaufgaben Lernenden und Problemlösenden oftmals in Textform dargeboten werden (Verschaffel et al., 2000), erscheint es notwendig, sich die kognitiven Prozesse beim Verstehen von Texten aus kognitionspsychologischer Sicht vor Augen zu führen. Das Verstehen des Aufgabentextes ist eine notwendige Bedingung für den weiteren Lösungsprozess (Krawitz, Chang et al., 2022; Krawitz et al., 2017; Leiss et al., 2019; Schukajlow, 2013).

Allgemein gesprochen sind Lesen und das daraus resultierende Textverstehen bedeutungskonstruierende Prozesse zum Inhalt eines Textes, die durch Prozesse der Erkennung von Symbolen, d. h. der Dekodierung visueller Informationen wie Buchstaben (McNamara & Magliano, 2009) und der Aktivierung sowie der Integration von Wissen (Graesser et al., 1994; Kintsch, 1998) geleitet werden. Textverstehen ist ein Zusammenspiel von Text, Vor- und Weltwissen, dem Kontext, in dem gelesen wird sowie den Motiven bzw. Zielen der Lesenden (Artelt et al., 2000). Dabei gilt es, die limitierte Aufmerksamkeit auf bestimmte Elemente eines Textes und des relevanten Vorwissens zu allokieren (Kintsch, 1988; van den Broek, 2010).

In dieser Arbeit werden unter dem Begriff des Textverstehens die kognitiven Prozesse beim Lesen und Verstehen von Texten zusammengefasst. Das Lesen selbst beinhaltet jedoch zusätzlich auch mechanische Prozesse, nämlich die Bewegung der Augen, um diese kognitiven Prozesse anzustoßen. Im Folgenden sollen nun aber zunächst die kognitiven Prozesse selbst in den Blick genommen werden. Anschließend wird auf die Koordinierung ebendieser Prozesse im Gedächtnis eingegangen, bevor individuelle Einflussfaktoren der Lesenden und Blickbewegungen beim Lesen und Verstehen von Texten beleuchtet werden.

V. Böswald, *Die Rolle der Position der Fragestellung beim Textverstehen von mathematischen Modellierungsaufgaben*, Studien zur theoretischen und empirischen Forschung in der Mathematikdidaktik,
https://doi.org/10.1007/978-3-658-43675-9_5

5.1 Ebenen des Textverstehens

Bei van Dijk und Kintsch (1983) werden drei Ebenen des Textverstehens unterschieden, die aufeinander aufbauen und sich primär durch ihre Komplexität differenzieren lassen: die Textoberfläche (*surface code*), die Textbasis (*text base*) und das Situationsmodell (*situation model*), stellenweise auch mentales Modell genannt (Dutke, 1998; Graesser et al., 1997). Die Existenz dieser Ebenen konnte empirisch mehrfach nachgewiesen werden (z. B. Fletcher & Chrysler, 1990; Long et al., 1997). Im Folgenden soll nun näher auf diese drei Ebenen der mentalen Textrepräsentation eingegangen werden.

5.1.1 Ebene der Textoberfläche

Die mentale Repräsentation eines Textes auf Ebene der Textoberfläche besteht aus dem genauen Wortlaut und der Syntax des Gelesenen. Somit ist sie eine reine Repräsentation des tatsächlich Gelesenen. In den meisten Fällen behalten Lesende nur die Textoberfläche des zuletzt gelesenen Satzes oder Satzteils im Arbeitsgedächtnis. Das Verstehen auf der Grundlage der Textoberfläche allein würde sich in der wortgetreuen Wiedergabe des gegebenen Textes äußern bzw. anders gesagt: Würden zwei semantisch gleiche Sätze, die jedoch eine andere Syntax oder andere Wörter verwenden (d. h. sich in ihrer Textoberfläche unterscheiden) auf Basis der Textoberfläche miteinander verglichen werden, würden sie als unterschiedlich bewertet werden, obwohl sie dieselbe Bedeutung tragen (Graesser et al., 1997). Dies lässt sich am Beispiel des (vereinfachten) Satzes „Der Buddenturm besitzt ein 5 m hohes kegelförmiges Dach." aus der in dieser Arbeit verwendeten Aufgabe „Buddenturm" illustrieren. Da sich dieser Satz von dem Satz „Das Dach, das der Buddenturm besitzt, ist 5 m hoch und kegelförmig." in Wortlaut und Syntax, d. h. auf Ebene der Textoberfläche unterscheidet, sind die beiden Sätze auf dieser Ebene als unterschiedlich anzusehen.

5.1.2 Ebene der Textbasis

Die mentale Repräsentation eines Textes auf Ebene der Textbasis reduziert die Textoberfläche auf den semantischen Gehalt des Textes. Dieser Prozess wird auch als semantisches Parsing bezeichnet (van Dijk & Kintsch, 1983). Anders als bei der Ebene der Textoberfläche kann die Repräsentation des Textes also sowohl vom Wortlaut als auch von der Syntax der Textoberfläche abweichen. Die Bedeutung des Textes bleibt jedoch erhalten, die beiden Beispielsätze „Der Buddenturm besitzt ein 5 m hohes kegelförmiges Dach." und „Das Dach, das der Buddenturm besitzt, ist 5 m hoch und kegelförmig." unterscheiden sich zwar auf Ebene der Textoberfläche, nicht jedoch in ihrer Bedeutung.

Der semantische Gehalt eines Textes wird in sogenannten Propositionen repräsentiert (van Dijk & Kintsch, 1983). Unter Propositionen sind die zugrundeliegenden semantischen Strukturen (Kintsch & van Dijk, 1978) zu verstehen. Die Annahme bei van Dijk und Kintsch (1983) hierbei ist, dass jeder (Neben-)Satz in genau einer Proposition repräsentiert wird. Sie definieren Propositionen folglich als eine den Sinn betreffende Einheit, die gleichermaßen die linguistische Bedeutung eines Satzes wie auch die konzeptuelle Repräsentation ebendieses Satzes aus einer konzeptuellen Perspektive beinhaltet.

Die Ebene der Textbasis veranschaulicht eine mentale Repräsentation des semantischen Inhalts des Textes, konstruiert über den Prozess der lokalen Kohärenzbildung. Darunter ist zu verstehen, dass die Subjekte und Objekte untereinander, aber auch mit den Prädikaten (z. B. Eigenschaften oder Handlungen), die in der Textoberfläche in einem Satz oder zwischen benachbarten Sätzen angegeben sind, in Bezug zueinander gesetzt werden. Am Beispiel des (vereinfachten) Satzes „Der Buddenturm besitzt ein 5 m hohes kegelförmiges Dach." aus der Aufgabe „Buddenturm" wäre die propositionale Struktur unter Verwendung der Notation von van Dijk und Kintsch (1983) die folgende:

(i) Buddenturm(x1)
(ii) besitzt(x1,x2)
(iii) Dach(x2,x4)
(iv) hoch(x2,x3)
(v) 5 Meter (x3)
(vi) kegelförmig (x4)

Im Modell von van Dijk und Kintsch (1983) wird die Textbasis zunächst als Mikrostruktur aufgefasst. Darunter ist zu verstehen, dass die einzelnen Propositionen für sich allein stehen und nur in sich selbst kohärent sind (*lokale Kohärenz*). Über sogenannte Makroregeln und -strategien, deren Erläuterung an dieser Stelle zu weit führen würde, wird die Makrostruktur einzelner Textteile (z. B. von Abschnitten oder mehr als einem Satz) des Textes gebildet, die das Thema des Textes oder Textteils umfasst (van Dijk & Kintsch, 1983). Die formale Struktur einer Textbasis, wie van Dijk und Kintsch (1983) sie auffassen, ist exemplarisch in Abbildung 5.1 dargestellt.

Erfolgreiches Verstehen auf der Ebene der Textbasis bedeutet, dass die Textbasis zu einem grundlegenden Verständnis des Textes führt, für ein tieferes Verständnis des Inhalts des Textes jedoch nicht ausreicht (Graesser et al., 1997; Graesser et al., 1994).

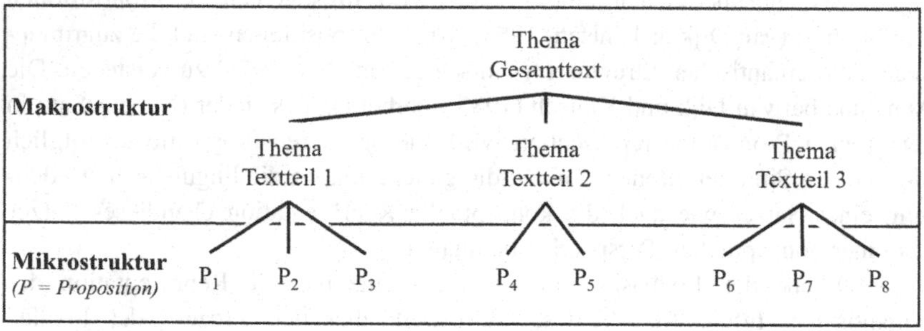

Abbildung 5.1 Beispielhafte formale Struktur einer Textbasis mit 8 Propositionen in Anlehnung an van Dijk und Kintsch (1983)

5.1.3 Ebene des Situationsmodells

Beim Textverstehen werden sogenannte Situationsmodelle gebildet. Sie stellen die komplexeste Stufe des Textverstehens dar (van Dijk & Kintsch, 1983). Darunter ist eine mentale Repräsentation der Handlungen, der handelnden Personen und der zugehörigen Umgebung, die jeweils im Text beschrieben werden, zu verstehen (Zwaan, 1999). Die Repräsentation kann multidimensional sein, also räumliche, zeitliche oder kausale Gestalt haben, die auch gleichzeitig auftreten können (Zwaan & Radvansky, 1998). Es enthält den Inhalt oder Kontext des Textes und stellt somit nicht mehr den expliziten Text dar, sondern das, worum es in dem Text geht. Situationsmodelle werden entsprechend der Theorie der mentalen Modelle von Johnson-Laird (1983) „auf Grundlage der Textinformation in funktionaler und struktureller Analogie zu einem Sachverhalt in der Realität gebildet" (Christmann & Groeben, 1999, S. 170).

Dieses spezielle mentale Modell, das Situationsmodell, wird auf der Grundlage der Textbasis konstruiert, indem Schlussfolgerungen, sogenannte Inferenzen, gezogen werden, beispielsweise zu Gründen für Eintreten bestimmter Ereignisse in einem Text (Graesser et al., 1994). Zusätzlich wird es durch Vorwissen und sogar externe Quellen, wie den Inhalt anderer Texte oder Bilder, ergänzt.

Die Konstruktion eines Situationsmodells erfordert einerseits die Rezeption von Informationen aus dem Text wie auch die Integration von individuellen Wissensbeständen und Erfahrungen aus dem Langzeitgedächtnis (Christmann & Groeben, 1999). Die individuellen Wissensbestände beinhalten dabei sowohl Welt- als auch Sprachwissen (Christmann & Groeben, 1999). Der Aufbau von Kohärenz über den gesamten Text (d. h. globale Kohärenz) ist für die Konstruktion dieses mentalen Modells entscheidend (Graesser et al., 1994). Am Beispiel des Satzes aus den vorherigen Abschnitten, „Der Buddenturm besitzt ein 5 m hohes kegelförmiges Dach.“, werden also zusätzliche Informationen über den Turm mit seinem 5 m hohen Dach, das zudem kegelförmig ist, integriert. Die Herstellung von globaler Kohärenz äußert sich etwa darin, dass die runde Form des Turms ebenfalls repräsentiert wird. Gegebenenfalls werden auf Basis des Vorwissens noch weitere Informationen inferiert, z. B. die Farbe des Daches oder ob es mit Schindeln oder anderweitig gedeckt ist.

Die Wichtigkeit von Situationsmodellen für das Verstehen wird dann besonders deutlich, wenn die Haltedauer im Gedächtnis von Textoberfläche und Textbasis berücksichtigt wird. So konnten beispielsweise Johnson-Laird und Stevenson (1970) sowie Garnham (1987) zeigen, dass die Textoberfläche inklusive der Syntax sowie die Bedeutung einzelner Sätze schnell vergessen werden. Die längerfristige Speicherung im Gedächtnis erfolgt zumeist nur für Situationsmodelle. Ein Spezialfall ist das Auswendiglernen. Dabei wird die Textoberfläche im Langzeitgedächtnis abgespeichert, um sie wortwörtlich abrufen zu können.

Situationsmodelle werden z. B. verwendet, um (Ko-)Referenzen zu bilden, um die Perspektive wechseln zu können oder auch um eine Übersetzung anzufertigen (van Dijk & Kintsch, 1983; Zwaan & Radvansky, 1998). Werden auf Basis von Situationsmodellen Entscheidungen über Gedächtnisinhalte getroffen, so können (In-)Konsistenzen zu der zuvor im Text beschriebenen Situation aufgedeckt werden (Radvansky & Copeland, 2004) – solange das Situationsmodell von hoher Qualität ist. Da im Situationsmodell der reine Textinhalt durch Vor- und Weltwissen angereichert wird, können außerdem die gelesenen Inhalte auf Gültigkeit überprüft werden: Handelt es sich beim Gelesenen um eine wahre oder falsche Aussage? Weitere Verwendung finden Situationsmodelle auch beim mathematischen Problemlösen (Kintsch & Greeno, 1985).

5.2 Rahmenprozessmodell des Textverstehens

Es erscheint sinnvoll, einen Blick darauf zu werfen, wie die Gedächtnissysteme beim Textverstehen zusammenarbeiten. In ihrem Rahmenprozessmodell des Textverstehens gehen van Dijk und Kintsch (1983) darauf dezidiert ein. In Abbildung 5.2 ist dieses Zusammenspiel schematisch dargestellt und wird folgend erläutert.

In ihrem Prozessmodell geben van Dijk und Kintsch (1983) eine mögliche Antwort auf die Frage, wie Textoberfläche, Textbasis und Situationsmodell verarbeitet und vom Gedächtnis koordiniert werden, insbesondere vom Arbeitsgedächtnis. Dieses arbeiten van Dijk und Kintsch (1983) als zentrale Komponente beim Textverstehen heraus. Sie gehen im Einklang mit den in 3.1 vorgestellten Theorien davon aus, dass über das sensorische Register die wahrgenommenen Informationen in das Arbeitsgedächtnis transferiert werden. Das Langzeitgedächtnis, in diesem Rahmenmodell hauptsächlich ausdifferenziert in episodisches und semantisches Gedächtnis („general knowledge"; van Dijk & Kintsch, 1983, S. 348) spielt insbesondere als Wissensquelle eine Rolle.

Die Ausdifferenzierung in die beiden genannten Gedächtnissysteme erfolgt im Modell nicht aufgrund von Unterschieden in deren Funktion für das Textverstehen, sondern aufgrund deren Unterschiede im Abruf (vgl. 3.2). Aus diesen beiden Komponenten des Langzeitgedächtnisses werden explizit zwei Bausteine angeführt: das lexikalische Wissen, das für die Verarbeitung der wahrgenommenen Wörter relevant ist, sowie andere Wissensstrukturen, die vor allem rahmengebend für die Konstruktion der propositionalen Textbasis fungieren. Zudem berücksichtigen van Dijk und Kintsch (1983) die sogenannte aktive Kontrollstruktur an („active control structure"; van Dijk & Kintsch, 1983, S. 348) als relevante Komponente aus dem Langzeitgedächtnis, in der die aktuellen Ziele, Wünsche, Interessen und Emotionen der Lesenden gespeichert sind. Das dritte Gedächtnissystem von Relevanz für das Textverstehen ist das sogenannte episodische Textgedächtnis. In diesem sind die Textoberfläche, die die propositionale Textbasis, die Makrostruktur des Textes und schließlich auch das Situationsmodell repräsentiert. Das episodische Textgedächtnis ist trotz der strukturellen Abgrenzung im Modell im Langzeitgedächtnis anzusiedeln. Van Dijk und Kintsch (1983) nehmen an, dass die Bezüge zwischen den Komponenten des episodischen Textgedächtnisses maßgeblich für den Abruf, also die Re-Integration der Informationen ins Arbeitsgedächtnis, sind. Außerdem ist die Aktualität der Informationen für den Abruf ausschlaggebend, mit zunehmendem zeitlichen Abstand zwischen der initialen oder erneuten Verarbeitung und dem Abruf wird die Aktivierung der

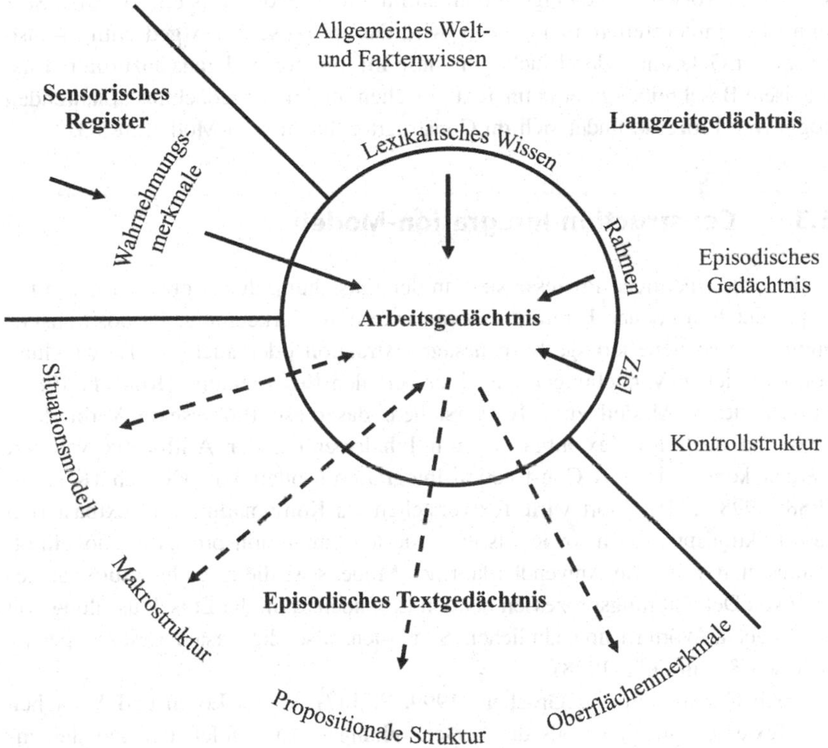

Abbildung 5.2 Zusammenspiel der Gedächtnissysteme beim Textverstehen nach van Dijk und Kintsch (1983)

Informationen über Bezüge zwischen den Komponenten wichtiger. Das Situationsmodell lässt sich somit langfristig am einfachsten abrufen, da es die am stärksten vernetzte und integrierte Struktur darstellt. Analog wird der Abruf der reinen Textoberfläche mit schwindender Aktualität immer schwieriger.

Die Menge der Informationsverarbeitung beim Textverstehen im Arbeitsgedächtnis ist per se nicht begrenzt, sondern unterliegt den in 3.3 beschriebenen Beschränkungen. Van Dijk und Kintsch (1983) nehmen an, dass zu jedem Zeitpunkt beim Textverstehen die Textoberfläche der letzten ein bis zwei Phrasen oder Sätzen im Arbeitsgedächtnis zur Verarbeitung liegt, die aufgrund vorheriger Wissensstrukturen zu einer propositionalen Einheit verbunden werden. Diese können schließlich zur Konstruktion des Situationsmodells verwendet werden.

Wird mehr Vorwissen benötigt, um einen im Arbeitsgedächtnis eingehenden Satz sinnstiftend interpretieren zu können, wird das episodische Textgedächtnis – also das bisher Gelesene – durchsucht, um diese Informationen daraus abzurufen. Eine präzisere Beschreibung der beim Textverstehen im Arbeitsgedächtnis ablaufenden kognitiven Prozesse findet sich im Construction-Integration-Modell in 5.3.

5.3 Construction-Integration-Modell

Viele unterschiedliche Prozesse sind an der Entstehung dieser oben aufgeführten Repräsentationsebenen beteiligt, beispielsweise Worterkennung, Propositionsbildung, Inferenzgenerierung, Kernaussagenextraktion oder auch die Entwicklung von räumlichen Vorstellungen aus einer verbalen Beschreibung (Kintsch, 1988). Ein etabliertes Modell zum Textverstehen, das diese Prozesse in Verbindung setzt und auch für Textaufgaben zum Inhaltsbereich der Arithmetik validiert werden konnte, ist das Construction-Integration-Modell von Kintsch (Kintsch, 1988; 1998, 2018). Dort wird Textverstehen als Kombination von textbasierten Konstruktionsprozessen sowie wissensbasierten Integrationsprozessen modelliert. Voraussetzung für die Anwendbarkeit des Modells ist die erreichte Automatisierung von Dekodierungsprozessen bei den Lesenden, d. h. die Entschlüsselung von Buchstaben, Wörtern und ähnlichen Symbolen, also die basale Lesekompetenz (Kintsch & van Dijk, 1978).

Nach Christmann und Groeben (1999, S. 147) ist das Lesen und Verstehen von Texten „immer auch als die Verschränkung von textgeleiteten, ‚aufsteigenden' Prozessen (bottom up: von der Textinformation zum rezipierten Wissen) und andererseits konzept- bzw. erwartungsgeleiteten, ‚absteigenden' Prozessen (top down: vom Vorwissen zum konkreten Textverstehen) aufzufassen." Diese Prozesse laufen parallel ab und interagieren miteinander (Kintsch & van Dijk, 1978). Top-Down-Prozesse basieren neben dem Vorwissen zudem auch auf den Interessen und Zielen der Lesenden (Kintsch, 1998).

Kern des Modells sind der Konstruktions- und der Integrationsprozess. In ersterem wird die Textbasis basierend auf der Textoberfläche und dem Vorwissen konstruiert, die dann in letzterem zu einer kohärenten Struktur transformiert wird (Kintsch, 1988). Zunächst soll der Konstruktionsprozess näher beleuchtet werden.

Dem Konstruktionsprozess liegt die Annahme zugrunde, dass die Textbasis in einem propositionalen Netzwerk repräsentiert wird, ähnlich zur Repräsentation von Wissen, das ebenfalls als in einem Netzwerk repräsentiert angenommen wird. Kintsch (1988, S. 166) bezeichnet letzteres als „general knowledge net" (deutsch: allgemeines Wissensnetz). Basierend auf dem Vorwissen der Lesenden wird das propositionale Netzwerk gestaltet, bestimmte Wortbedeutungen werden aktiviert und andere gehemmt, sind also leichter bzw. schwieriger abrufbar. Der Konstruktionsprozess erfolgt in mehreren Schritten sequenziell. Zunächst müssen die Propositionen auf Grundlage der Textoberfläche gebildet werden, indem die Wörter unter Berücksichtigung der Syntax miteinander in Beziehung gesetzt werden. Im nächsten Schritt werden diese Propositionen hinsichtlich der assoziierten Begriffe aus dem allgemeinen Wissensnetz elaboriert. Die konstruierten Propositionen fungieren also zunächst als Hinweisreiz zum Abruf von Bedeutungen aus dem Wissensnetz. Im dritten Schritt werden zusätzliche Propositionen inferiert, um die Bezüge zwischen propositionalem Netzwerk und dem allgemeinen Wissensnetz abzusichern, da bislang noch viele unsichere Bezüge existieren. Unsichere Bezüge entstehen beispielsweise aus der Repräsentation von mehreren Bedeutungen zu einem Wort. Im vierten und letzten Schritt werden schließlich alle Bezüge gewichtet und somit werden – wie oben schon angedeutet – bestimmte Wortbedeutungen aktiviert oder gehemmt, wobei nicht davon auszugehen ist, dass die korrekte Bedeutung bereits aktiviert wird. Das Ergebnis des Konstruktionsprozesses ist also ein Netzwerk aus generierten Propositionen sowie den Inferenzen, Elaborationen und ihren Bezügen zwischen- und untereinander (Kintsch, 1988). Da im Modell basierend auf früheren Arbeiten (z. B. Kintsch & van Dijk, 1978) angenommen wird, dass das Textverstehen zyklisch abläuft, indem kleinere Sinneinheiten wie Sätze oder Satzteile nacheinander verarbeitet werden, wird folglich für jeden Satz in einem Text ein eigenes propositionales Netzwerk konstruiert. Auf jeden Konstruktionsprozess folgt im Modell dann ein Integrationsprozess.

Der Integrationsprozess stützt sich auf die grundlegende Annahme, dass ein propositionales Netzwerk noch keine ausreichende Repräsentation des Textes darstellt, da die Textelemente bislang nicht in den Kontext des gesamten Textes gesetzt wurden und gegebenenfalls unangemessen sind. Das Netzwerk ist also keine kohärente und konsistente Struktur und darüber hinaus instabil in der Gewichtung der Bezüge im Netzwerk. Ziel der Integrationsphase ist die Behebung dieser Mängel. Grundmechanismus der Integrationsphase ist die Neubewertung der Stärke der Aktivierung der Bedeutungen auf Basis des Vorwissens und der im Arbeitsgedächtnis abgelegten propositionalen Netzwerke (siehe 5.4.3 zur Rolle des Arbeitsgedächtnisses beim Textverstehen). Diesen Prozess bezeichnet Kintsch (1998) als die Aktivierungsausbreitung (*activation spreading*). Die Integration von neuen Propositionen und Inferenzen – unabhängig davon, ob sie aus dem Text oder dem Vorwissen stammen – beeinflussen dem Modell nach die Stärke der Aktivierung von Bezügen im propositionalen Netzwerk. Wortbedeutungen und Inferenzen, die während des Konstruktionsprozesses zunächst also beispielsweise gehemmt wurden, können nun als bedeutsamer angesehen werden und somit stärker aktiviert werden. Im Gegenzug werden die unpassenderen Bedeutungen möglicherweise gehemmt und können nach und nach gänzlich aus dem Netzwerk entfernt werden. Neue, noch nicht im Netzwerk vorhandene Propositionen oder Inferenzen, können zudem auf Passung in die sich weiterentwickelnde mentale Repräsentation überprüft werden. Das Netzwerk wird also insgesamt stabilisiert und kohärenter. Durch das zyklische Wechselspiel von Konstruktions- und Integrationsprozessen entsteht also eine mentale Repräsentation, in der die einzelnen Satz(-teil)netzwerke miteinander verknüpft werden und die durch die Aktivierungsausbreitung an Kohärenz und Konsistenz gewinnt: das Situationsmodell.

5.4 Individuelle Einflussfaktoren beim Textverstehen

Das Verstehen von Texten hängt neben textseitigen Determinanten wie der Kohärenz der Textoberfläche stark von individuellen Eigenschaften der Lesenden ab (Artelt et al., 2007). So werden etwa die Enkodierung von Buchstaben und Wörtern (Perfetti, 1994), der lexikalische und syntaktische Zugriff auf einen Text (Just & Carpenter, 1992, 2002), die Fähigkeit zur Bildung von angemessenen Inferenzen (Graesser et al., 1994) und natürlich die Kompetenz in der Sprache, in der der Text verfasst ist (Zwaan & Brown, 1996), als zentrale Determinanten auf individueller Ebene benannt. Die empirische Evidenz legt nahe, dass höhere kognitive Fähigkeiten positiv mit dem Textverstehen korrelieren (Eason et al., 2012). In diesem Abschnitt sollen vor allem vier lesendenseitige Determinanten betrachtet werden: Leseziele, Vorwissen, die Arbeitsgedächtnisspanne und das Alter.

5.4.1 Leseziele

Eine maßgebliche Determinante für das Textverstehen aufseiten der Lesenden ist das Leseziel (Graesser et al., 1994; Kaakinen & Hyönä, 2010; Rothkopf & Billington, 1979), da Lesende ihren Verarbeitungsprozess basierend auf ihrem jeweiligen Leseziel steuern (Linderholm & van den Broek, 2002; van den Broek et al., 2001). Im Rahmen des Construction-Integration-Modells (siehe 5.3) sind diese ein top-down-Faktor (Kaakinen & Hyönä, 2007). Zugrunde liegt die sogenannte reader goal assumption (Graesser et al., 1994), die besagt, dass Lesende ihre Situationsmodelle derart konstruieren, dass sie ihren persönlichen Zielen entsprechen, d. h. die Art und Weise des Lesens ist adaptiv (Groeben, 1982; Linderholm & van den Broek, 2002). Diese Ziele entstehen auf tieferen Verarbeitungsebenen (Graesser et al., 1994). Zudem gehen in die Entscheidung, mit welchem Ziel ein Text gelesen werden soll, auch Überlegungen zu den eigenen kognitiven Ressourcen wie der Arbeitsgedächtniskapazität ein (Britt et al., 2014; Rouet & Britt, 2011; van den Broek et al., 2001). Dies beinhaltet insbesondere, wie und in welchem Ausmaß diese Ressourcen eingesetzt werden.

Graesser et al. (1994) unterscheiden drei Ebenen der Spezifität von Lesezielen, die jedoch nicht sequenziell durchlaufen werden müssen. Die erste Ebene der Spezifizität, das generelle Leseziel, ist die Konstruktion eines angemessen Situationsmodells. Die Angemessenheit drückt sich durch die Vereinbarkeit mit dem Text bzw. dessen Inhalt aus. Auf der zweiten Stufe findet die Textsorte Berücksichtigung. So fand Zwaan (1993) heraus, dass Lesende in Abhängigkeit von der antizipierten Textsorte – also ob beispielsweise ein literarischer Text oder ein Zeitungsartikel gelesen wird – unterschiedliche Informationen extrahieren, da die Lesenden je nach Textsorte unterschiedliche Leseziele anlegten. Mögliche Leseziele auf Ebene der Textsorte können nach Brewer (1980) beispielsweise die Unterhaltung sein, wie es beim Lesen von Romanen üblich ist, oder das sich-Informieren. Ein weiteres Leseziel kann jedoch auch die Beantwortung einer Fragestellung sein, unabhängig von der jeweiligen Textsorte. Graesser et al. (1994) sprechen dann von einem idiosynkratischen Leseziel, das angepasst an die individuelle Situation der Lesenden und die Aufgabenstellung gebildet wird. Im schulischen Kontext von Mathematik können in Anlehnung an Abshagen (2015) vier Textsorten unterschieden werden, die von besonderer Bedeutung sind und bei denen von unterschiedlichen Lesezielen ausgegangen werden kann. Neben den einleitenden, informierenden bzw. erklärenden Texten und Exkursen stehen mathematische Sätze, Beweise und Definitionen sowie Aufgaben mit Lösungsbeispielen. Die vierte Textsorte, die für diese Arbeit explizit relevant ist, sind die Aufgaben, die sich entsprechend der Klassifikation von Niss et al. (2007; vgl. 4.1) ausdifferenzieren lassen. Bei Modellierungsaufgaben erwarten die Lesenden üblicherweise eine detaillierte Beschreibung der Realsituation (gegebenenfalls in Verbindung mit einem Bild), zu der anschließend eine mathematische Fragestellung aufgeworfen wird, die es zu lösen gilt (Schukajlow, 2013). Hier wäre also die Beantwortung ebendieser Fragestellung das Leseziel.

Leseziele sind nicht alleinstehend, d. h. Lesende können auch sekundäre Leseziele entwickeln, die entweder neben dem Hauptleseziel stehen oder aber Teilziele zur Erreichung des Hauptziels darstellen (Britt et al., 2014; Rouet & Britt, 2011). Bei der Bearbeitung von Modellierungsaufgaben ist beispielsweise das Hauptleseziel die Beantwortung der realitätsbezogenen Fragestellung. Um dieses Ziel erreichen zu können, ist jedoch die Konstruktion eines mathematischen Modells vonnöten (siehe 4.3). Insofern muss der Leseprozess auch darauf ausgerichtet werden.

Das Leseziel induziert, dass Textpassagen als relevant oder irrelevant für die Erreichung des Leseziels erachtet werden (Kaakinen & Hyönä, 2008; McCrudden & Schraw, 2007; McCrudden et al., 2005; Pichert & Anderson, 1977). Über die Relevanz von Informationen entscheiden Lesende beispielsweise auf Basis von Passung der Information zum Thema oder der Nützlichkeit bezüglich der Aufgabenstellung (Britt et al., 2014). Relevanz meint dabei die Passung zwischen der Textpassage zu den Lesezielen. Hierbei drängt sich eine Unterscheidung von Wichtigkeit und Relevanz auf. Wichtige Textpassagen sind solche, ohne die der Text nicht verstanden werden kann; die Relevanz hängt hingegen vom Leseziel ab (Cirilo & Foss, 1980; McCrudden & Schraw, 2007; McCrudden et al., 2005). Somit können wichtige Textpassagen gleichzeitig relevant sein, aber müssen es nicht sein. Analoges gilt für relevante Textpassagen, die sowohl wichtig als auch unwichtig sein können. Schraw et al. (1993) zeigten, dass Lesende ihre Lese- und Verstehensprozesse bei Vorliegen von Kriterien zur Unterscheidung zwischen Relevanz und Irrelevanz hinsichtlich dieser Relevanzentscheidungen strukturieren und der Wichtigkeit von Textpassagen im Verarbeitungsprozess dann eine untergeordnete Rolle zukommt. Einflüsse durch Relevanz-induzierende Instruktionen beispielsweise auf die Verarbeitungszeit beim Lesen und Verstehen eines Textes werden gemeinhin als Relevanzeffekte (McCrudden & Schraw, 2007) bezeichnet.

In der in dieser Arbeit verwendeten Aufgabe „Buddenturm" sind solche relevanten Informationen – unter der Voraussetzung, dass das Leseziel die Beantwortung der Fragestellung „Wie viel Fläche wurde 2002 saniert?" ist – also wie in 4.3 beschrieben die Höhe des Turms von 30 m (ohne Dach 25 m), die runde Form des Turms mit einem Durchmesser von 12.50 m, das Vorhandensein von 8 m bis 10 m hohen Resten der ehemaligen Stadtmauer am Turm sowie die Information, dass das gesamte Mauerwerk, nicht jedoch das Dach saniert wurden.

Zudem beeinflusst das Leseziel stark, welche und wie viele Informationen erinnert werden können, da vor allem für lesezielrelevante Informationen positive Effekte nachgewiesen werden konnten (Baillet & Keenan, 1986; Kaakinen & Hyönä, 2011; Kaakinen et al., 2002, 2003; Pichert & Anderson, 1977; Schraw et al., 1993; van den Broek et al., 2001). Eine weitere zentrale Erkenntnis zum Einfluss des Leseziels auf das Textverstehen ist, dass in Abhängigkeit vom Leseziel Inferenzen generiert werden, die charakteristisch für das Textverstehen selbst sind (Graesser et al., 1994; van den Broek et al., 2001).

Leseziele als top-down-Prozesse wirken im Lese- und Verstehensprozess vorrangig während Enkodierungsprozessen. So konnten Kaakinen et al. (2003)

feststellen, dass der Effekt eines spezifizierten Leseziels auf das Leseverhalten schon beim erstmaligen Lesen von Textpassagen auftritt, dem sogenannten First-Pass-Reading (siehe 5.5). Darüber hinaus passen starke Lesende ihre Lesestrategien auf Basis ihres Leseziels an (Artelt et al., 2000). Dies ist eine Grundlage der Instruktionspsychologie (Artelt et al., 2007) und findet sich beispielsweise im SQ3R-Ansatz (Robinson, 1961) wieder.

Als Erklärungsansatz für die Wirkung von Lesezielen auf den Verstehensprozess postulieren van den Broek et al. (2001) das Konzept der Kohärenzstandards (Oudega & van den Broek, 2018; van den Broek & Helder, 2017; van den Broek et al., 2001; van den Broek et al., 1995). Diesem Ansatz nach rekurrieren Lesende im gesamten Leseprozess auf selbst gesetzte Standards, die sie zum Monitoring und darüber hinaus zur Regulation ihres Verstehensprozesses heranziehen. Je nach Leseziel und der individuellen Situation der Lesenden (z. B. Lesemotivation) sind diese Kohärenzstandards unterschiedlich ausgeprägt und determinieren das Zusammenspiel von top-down- und bottom-up-Prozessen im Leseprozess (van den Broek et al., 1993; van den Broek et al., 1995). Beispielsweise werden beim Lesen mit dem Ziel des Lernens aus dem Text mehr Inferenzen gebildet und es wird langsamer gelesen als beim Lesen zu Unterhaltungszwecken (van den Broek et al., 2001); es wird also ein tiefergehender Verstehensprozess angestrebt. Diese Kohärenzstandards tragen über die Entscheidung für bestimmte Standards ferner dazu bei, dass die unterschiedlichsten Leseziele, die Lesende entwickeln, operationalisiert werden (van den Broek et al., 2001).

Insgesamt kann festgehalten werden, dass über Leseziele bestimmte Textinformationen als relevant bzw. irrelevant erachtet werden und die Aufmerksamkeit somit auf die relevanten Informationen gelenkt werden und dies zu besserem Erinnern der lesezielrelevanten Informationen führen kann.

5.4.2 Vorwissen

Die Relevanz des Vorwissens für das Textverstehen ergibt sich trivialerweise schon dadurch, dass Textverstehen als aktiver Integrationsprozess von rezipierter Textinformation und den individuellen Wissensbeständen aufgefasst wird. Beispielsweise halten Artelt et al. (2007) fest: „Die Verfügbarkeit inhaltlich relevanten Vorwissens ist eine der wichtigsten leserseitigen Voraussetzungen für ein angemessenes Verständnis schriftlicher Texte.“ (S. 13).

Insbesondere für die Situationsmodellkonstruktion ist das Vorwissen von herausragender Bedeutung (z. B. Dutke, 1993; Fincher-Kiefer et al., 1988; Tardieu et al., 1992; Yekovich et al., 1990). Kintsch (1998) postuliert darüber hinaus, dass die Situationsmodellkonstruktion ohne Vorwissen fehlschlägt. Dennoch sollen an dieser Stelle einige Stellen im Textverstehensprozess aufgezeigt werden, an denen das Vorwissen eine besondere Rolle spielt.

Das Vorwissen erfüllt beim Textverstehen unter anderem auch eine kompensierende Funktion. Beispielsweise konnten McNamara et al. (1996) zeigen, dass Texte mit Kohärenzlücken von Personen mit deklarativem Vorwissen zum Gegenstand des Textes besser verstanden werden konnten als von Personen ohne Vorwissen. Außerdem zeigten die Personen mit Vorwissen sogar bessere Leistungen bei Texten mit Kohärenzlücken als bei hochkohärenten Texten. Als Begründung dafür führen McNamara et al. das Ziehen von Inferenzen an, für das Vorwissen benötigt wird (siehe z. B. Ozuru et al., 2009; Wolfgang Schneider & Körkel, 1989). Gleichzeitig fordern Kohärenzlücken Lesende dazu auf, Inferenzen zu ziehen, sodass eine aktivere Informationsverarbeitung gefolgert werden kann, die wiederum zu besserem Textverstehen führt.

Die kompensierende Rolle des Vorwissens beim Textverstehen trägt darüber hinaus dazu bei, Unterschiede im Textverstehen auszugleichen. So konnten beispielsweise Adams et al. (1995) in einer Studie mit Lernenden der Jahrgangsstufen 4 bis 7 nachweisen, dass hohes Vorwissen bei schwächeren Lesenden ausgleichend wirkt. Außerdem fanden Adams et al., dass die umgekehrte Richtung ebenso gilt: Starke Lesende können geringes Vorwissen ausgleichen.

Allerdings ist nicht nur deklaratives Vorwissen zum Textgegenstand von Bedeutung für das Textverstehen. Vielmehr spielt auch das Vorwissen über Textmerkmale eine Rolle (für einen Überblick siehe Artelt et al., 2007). Beispielsweise folgen wissenschaftliche Arbeiten üblicherweise einer klar definierten Struktur (Einleitung – theoretische Grundlagen – Forschungsfragen – Methodik – Ergebnisse – Diskussion). Wie in 5.4.1 erläutert, weisen auch Modellierungsaufgaben zueinander strukturelle Ähnlichkeiten auf. Etwa erwarten die Lesenden üblicherweise eine detaillierte Beschreibung der Realsituation (gegebenenfalls in Verbindung mit einem Bild), zu der anschließend eine mathematische Fragestellung aufgeworfen wird, die es zu lösen gilt (Schukajlow, 2013). Artelt et al. (2007) postulieren bezüglich des Vorwissens zu Textmerkmalen bzw. Textsorten, dass über dieses Erwartungen an den Text bzw. seinen Aufbau entwickelt werden und somit weiteres Vorwissen zur Textsorte aktiviert werden kann. Dadurch würden Kohärenzlücken einfacher geschlossen werden können und somit das Textverstehen begünstigt werden.

5.4.3 Arbeitsgedächtnisspanne

Ein weiterer zentraler kognitiver Faktor, der das Textverstehen beeinflusst, sind interindividuelle Unterschiede in der Arbeitsgedächtnisspanne (Baddeley, 1979; Daneman & Carpenter, 1980; Gathercole & Baddeley, 1993; Kintsch & van Dijk, 1978). Das Arbeitsgedächtnis erfüllt die Funktionen der Speicherung und Transformation von Informationen, die Überwachung von ablaufenden kognitiven und metakognitiven Prozessen sowie die Koordination von einzelnen Informationen zu Strukturen (Oberauer et al., 2000). Grundannahme zum Arbeitsgedächtnis ist, dass nur ein gewisses Maß an Informationen gleichzeitig mental aufrecht erhalten werden kann, die Arbeitsgedächtnisspanne also limitiert ist (Oberauer et al., 2000). Bestimmte kognitive Aufgaben können also nur in Abhängigkeit von der individuellen Arbeitsgedächtnisspanne ausgeführt werden.

Unterschiede in der Arbeitsgedächtnisspanne werden häufig herangezogen, um Einflüsse auf kognitive Prozesse zu erklären, da sie als Indikator für das Ausmaß gelten, in dem kognitive Ressourcen für die Verarbeitung bzw. Speicherung von Informationen zur Verfügung stehen (Baddeley, 1983, 1992, 2010; Baddeley & Hitch, 1974).

Für das Verstehen von Texten, insbesondere für die Konstruktion eines adäquaten Situationsmodells (Just & Carpenter, 1992, 2002) und die Einflüsse der Leseziele (siehe 5.4.1; van den Broek et al., 2001), wurde die Arbeitsgedächtnisspanne als zentrale Determinante herausgestellt. Diese ist insbesondere dann von Bedeutung, wenn eine anspruchsvolle bzw. komplexe Aufgabenstellung, beispielsweise im Rahmen von Modellierungsaufgaben, diesen Leseprozess erfordert (Linderholm & van den Broek, 2002). Damit die Lesenden ihre Verarbeitungsprozesse entsprechend ihrer Leseziele steuern können, müssen sie diese während des Lesens im Arbeitsgedächtnis aufrecht halten.

Zentrale Befunde zum Einfluss der Arbeitsgedächtnispanne auf Textverstehensprozesse beziehen sich auf Unterschiede in der Nutzung von (meta-)kognitiven Lesestrategien. Linderholm und van den Broek (2002) konnten zeigen, dass Lesende mit großer Arbeitsgedächtnisspanne im Vergleich zu Lesenden mit geringer Arbeitsgedächtnisspanne ihren Leseprozess effizienter steuerten und mehr metakognitive Aktivitäten zeigten. Ferner konnten sie nachweisen, dass in beiden Gruppen Kohärenzstandards zur Steuerung des Verstehensprozesses zur Erreichung des Leseziels angewandt wurden.

Eine unklare Befundlage besteht jedoch hinsichtlich des Einflusses der Arbeitsgedächtnisspanne bei Relevanzeffekten. Es wurde postuliert, dass Relevanz-induzierende Instruktionen interindividuelle Unterschiede zu einem bestimmten Grad ausgleichen können (Lehman & Schraw, 2002; Schraw et al.,

1993). Dieser Effekt konnte auch bezüglich der Arbeitsgedächtnisspanne für Studierende nachgewiesen werden (Di Vesta & Di Cintio, 1997; Linderholm & van den Broek, 2002), konnte jedoch nicht repliziert werden (Kaakinen et al., 2002, 2003).

5.4.4 Alter

Mit zunehmendem Alter, vor allem während der Schulzeit, entwickelt sich das Textverstehen weiter (für einen Überblick siehe z. B. Philipp, 2011). Die Art dieser Weiterentwicklung unterscheidet sich jedoch vor allem qualitativ, wenn die Art der Repräsentation von Inhalten betrachtet wird (z. B. Lenhard, 2019). Nieding (2006) postuliert auf Basis der Fuzzy-Trace-Theorie (Reyna & Brainerd, 1995) den sogenannten Verbatim-Gist-Shift, also die Verschiebung von wortwörtlicher Repräsentation (bei Reyna und Brainerd *verbatim trace*; d. h. der Textoberfläche) hin zu einer Bedeutungsrepräsentation (bei Reyna und Brainerd *fuzzy trace*; d. h. eines Situationsmodells). Diese Verschiebung vollzieht sich nach Nieding (2006) am Ende der Grundschulzeit und ist vor allem mit dem wachsenden Vorwissen zu begründen, das zur Konstruktion eines Situationsmodells benötigt wird. Diese Erkenntnis deckt sich auch mit den Entwicklungsphasen des Lesens nach Chall (1983), hier vorgestellt in der Systematisierung von Rayner et al. (2012; siehe Tabelle 5.1). Dieser Systematisierung folgend entwickelt sich das Lesen und Verstehen von Texten mit Zunahme der allgemeinen kognitiven Fähigkeiten und Wissensbeständen (Chall, 1983). In der ersten Phase lernen Kinder das Lesen, was sich vor allem in der Entwicklung von Leseflüssigkeit äußert, d. h. der zunehmenden Automatisierung des Dekodierens. Rayner et al. (2012) postulieren den Abschluss dieser Phase, sobald schriftlich dargebotene Inhalte in gesprochene Sprache übersetzt werden kann, das Buchstabieren von Wörtern möglich ist und Texte mit bekannten Inhalten verstanden werden können. In dieser Phase befinden sich Kinder typischerweise zu Beginn der Grundschulzeit bis zum Ende von Klasse 3. In der darauffolgenden Phase vollzieht sich ein Wechsel vom Lesen als Lerngegenstand hin zum Lesen als Lernwerkzeug. Über das Lesen wird in dieser Phase vor allem der Wortschatz erweitert und domänenspezifisches Wissen erworben. Diese Phase dauert üblicherweise bis zum Alter von 14 Jahren an, betrifft also vor allem Lernende der Jahrgangsstufen 4 bis 9. An diese Phase knüpft die letzte Phase bei Rayner et al. (2012) an, die Phase des unabhängigen Lesens. In dieser Phase finden sich vor allem Lernende am Ende von Sekundarstufe I bzw. in Sekundarstufe II. Da es sich jedoch um die höchste Stufe bzw.

letzte Phase bei Chall (1983) handelt, sind auch volljährige Personen wie Studierende in dieser Phase zu verorten. Diese Phase zeichnet das Lesen eines breiten Spektrums an Texten aus, die sowohl expositorischer als auch narrativer Natur sind und in denen gegebenenfalls mehrere unterschiedliche Ansichten vertreten werden. Außerdem erfolgt das Lesen in dieser Phase nicht mehr vorrangig den Zweck der Wortschatzentwicklung, sondern fokussiert insbesondere den Wissenserwerb auf Basis der Integration des eigenen Vorwissens mit dem in den Texten dargebotenen Informationen.

Abschließend muss noch angemerkt werden, dass die Alters- bzw. Jahrgangsstufenangaben nur ungefähr zu verstehen sind. Es handelt sich beim Lesen und Verstehen von Texten nicht um biologisch entwickelte Fähigkeiten, sondern vor allem um das Produkt eines kulturellen Sozialisationsprozesses, der entsprechender Einflüsse von außen zur Entwicklung bedarf (Rayner et al., 2012).

Tabelle 5.1 Entwicklungsphasen des Lesens nach Chall (1983) und Rayner et al. (2012)

Phase	Alter	Eigenschaften
Lesen lernen	6 bis 8 Jahre	– Anfängliches Lesen und Dekodieren – Entwicklung von Leseflüssigkeit
Lesen, um zu Lernen	9–14 Jahre	– Domänenspezifisches Lesen – Erweiterung des Wortschatzes durch das Lesen
Unabhängiges Lesen	ab 15 Jahren	– Domänen- und genreunspezifisches Lesen – Anhaltende Erweiterung des Wortschatzes – Vergleichende Integration von mehreren Ansichten aus verschiedenen Texten

5.5 Blickbewegungen beim Lesen und Verstehen von Texten

In der Vergangenheit wurde das Textverstehen mit verschiedenen Forschungsansätzen erforscht, unter anderem mit Analysen von Blickbewegungen. Das Verstehen von Texten basiert grundlegend auf Blickbewegungen, über die dann visuelle Informationen aus den Aneinanderreihungen von Buchstaben entnommen werden, die wir als Wörter bezeichnen (Rayner et al., 2012), und denen schließlich Bedeutungen zugewiesen werden.

5.5.1 Grundlagen der visuellen Aufmerksamkeit beim Lesen und Verstehen von Texten

Wie schon in 3.4 erläutert, lassen sich Blickbewegungen auch beim Lesen grundlegend in zwei verschiedene Arten einteilen: Fixationen und Sakkaden. Beim Lesen treten Fixationen dann auf, wenn das Auge vorübergehend auf einem bestimmten Wort stehen bleibt, um dieses beispielsweise zu enkodieren oder dessen Bedeutung zu verarbeiten (Just & Carpenter, 1976). Obwohl die Dauer der Fixation während des Lesens variieren kann, ist sie im Durchschnitt etwa 200 bis 300 ms lang (Holmqvist et al., 2011). Hervorzuheben ist an dieser Stelle, dass die Fixationsdauer nicht identisch mit der Verarbeitungsdauer ist (Just & Carpenter, 1976). Fixationen sind insbesondere deshalb für das Lesen und Verstehen von Texten von Interesse, da zuverlässige bzw. sehr präzise Informationsverarbeitung nur in der Fovea Centralis möglich ist (siehe 3.4). Das foveale Sehen deckt auch beim Lesen etwa 1° bis 2° des menschlichen Sichtfelds ab (Rayner et al., 2012). Eine gewisse Informationsverarbeitung ist jedoch auf Basis der teilweise scharfen Wahrnehmung von bis zu 15 Buchstaben in Leserichtung möglich. Diesen Umstand bezeichnen Rayner et al. (2012) als parafoveal preview. Das parafoveal preview unterstützt somit die Identifizierung von benachbarten Wörtern, eine vollständige Identifizierung von Inhaltswörtern ist jedoch sehr selten (Rayner et al., 2012).

Zwischen zwei Fixationen (z. B. beim Wechsel von einem Wort zu einem anderen) kommt es auch beim Lesen zu Sakkaden. Ihre Dauer beim Lesen liegt in der Regel zwischen 30 und 80 ms (Holmqvist et al., 2011). Was in 3.4 für Sakkaden erläutert wurde, gilt auch beim Lesen: Sakkaden sind ballistische Bewegungen. Wurde eine Sakkade hin zu einem anderen Wort oder einem Teil des gerade fixierten Wortes also initiiert, kann die anvisierte Landeposition nicht mehr nachträglich beeinflusst werden. In Verbindung mit dem parafoveal preview werden bisweilen auch Sakkaden entgegen der Leserichtung initiiert, da die Landeposition nicht dem intendierten Ziel entspricht. In der Leseforschung wird eine solche Sakkade als Regression bezeichnet, d. h., wenn sie die der typischen Leserichtung – hier also von links nach rechts – entgegengesetzt ist. Eine Regression ist also eine Sakkade, die als Ziel beispielsweise nicht das unmittelbar folgende Wort hat. Während einer Sakkade ist unabhängig von ihrer Richtung keine Informationsaufnahme möglich (Rayner et al., 2012).

Ein letzter gebräuchlicher Begriff, der an dieser Stelle eingeführt werden soll, ist der sogenannte Dwell (auch Visit, Gaze oder Glance, vgl. Holmqvist et al., 2011). Dwells umfassen alle Fixationen und Sakkaden innerhalb eines Wortes. Gerade bei längeren Wörtern sind Dwells von besonderer Relevanz, da sie üblicherweise mehr als eine Fixation zur Verarbeitung erfordern (Rayner et al., 2012).

Theorien der Blickbewegungen bauen zumeist auf zwei grundlegenden Annahmen auf: Der sogenannten Immediacy Assumption (Just & Carpenter, 1976) und der Eye-Mind-Assumption (Just & Carpenter, 1980). Erstere besagt, dass Lesende versuchen, jedes Inhaltswort so schnell wie möglich zu interpretieren, also es zu enkodieren, ihm eine Bedeutung und Referenz zuzuweisen sowie den Status des Inhaltsworts im Satz bzw. ganzen Diskurs zu erfassen. Die Interpretation muss dabei nicht zwangsläufig beim ersten Lesen geschehen und kann auch fehlerbehaftet sein. Die zweite Annahme beinhaltet, dass das, was gerade im Blick ist, d. h. wo eine Fixation stattfindet, auch Gegenstand der Verarbeitung ist. Letztere basiert auf der oben beschriebenen Erkenntnis, dass nur ein kleiner Teil des Sichtfeldes scharf und damit detailgetreu gesehen werden kann. Entsprechend liegt es nahe, dass auch nur dieser Teil – beim Lesen üblicherweise Wörter bzw. Wortteile – verarbeitet werden kann.

Allerdings sind Blickbewegungen nicht notwendigerweise das Spiegelbild von mentalen Prozessen, sondern vor allem von Prozessen der (Re-)Enkodierung (Anderson et al., 2004; Rayner et al., 2012). Für das Lesen treten Enkodierungsprozesse vor allem dann auf, wenn es um die Speicherung des Gelesenen im Arbeitsgedächtnis mit dem Ziel der Weiterverarbeitung geht. Anderson et al. (2004) führen jedoch auch aus, dass Blicke auf einzelne Wörter sowie die Anzahl der Regressionen charakteristisch für Schwierigkeiten in der Verarbeitung ebendieser Wörter bzw. der Syntax sind.

Eine weitere Limitation der Eye-Mind-Assumption und der Immediacy-Assumption ist, dass ausgeschlossen wird, dass Objekte, wie z. B. Wörter, die nicht einzeln fixiert werden, verarbeitet werden. Allerdings werden Wörter, die aufgrund des zuvor Gelesenen oder aufgrund des Kontexts gut vorhergesagt werden können, häufig übersprungen (Radach & Kennedy, 2013). Dementsprechend ist Vorwissen ein wichtiger Einflussfaktor für Blickbewegungen und wird auch in Modellen zur Erklärung und Beschreibung des Leseverhaltens berücksichtigt, z. B. im Rahmenmodell des Lesens bei Rayner et al. (2012; Abbildung 5.3). Dort werden grammatikalisches Wissen, der Kontext, in dem der Diskurs stattfindet, die Erwartungen der Lesenden sowie das Weltwissen und thematische Bezüge als relevante Wissensquellen ansehen. Das Rahmenmodell als solches soll in

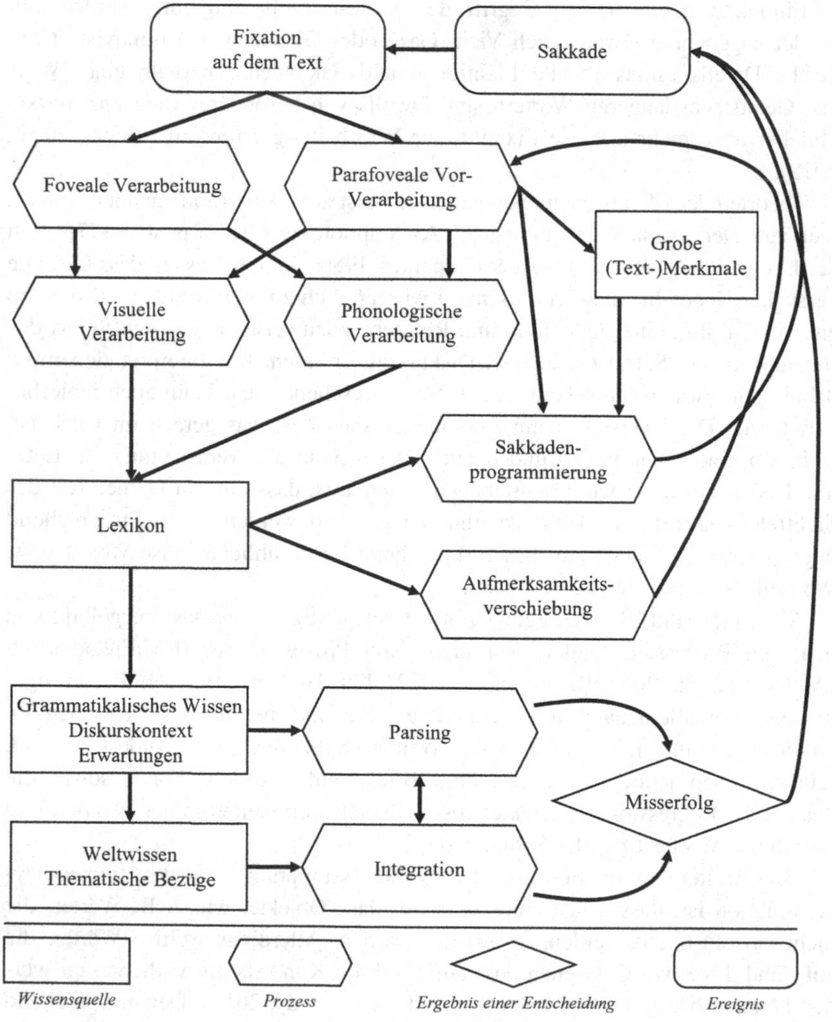

Abbildung 5.3 Rahmenmodell des Lesens nach Rayner et al. (2012)

dieser Arbeit nicht genauer vorgestellt werden, vielmehr soll das E-Z-Reader-Modell, das Blickbewegungen dezidiert modelliert, im anschließenden Abschnitt beleuchtet werden.

Fixationen im Leseprozess können allgemein in zwei Phasen ausdifferenziert werden, das sogenannte First-Pass-Reading, also die Fixationen beim erstmaligen Lesen von Wörtern, Sätzen und Textteilen sowie das Re-Reading, das entsprechend alle Fixationen nach diesem erstmaligen Lesen umfasst (Kaakinen et al., 2015; Liversedge et al., 1998; Rayner et al., 2012). Das First-Pass-Reading wird gemeinhin als initiale Verarbeitung des Gelesenen angesehen (Rayner et al., 2012). Das Re-Reading von Wörtern oder Sätzen ist üblicherweise Indikator für die (Re-)Integration des semantischen Inhalts auf Satz- oder Textebene (Radach & Kennedy, 2013) und kann – ebenso wie die totale Lesedauer – Informationen darüber geben, wie viel Zeit Lesende benötigen, um ein ihrer Einschätzung nach angemessenes Situationsmodell konstruiert zu haben (Rayner et al., 2012).

Clifton Jr. et al. (2016) beobachteten, dass die Prozesse der Worterkennung und des Textverstehens (d. h. die Konstruktion eines Situationsmodells) einen starken Einfluss auf die Blickbewegungen beim Lesen haben. Zudem können Blickbewegungen auch die Strategieanwendung von Lernenden widerspiegeln. So werden Sprünge zu relevanten Stellen eines Textes zumeist bewusst und strategisch eingesetzt, um aktiv ebendiese Stellen erneut zu lesen und zu verarbeiten, um eine bessere mentale Repräsentation des Textinhalts zu erreichen (Hyönä & Nurminen, 2006).

Anzumerken ist ferner, dass die Instruktionen, mit denen Lesende dazu angehalten werden, einen Text zu lesen (also das vorgegebene Leseziel), sowohl temporale als auch räumliche Aspekte von Blickbewegungen beeinflussen. So fanden etwa Kaakinen und Hyönä (2010) heraus, dass beim Leseziel der Verifikation von Aussagen kürzere Sakkaden, längere Fixationsdauern und eine höhere Wahrscheinlichkeit der Re-Fixation von Wörtern vorlag als beim Leseziel des Verstehens. Das Leseziel beeinflusst zudem die Wahrscheinlichkeit, bestimmte Wörter zu überspringen (*Skip-Rate*) und die Verweildauern. Lesezielrelevante Wörter bzw. Wörter in lesezielrelevanten Sätzen wiesen eine geringere Skip-Rate auf, wurden insgesamt länger betrachtet und wurden häufiger erneut fixiert (Kaakinen & Hyönä, 2008, 2010; Kaakinen et al., 2002).

5.5.2 E-Z-Reader-Modell

An dieser Stelle soll nun ein vielbeachtetes Modell des Lesens vorgestellt werden, das E-Z-Reader-Modell (Pollatsek et al., 2006; Rayner et al., 2007; Rayner et al., 2012; Reichle et al., 1998; Reichle et al., 1999, 2003). Dieses Modell versucht die Blickbewegungen beim Lesen von Texten zu erklären, ohne auf die kognitiven Prozesse einzugehen, wie genau beispielsweise Wortidentifizierung kognitiv abläuft. Rayner et al. (2012) geben die Intention des Modells wie folgt an: „Thus, it [E-Z-Reader-Model] is primarily a model of how the cognitive processes that underlie word recognition talk to the eye movement system and control the pattern of eye movements.“ (S. 167).

Der zentrale Gedanke des E-Z-Reader-Model ist, dass die Blickbewegungen beim Lesen von Texten mit dem Ziel des Verstehens hauptsächlich durch Prozesse der Wortidentifizierung gesteuert werden. Weitere kognitive Prozesse, die zusätzlich zum Textverstehen beitragen, bauen im Modell auf der Wortidentifizierung auf (Rayner et al., 2012). Eine weitere zentrale Annahme im Modell betrifft ebendiese: Bezogen auf die Steuerung der Blickbewegungen besteht Wortidentifizierung aus zwei eigenständigen Ebenen, der Ebene der Sakkadenprogrammierung und der Ebene der Aufmerksamkeitsverschiebung.

Dem Modell liegt die Annahme zugrunde, dass das Lesen ein serieller Prozess ist, bei dem das Auge sich mithilfe von Sakkaden von Fixation zu Fixation bewegt (siehe 5.5.1). Seriell bedeutet in diesem Zusammenhang, dass ein Wort nach dem anderen und genau in der Reihenfolge, wie die Wörter im Text aneinandergereiht sind, gelesen wird. Damit einher geht die Annahme, dass genau die Buchstaben eines einzigen Worts im Fokus eines nicht näher definierten Aufmerksamkeitsmechanismus‘ stehen und somit die übrigen Buchstaben im Text für diesen Zeitpunkt nicht von weiterer Bedeutung sind. Empirische Evidenz für diese Annahme findet sich z. B. bei Reichle et al. (2008). Anzumerken ist jedoch, dass dies nicht gleichbedeutend mit der Aussage ist, dass genau das derzeit fixierte Wort verarbeitet werden kann. An dieser Stelle rückt die zweite Ebene der Wortidentifizierung in den Fokus: Im Modell wird postuliert, dass sich die Aufmerksamkeit während einer Fixation verschieben kann, indem die Aufmerksamkeit zunächst auf dem fixierten Wort allokiert wird. Im Anschluss an die Wortidentifizierung wird die Aufmerksamkeit jedoch schon auf das folgende Wort gerichtet, obwohl der Blick sich noch nicht dorthin wendet (oben als parafoveal preview bezeichnet). Rayner et al. (2012) nehmen an, dass diese Sequenz die am häufigsten auftretende ist:

> „Indeed, the sequence described above – begin a fixation by attending to the fixated word but then shift attention at some time later in the fixation to the next word …

and start to process that word – is what the E-Z-Reader model predicts is the most common sequence of events on a fixation." (S. 164)

Im Folgenden soll das Modell nun genauer erläutert werden. In Abbildung 5.4 ist der postulierte Prozess schematisch dargestellt.

Wie oben angeschnitten, werden im Modell zwei eigenständige Auslöser für die Aufmerksamkeitsverschiebung und die Sakkadenprogrammierung angenommen. Zusätzlich dazu differenzieren Rayner et al. (2012) drei Phasen der Verarbeitung von Wörtern. Zu Beginn einer (neuen) Fixation erfolgt die Extraktion der visuellen Information auf der Retina. Diese Information wird im Modell in grobe und feine Merkmale ausdifferenziert. Ein grobes Merkmal ist beispielsweise die Position des nachfolgenden Wortes, mit der die Landeposition der Sakkade und damit die Position der nächsten Fixation geplant werden kann. Feine Merkmale sind beispielsweise die einzelnen Buchstaben, die zusammen ein Wort ergeben sowie ihre Darstellung (z. B. Schriftart oder Groß- und Kleinschreibung). Diese Phase wird als präattentive visuelle Verarbeitung (*pre-attentive visual processing*; Rayner et al., 2012, S. 168) bezeichnet. Daran schließen sich zwei Phasen der lexikalischen Verarbeitung an, in der das gelesene Wort identifiziert wird, die Bekanntheitsüberprüfung und der lexikalische Zugriff (*familiarity check* bzw. *lexical access*; Rayner et al., 2012, S. 179). Diese beziehen sich zwar beide auf die Wortidentifizierung, unterscheiden sich aber hinsichtlich des Grads der Vollständigkeit der Identifizierung. So endet die erste Phase dem Modell nach nicht mit der vollständigen Wortidentifikation, sondern mit einer Annahme darüber, dass diese nahezu vollständig abgeschlossen ist und die Sakkade zum nächsten Wort programmiert werden kann, etwa weil die Form der Buchstaben und ihre Kombination als bekannt registriert werden und somit nur noch ein Abruf der Bedeutung dieser Buchstabenkombination aus dem Langzeitgedächtnis erfolgen muss. Dieser markiert die zweite Phase. Bei Abschluss desselben ist die Wortidentifizierung dann vollständig abgeschlossen. Entsprechend kann dann auch die Aufmerksamkeit mit dem Ziel des Verarbeitungsbeginns auf das Folgewort gerichtet werden. Das Ziel einer Sakkade ist ungefähr die Mitte eines Wortes bzw. etwas links davon (Rayner, 1979).

Da die Latenz zwischen dem Auslösen einer Sakkade und der tatsächlichen Ausführung ebendieser rund 100 ms beträgt (Rayner et al., 2012), kann mit dieser Phasierung die Effizienz des Leseprozesses modelliert werden (Reichle & Laurent, 2006). Empirische Evidenz für die im Modell postulierte Zweistufigkeit der Wortidentifizierung findet sich beispielsweise bei Reingold und Rayner (2006).

Auch für die Sakkadenprogrammierung wird im Modell eine Zweistufigkeit postuliert. Eine Sakkade befindet sich zunächst in labilem Zustand (*labile program*; Rayner et al., 2012, S. 179), d. h. sie bzw. ihre Ausführung kann noch abgebrochen werden. Dies tritt beispielsweise dann ein, wenn über das parafoveale Sehen ein Wort als sehr kurz und bzw. oder schon bekannt identifiziert wird. Entsprechend wird die ursprünglich auf das nächste Wort programmierte Sakkade abgebrochen und eine Sakkade auf das übernächste Wort programmiert. Wird diese Stufe abgeschlossen, geht die Sakkade in den nicht-labilen Zustand über und wird infolgedessen tatsächlich ausgeführt (*non-labile program*; Rayner et al., 2012, S. 179). Rayner et al. (2012) nehmen an, dass mit dieser Mehrstufigkeit der Sakkadenprogrammierung nicht nur das gerade erläuterte Überspringen von Wörtern erklärt werden kann, sondern auch mehrere aufeinanderfolgende Fixationen auf langen Wörtern.

Außerdem werden Regressionen (sowohl über den gesamten Text als auch innerhalb eines Wortes) im Modell berücksichtigt. Dem Modell nach ist dies die Aufgabe der post-lexikalischen Verarbeitung (*post-lexical processing*; Rayner et al., 2012, S. 179). In dieser Phase wird das Wort, das derzeit fixiert wird, in den Kontext des Satzes bzw. Satzteils und schließlich des gesamten Textes integriert.

Reichle et al. (2009) postulieren zwei Möglichkeiten der Programmierung einer Regression. Die erste Möglichkeit bezieht sich auf das Feststellen von irgendwie gearteten Fehlern (z. B. Inkonsistenzen), die mithilfe einer Regression behoben werden könnten. Dieser Möglichkeit gegenüber steht ein temporaler Schwellenwert für die vollständige Integration des gerade fixierten Wortes. Schlägt die Integration desselben innerhalb dieser Zeitspanne fehl oder kann nicht vollständig abgeschlossen werden, wird dem Modell nach eine Regression initiiert, um dieses Problem zu beheben. Rayner et al. (2012) geben als Beispiel für diese Zeitspanne das Ende der Identifizierung des folgenden Wortes an. Damit ist gemeint, dass ein Wort fixiert wird, die Wortidentifizierung und Sakkadenprogrammierung zum nächsten Wort abgeschlossen sind. Folglich wird mit der Identifizierung dieses Folgeworts begonnen, während parallel noch die Integration des ersten Worts abläuft. Ist diese noch nicht abgeschlossen, obwohl eigentlich schon die Aufmerksamkeitsverschiebung zum dann insgesamt übernächsten Wort vollzogen wurde, kann die eigentlich programmierte Sakkade zu diesem übernächsten Wort abgebrochen werden und stattdessen eine Re-Integration des vorhergehenden Worts oder anderer Textteile mithilfe einer Regression angestrebt werden.

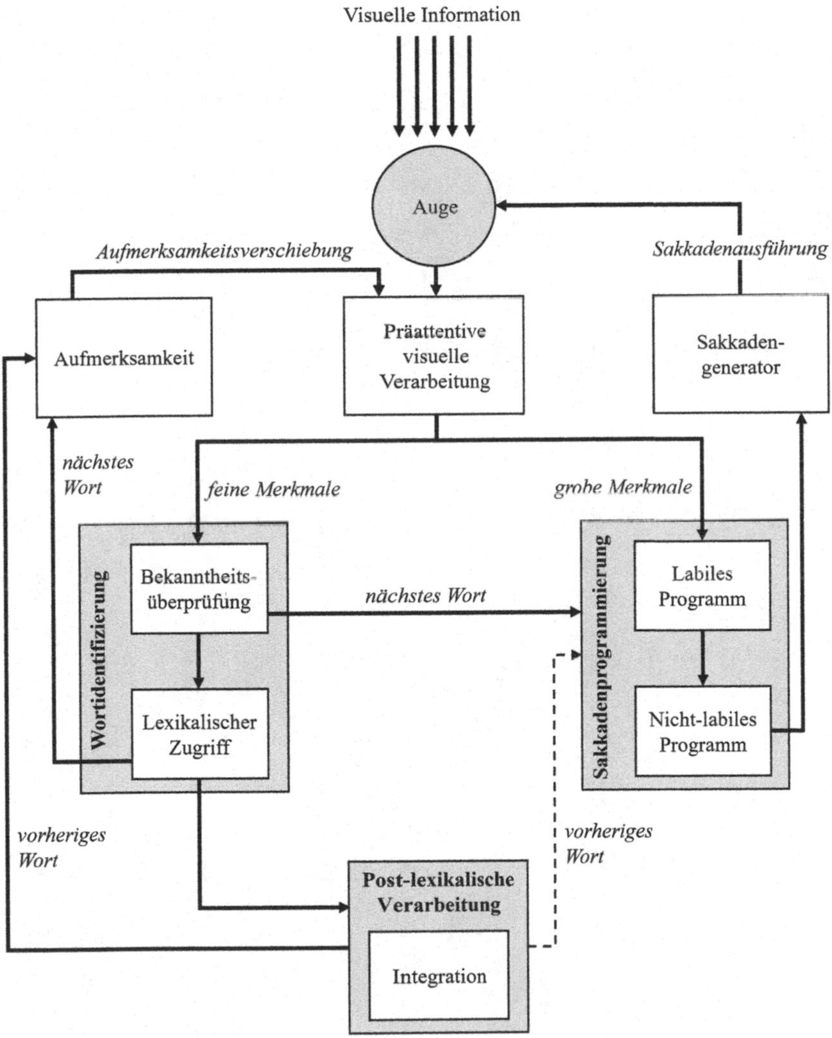

Abbildung 5.4 E-Z-Reader-Modell in Anlehnung an Rayner et al. (2012)

6 Textverstehen beim mathematischen Modellieren

In diesem Kapitel sollen nun das mathematische Modellieren und das Textverstehen zusammengeführt werden. Dazu wird zunächst die Rolle des Textverstehens beim mathematischen Modellieren dargelegt, bevor auf Ansätze und Modelle des Verstehens von realitätsbezogenen Aufgaben eingegangen wird. An diese Ausführungen schließt sich eine Darstellung von potenziellen Hürden beim mathematischen Modellieren an, die auf das Textverstehen zurückzuführen sind. Abschließend werden empirische Befunde zu Blickbewegungen beim Lesen und Verstehen von realitätsbezogenen Aufgaben beschrieben.

6.1 Die Rolle des Textverstehens beim mathematischen Modellieren

In der Regel werden Modellierungsaufgaben als Texte präsentiert (Verschaffel et al., 2000). Daher sind Textverstehen und der Aufbau einer adäquaten mentalen Repräsentation der realen Situation und der zugehörigen Fragestellung für das Lösen von Modellierungsaufgaben unerlässlich und das Verstehen wird als wichtigster Teil des Modellierungsprozesses angesehen (Blum & Leiß, 2005, 2007; Borromeo Ferri, 2006). Nach Kintsch und Greeno (1985) gilt für das Situationsmodell beim Verstehen von mathematischen Aufgaben, was auch aus der kognitionspsychologischen Perspektive gilt: Es enthält Inferenzen auf Basis der Informationen aus dem Text und des eigenen Vorwissens und repräsentiert den Inhalt des Textes (nicht den Text selbst) und es ist zudem angepasst an die Ziele und Erwartungen der bearbeitenden Person, also beispielsweise welche Fragestellung bearbeitet werden muss. Auf der Grundlage dieser mentalen Repräsentation

V. Böswald, *Die Rolle der Position der Fragestellung beim Textverstehen von mathematischen Modellierungsaufgaben*, Studien zur theoretischen und empirischen Forschung in der Mathematikdidaktik,
https://doi.org/10.1007/978-3-658-43675-9_6

kann der Plan zur Bearbeitung und entsprechend auch zur Lösung der Aufgabe entwickelt und ausgeführt werden.

Durch das Verstehen des Aufgabentextes konstruieren die Problemlösenden eine idiosynkratische mentale Repräsentation der realen Situation (Reusser, 1985). Dieser Prozess kann „als durch die Aufgabenstellung geleitetes Strukturieren des eigenen Wissens charakterisiert werden" (Schukajlow, 2013, S. 130). Hervorzuheben ist, dass das Situationsmodell mehr als nur außermathematisches Wissen (d. h. Vorwissen und Vorerfahrungen) enthält. Vielmehr müssen Problemlösende zur Konstruktion eines tragfähigen Situationsmodells zur Aufgabenstellung eine mathematisch bedeutsame Lücke in der realen Situation identifizieren, um auf der Basis dieses Situationsmodells die weiteren Schritte des Modellierungskreislaufs vollziehen zu können (Reusser, 1990).

Bei der Konstruktion des Situationsmodells müssen auf Basis des Leseziels die mathematisch relevanten Informationen in Bezug auf die Fragestellung repräsentiert und relevante Informationen von irrelevanten Informationen in Bezug auf die Fragestellung der Modellierungsaufgabe unterschieden werden (siehe 5.4.1). Im Durchschnitt verbringen Schülerinnen und Schüler etwa 40 % der für die Lösung von Modellierungsaufgaben erforderlichen Zeit mit dem gesamten Verstehensprozess (Leiss et al., 2019). Dies trifft sicherlich nicht pauschal auf alle möglichen Arten von Modellierungsaufgaben zu. Da die in dieser Arbeit untersuchten Aufgaben jedoch ähnlich zu den von Leiss et al. (2019) eingesetzten Aufgaben sind, kann von der Gültigkeit dieser Aussage ausgegangen werden. Zudem lassen sich zum einen viele Fehler im Lösungsprozess direkt auf das Textverstehen zurückführen. Gerade diese Fehler sind verantwortlich für Folgefehler und zusätzliche Schwierigkeiten im weiteren Modellierungsprozess (Clements, 1980; Hegarty et al., 1995; Leiss et al., 2019; Leiss et al., 2010; Mayer & Hegarty, 1996; Wijaya et al., 2014). Zum anderen gehen erfolgreiche Lösungsprozesse mit einem geringerem Anteil an Verstehensprozessen einher (Leiss et al., 2019).

Wie Leiss et al. (2019) sowie Vilenius-Tuohimaa et al. (2008) zeigten, ist das Textverstehen ein signifikanter Prädiktor für die Leistung der Schülerinnen und Schüler beim Lösen von Modellierungsaufgaben. Dies ist vor allem dann der Fall, wenn das Textverstehen konkret mathematikspezifisch bzw. anhand von Aufgaben gemessen wurde (Leiss et al., 2010). Krawitz, Chang et al. (2022) fanden jedoch keinen Effekt auf die Konstruktion eines Realmodells durch die Unterstützung des Textverstehens mithilfe von Verstehensaufforderungen. Ein positiver Effekt trat lediglich auf, wenn sich die Versuchspersonen intensiv mit den Verstehensaufforderungen auseinandergesetzt hatten. Auch die Unterstützung des Textverstehens beim mathematischen Modellieren durch Lesestrategietrainings war bislang oft nicht erfolgreich, obwohl A. Schmitz und Karstens (2021) nachweisen konnten, dass Lernende und Lehrende die Vermittlung von Lesestrategien bei der Bearbeitung von Textaufgaben als prinzipiell sinnvoll und wichtig erachten. Beispielsweise wurden in einer Studie von Hagena et al. (2017) die Einflüsse eines langfristig angelegten Lesestrategietrainings auf die Modellierungskompetenz bei Lernenden der Jahrgangsstufe 7 untersucht. Hagena et al. kamen zu dem Ergebnis, dass zwar Zuwächse in der Modellierungskompetenz zu verzeichnen waren, diese jedoch vergleichbar mit denen der Wartekontrollgruppe waren.

Es gilt aber festzuhalten, dass das Textverstehen beim mathematischen Modellieren ein domänenspezifisches ist und sich deshalb nicht nur durch das Textverstehen bei narrativen oder expositorischen Texten erklären lässt. So fassen Leiss et al. (2010) zusammen, dass insbesondere das mathematikspezifische Textverstehen relevant für das mathematische Modellieren ist, weitaus mehr als das nicht-domänenspezifische Textverstehen. Dennoch konnten Leiss et al. (2010) ebenfalls nachweisen, dass mathematisches Modellieren nicht nur die Summe aus mathema-tikspezifischem Textverstehen und mathematischem Vorwissen ist: „Modelling … demands far more competence from the students than just the reading literacy undressing of reality-related contexts and the following processing of reality-related problems." (S. 135).

Es besteht also Forschungsbedarf zum Textverstehen und zur Aufgabengestaltung beim Modellieren, etwa um Wirkmechanismen beim Textverstehen von Modellierungsaufgaben, die gezielt angesteuert werden müssen, zu identifizieren. Daher muss untersucht werden, wie sich verschiedene Gestaltungsansätze von Modellierungsaufgaben auf die Effektivität und Effizienz des Textverstehens von Problemlösenden beim mathematischen Modellieren und darüber hinaus auch auf die Konstruktion eines mathematischen Modells auswirken, etwa ob schon die Anpassung der Position der Fragestellung wie bei Thevenot et al. (2007) für weniger komplexe Textaufgaben positive Effekte mit sich bringt.

6.2 Lernen aus Texten beim mathematischen Modellieren

Texte werden oftmals eingesetzt, um etwas über den Textgegenstand (also den Inhalt des Textes) zu lernen (Kintsch, 1986). Beim Umgang mit Modellierungsaufgaben – wie beim Umgang mit anderen Texten aus dem MINT-Bereich – kann jedoch Verschiedenes gelernt werden (Strohmaier et al., 2023). An dieser Stelle sollen vor allem zwei mögliche Arten von Wissenserwerb kurz nachgezeichnet werden: Der Wissenserwerb über kontextbezogene Inhalte des Aufgabentextes und der Erwerb von Modellierungskompetenz.

Die in 3.2 postulierte Definition von Lernen als Erwerb von neuem Wissen kann für das Lernen aus Texten konkretisiert werden: „One form of learning from text is the addition of new information to a reader's background knowledge." (van den Broek, 2010, S. 455). Dazu führt van den Broek (2010) aus, dass diese neuen Informationen faktischer, aber auch konzeptueller oder relationaler Natur bzw. auf Ereignisse bezogen sein können. Beim Umgang mit mathematischen Modellierungsaufgaben in Textform kann also beispielsweise Modellierungskompetenz erworben werden, aber auch Wissen über die in der Aufgabe beschriebene Situation. Bezüglich des Erwerbs von Modellierungskompetenz durch den Umgang mit Modellierungsaufgaben weist Greefrath (2018) darauf hin, dass „Modellierungskompetenz … nicht singulär erworben werden [kann], sondern nur in der Auseinandersetzung mit … mathematischen Inhalten." (Greefrath, 2018, S. 42). Dabei wird beispielsweise die Konzeptualisierung im Rahmen der Bildungsstandards in Deutschland herangezogen (KMK, 2012, 2022b, 2022c). Dort wird das mathematische Modellieren als prozessbezogene Kompetenz aufgefasst, die in Verbindung mit inhaltsbezogenen Leitideen (für die Sekundarstufe I: Zahl und Operation, Größen und Messen, Strukturen und funktionaler Zusammenhang, Raum und Form sowie Daten und Zufall; KMK, 2022b, S. 7) erworben werden kann.

Faktisches Wissen, das durch den Umgang mit Modellierungsaufgaben erworben werden kann, wären für die in dieser Arbeit eingesetzte Aufgabe „Buddenturm" beispielsweise die Fakten, dass der Turm ein ehemaliger Wehrturm der Stadtmauer der Stadt Münster ist, wie die Sanierungsarbeiten am Turm abliefen oder wann der Turm erbaut worden ist. Aus der Definition von van den Broek (2010) wird schon deutlich, dass sich das Lernen nicht immer nur auf neue Informationen beziehen muss. So führt van den Broek (2010) beispielsweise aus, dass auch die Modifizierung von bisherigem Wissen (oftmals als *conceptual change* bezeichnet; van den Broek, 2010) oder die Weiterentwicklung der Lesefähigkeit Lerngegenstand beim Umgang mit Texten sein können. Auf diese beiden Facetten des Lernens durch den Umgang mit Texten soll in dieser Arbeit jedoch nicht dezidiert eingegangen werden.

6.3 Verstehensansätze für realitätsbezogene Aufgaben

Hegarty et al. (1995) wiesen zwei Ansätze nach, die von erfolgreichen und weniger erfolgreichen Textaufgabenlösenden verwendet werden: der Ansatz der direkten Übersetzung und der Ansatz des Problemmodells. Problemlösende, die diesen ersten Ansatz verwenden, neigen dazu, ihren Lösungsplan auf die Auswahl von Schlüsselwörtern und Zahlen aus dem Text einer Aufgabe zu stützen. Sie vernachlässigen dabei den Kontext und suchen nach Daten, die zur Berechnung verwendet werden können. Der Berechnungsprozess selbst basiert auf Routineschemata. Solche Ansätze werden auch als Ersatzstrategien bezeichnet (Niss & Blum, 2020). Die Existenz dieses Ansatzes konnte in vielen weiteren Studien gezeigt werden (z. B. Reusser & Staebler, 1997; Schoenfeld, 1991; Verschaffel et al., 2000; Verschaffel et al., 2010; für einen Überblick siehe Verschaffel et al., 2020). Dieser eher oberflächliche Ansatz führt häufiger zu einer falschen Lösung als der zweite Ansatz, den Hegarty et al. (1995; Abbildung 6.1) identifiziert haben: der Problemmodellansatz. Problemlösende, die diesen zweiten Ansatz verwenden, konstruieren bewusst ein Situationsmodell der im Text beschriebenen Situation und sind daher in der Lage, Inkonsistenzen zwischen ihrem Situationsmodell und den gegebenen Informationen während der Durchführung ihres Lösungsplans zu erkennen. Die Identifizierung von Inkonsistenzen ist eine Praxis, die für die korrekte Validierung der Resultate notwendig ist.

In Übereinstimmung mit diesen Ergebnissen identifizierten Strohmaier, Schiepe-Tiska et al. (2020) Blickbewegungen, die mit diesen beiden Ansätzen einhergehen, sowie einen dritten Ansatz, der Lesende charakterisiert, die Probleme beim Lesen und Verstehen von Text- und Modellierungsaufgaben haben. Laut Strohmaier, Schiepe-Tiska et al. (2020) manifestierte sich die Verwendung des Ansatzes der direkten Übersetzung in einem sehr linearen und intensiven Lesemuster mit langen mittleren Fixationsdauern, kurzen Sakkaden und wenigen Regressionen. Der Problemmodell-Ansatz hingegen manifestierte sich in einer kürzeren mittleren Fixationsdauer und einer hohen Häufigkeit von Regressionen (Strohmaier, Schiepe-Tiska et al., 2020). Es bleibt jedoch unklar, ob diese Lesemuster auch dann und auf ebendiese Weise auftreten, wenn die Aufgabe nicht bearbeitet werden muss, sondern nur gelesen wird.

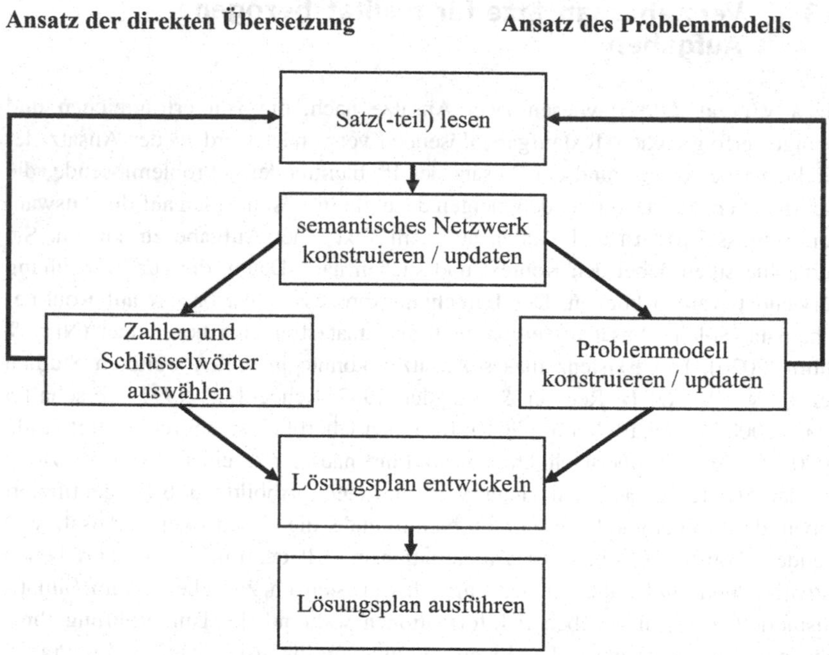

Abbildung 6.1 Verstehensansätze bei der Bearbeitung von realitätsbezogenen Textaufgaben nach Hegarty et al. (1995)

6.4 Modell des Verstehens von realitätsbezogenen Aufgaben nach Reusser (1989)

Neben dem Modellierungskreislauf nach Blum und Leiß (2005) existieren weitere Modelle zu kognitiven Prozessen beim mathematischen Modellieren (für einen Überblick siehe Greefrath, 2018). Diese sollen an dieser Stelle jedoch nicht näher beleuchtet werden, sondern es soll ein zentrales Modell vorgestellt werden, das den Verstehensprozess bei realitätsbezogenen Aufgaben explizit modelliert. Dieses Modell findet sich bei Reusser (1989; siehe Abbildung 6.2).

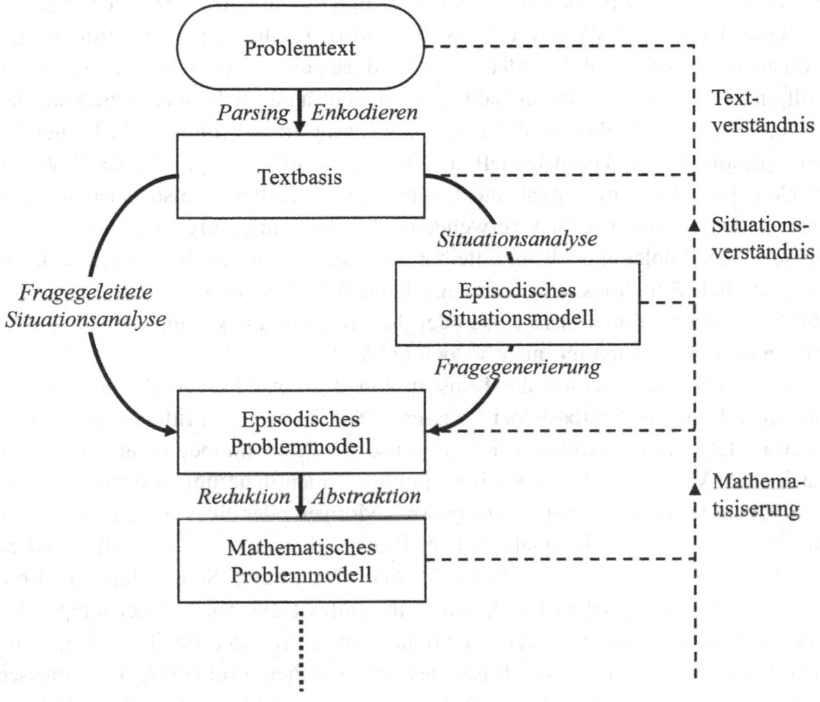

Abbildung 6.2 Ausschnitt aus den Darstellungs- und Verarbeitungsstufen bei der Mathematisierung von Textaufgaben nach Reusser (1989)

In seinem SituationProblemSolver-Modell modelliert Reusser (1989) auf Basis des klassischen Modells der Bearbeitung realitätsbezogener Textaufgaben nach Kintsch und Greeno (1985), welche Prozesse konkret das Verstehen und schließlich auch das Lösen solcher Aufgaben kennzeichnen. Wegen des Fokus' dieser Arbeit sollen jedoch an dieser Stelle nur die Prozesse bis hin zur Mathematisierung ausgeführt werden. Grundlegend ist zunächst der Aufgabentext, bei Reusser (1989) „Problemtext" genannt (S. 91). Wie in Kapitel 5 erläutert, konstruieren Lernende zur Lösung der Aufgabe zunächst eine Textbasis (Parsing) und bereiten die Informationen für die Speicherung im Gedächtnis auf (Enkodieren). Auf Grundlage der Textbasis differenziert Reusser (1989) zwei Prozesse, die als Resultat ein mentales Modell zum in der Aufgabe aufgeworfenen Problem haben (episodisches Problemmodell): die Situationsanalyse und die fragegeleitete

Situationsanalyse. Erstere wird benötigt, wenn im Aufgabentext keine explizite mathematische Fragestellung aufgeworfen wird. Infolgedessen konstruieren die Lernenden zunächst auf Grundlage der Textbasis ein episodisches Situationsmodell, indem schließlich eine mathematisch bedeutsame Lücke identifiziert werden muss. Durch diesen Prozess der Fragegenerierung transformieren die Lernenden ihr episodisches Situationsmodell in das angesprochene episodische Problemmodell. Ist jedoch im Aufgabentext eine Frage spezifiziert, also beispielsweise wie in den in dieser Arbeit verwendeten Modellierungsaufgaben, so wird das episodische Problemmodell unmittelbar ausgehend von der Textbasis durch die fragegeleitete Situationsanalyse erzeugt. Je nach Aufgabentext wird also entweder die fragegeleitete Situationsanalyse oder die Situationsanalyse mit anschließender Fragegenerierung benötigt, nicht jedoch beide.

In beiden Fällen erfolgt die Konstruktion des episodischen Problemmodells ausgehend von der Textbasis bei Reusser (1989) in zwei Schritten. Dem Modell nach besteht die Konstruktion des episodischen Problemmodells aus der Suche nach einer Verarbeitungsperspektive „durch die Identifizierung von im Text ausgedrückten Handlungszielen, Bedürfnissen, Motiven oder eines Settings, … durch die Bestimmung eines Hauptaktors oder Protagonisten und … durch die Analyse der Problemfrage“ (Reusser, 1989, S. 94). Der zweite Schritt hin zur Konstruktion des episodischen Problemmodells umfasst die Analyse der temporalen und funktionalen Aspekte der Situation, also z. B. von im Text dargebotenen Handlungsabläufen. Auf Basis des episodischen Problemmodells müssen dann reduktive und abstrahierende Prozesse angestrebt werden. Wie auch im Modellierungskreislauf nach Blum und Leiß (2005) erfolgen diese perspektivisch hinsichtlich der mathematischen Fragestellung. Nach Reusser (1989) schließt diese „Reduktion des episodischen Situationsmodells auf sein *Handlungsgerüst* [Hervorhebung im Original]“ (S. 94) mindestens die Beibehaltung von Informationen quantitativer und funktionaler Art ein, während beispielsweise attributive Eigenschaften vernachlässigt werden. Diese Prozesse führen in Konsequenz zur Transformation des episodischen Problemmodells in das mathematische Problemmodell. In seinem Modell geht Reusser (1989) ferner auf die mathematischen Prozesse ein, die schließlich die Generierung eines Antwortsatzes als situationsbezogene Antwort nach sich ziehen, was an dieser Stelle wie oben erwähnt nicht weiter ausgeführt werden soll.

Abschließend muss jedoch noch angemerkt werden, dass es sich bei dem vorgestellten Modell nach Reusser (1989) um ein kognitionspsychologisches Modell handelt, das für den Einsatz mit eher einfachen Textaufgaben konzipiert ist. Etwa verwendet Reusser (1989) die Aufgabe „Heute hat Martin auch von Lukas sechs farbige Marmeln [sic] bekommen. Die ersten fünf Marmeln [sic] hat ihm Anna gestern auf dem Spielplatz zum Geburtstag geschenkt.“ (S. 94). Da jedoch kein Modell für das mathematische Modellieren bekannt ist, das sich dezidiert mit dem Verstehen von Modellierungsaufgaben auseinandersetzt (vgl. Leiss et al., 2019), aber im Modell von Reusser (1989) dennoch viele Parallelen zum Modellierungskreislauf nach Blum und Leiß (2005) offensichtlich sind, liegt seine Relevanz für das mathematische Modellieren durchaus auf der Hand.

6.5 Hürden im Textverstehen beim mathematischen Modellieren

In allen Phasen des Modellierungskreislaufs nach Blum und Leiß (2007) konnten Hürden gefunden werden, die schwierigkeitsgenerierend auf die Lösungsprozesse der Lernenden wirken (z. B. Blum, 2011; Blum & Borromeo Ferri, 2009; Galbraith & Stillman, 2006; Schukajlow et al., 2012; Stillman et al., 2010). Gerade wegen der Wichtigkeit der ersten Schritte hin zur Konstruktion des Realmodells, dem vereinfachten und an das mathematische Problem angepassten mentalen Modell, für den weiteren Lösungsprozess soll in diesem Abschnitt der Fokus auf besondere Hürden in diesen Prozessen gelegt werden. Insbesondere diese Prozesse verursachen Probleme für Lernende (Blum, 2015; Kintsch & Greeno, 1985; Krawitz et al., 2017; Wijaya et al., 2014). Wijaya et al. (2014) konnten beispielsweise zeigen, dass von der Gesamtzahl aller identifizierten Schwierigkeiten knapp 40 % auf das Verstehen fallen.

Wie schon in 4.3 und 5.1.3 hervorgehoben, werden Situationsmodelle durch ein Zusammenspiel von Text und Welt- bzw. Vorwissen konstruiert, indem die Textbasis durch Vor- und Weltwissen angereichert wird. In vielen Studien wurde die Wichtigkeit des Vorwissens über den Kontext, der in den Modellierungsaufgaben beschrieben wird, für die Konstruktion angemessener Situationsmodelle betont (z. B. Boaler, 1993; Busse, 2011; Krawitz, 2020). Der Zusammenhang zwischen Vorwissen und Situationsmodell ist jedoch nicht eindeutig. So konnte Krawitz (2020) beispielsweise herausstellen, dass Vorwissen auch hinderlich für die Konstruktion von angemessenen Situationsmodellen sein kann. Ferner ist die Sprachkompetenz ein entscheidender Faktor für das Textverstehen (Plath & Leiss, 2018; Prediger et al., 2015; Stephany, 2017, 2018; Wilhelm, 2016). Plath und Leiss (2018) zeigten einen hohen Zusammenhang zwischen Sprachkompetenz und Modellierungsleistung sowie einen negativen Einfluss von linguistischer Komplexität auf Lösungsraten. Ferner haben sprachlich schwache Lernende aufgrund mangelnder Referenzherstellung Schwierigkeiten mit der Identifizierung der mathematisch bedeutsamen Lücke. Darüber hinaus neigen sie zur Konstruktion unvollständiger Situationsmodelle, da sie Oberflächenmerkmale anstatt von Zusammenhängen fokussieren (Wilhelm, 2016).

Eine weitere kognitive Hürde im Modellierungsprozess, die sich im Textverstehen niederschlägt, sind Schwierigkeiten beim Vorgriff auf das mathematische Modell, der implemented anticipation (Niss, 2010; siehe 4.3). Denn obwohl Lernende ein angemessenes Situationsmodell zum Aufgabentext ohne Fragestellung konstruieren können, ist die Integration der Fragestellung in dieses Modell bzw. die fragestellungsgeleitete Konstruktion des Situationsmodells stark abhängig davon, ob die mathematisch bedeutsame Lücke erkannt und schließlich korrekte Annahmen über die zur Schließung benötigten mathematischen Wissensbestände getroffen werden (Jankvist & Niss, 2020; Leiss et al., 2019). Insofern spielt auch die innermathematische Kompetenz eine gewichtige Rolle beim Modellieren, da sie Grundlage für das Erkennen der zur angemessenen Bearbeitung benötigten mathematischen Konzepte ist (Krawitz, 2020; Leiss et al., 2019; Leiss et al., 2010).

Jedoch sind nicht alle Hürden im Verstehensprozess beim mathematischen Modellieren kognitiver Natur. Da in vielen Bildungssettings noch immer die Kalkülorientierung im Vordergrund steht, sind Textaufgaben in vielen Fällen eingekleidete Aufgaben (Niss & Blum, 2020; Niss et al., 2007). Beispielsweise konnten Wijaya et al. (2015) in einer Studie zu Schulbüchern festhalten, dass 85 % der Textaufgaben solche waren, die alle benötigten Informationen explizit beinhalteten. Zur Lösung solcher Aufgaben ist die Konstruktion eines vollständigen Situationsmodells nicht zwingend notwendig, da schon mit Ersatzstrategien, die die Textoberfläche und die Textbasis in den Mittelpunkt stellen (siehe 6.3) und die somit zu einem unvollständigen bzw. übervereinfachten Situationsmodell führen, richtige Lösungen erzielt werden können. Insofern liegt es nahe, dass Lernende das Verstehen eines Aufgabentextes, also die Konstruktion eines detaillierten Situationsmodells, nicht als primäres Leseziel setzen, sondern vielmehr niedrigere Kohärenzstandards ansetzen, die ausreichen, um einen solchen textoberflächenbasierten Lösungsprozess anzustreben. Die Verwendung von Ersatzstrategien mag für eingekleidete Aufgaben bisweilen tragfähig sein, bei Modellierungsaufgaben ist dies jedoch nicht der Fall, da in der Regel nur unzureichende Situationsmodelle konstruiert werden (Niss & Blum, 2020), die wiederum nicht zu passenden Lösungen führen. Wenn Schülerinnen und Schüler allerdings „gelernt" haben, dass der Einsatz von Ersatzstrategien zum Erfolg führt, ist dies vielmehr eine behaviorale Hürde, wenn sie deshalb bei der Bearbeitung von Modellierungsaufgaben scheitern.

Eine weitere Hürde, die auf ähnlichen Mechanismen basiert, stellt die Unter- bzw. Überbestimmtheit von Modellierungsaufgaben dar. In vielen Modellierungsaufgaben fehlen Informationen, über die von den Lernenden folglich Annahmen getroffen werden müssen und gegebenenfalls sind auch überflüssige Angaben zu Daten enthalten. Stellen beispielsweise eingekleidete Textaufgaben die überwiegende Menge an Aufgaben im Unterricht dar, bei denen genau jene Informationen enthalten sind, die zur Lösung benötigt werden (und somit den Einsatz einer Ersatzstrategie mit korrektem Resultat erst ermöglichen), sind Schülerinnen und Schüler von den fehlenden Angaben irritiert, sodass sie die Modellierungsaufgabe als unlösbar ansehen (Frejd & Ärlebäck, 2011; Niss & Blum, 2020). Gerade die Selektion von passenden Informationen konnte als besonders herausfordernd identifiziert werden (Kanefke & Schukajlow, 2022; Krawitz, Kanefke et al., 2022; Krawitz et al., 2018; Wijaya et al., 2014).

Insgesamt lässt sich also festhalten, dass die Konstruktion eines adäquaten Situationsmodells zum einen durch intrapersonelle Merkmale wie Sprachkompetenz, (mathematisches) Vorwissen und Einstellungen und Überzeugungen gegenüber Modellierungsaufgaben beeinflusst wird, zum anderen aber auch Merkmale des Aufgabentextes, etwa der Kontext oder die linguistische Komplexität eine Rolle spielen. Auch die Schulsozialisation ist nicht zu vernachlässigen. Zentrale Herausforderung beim Lösen von Textaufgaben allgemein, und somit auch von Modellierungsaufgaben, ist also die Verknüpfung von Sprache, Kontext und Mathematik (Barwell, 2009).

6.6 Blickbewegungen beim Lesen und Verstehen von mathematischen Modellierungsaufgaben

Unklar ist bislang noch, welche Blickbewegungen beim Lesen und Verstehen von Modellierungsaufgaben eine Rolle spielen und wie diese zu interpretieren sind. Aus der Forschung zu realitätsbezogenen Textaufgaben existieren jedoch einige Befunde, die auf das mathematische Modellieren transferiert werden können. So argumentiert Strohmaier (2020) basierend auf dem Prozessmodell zum Verstehen von Word Problems (Kintsch & Greeno, 1985), dass viele Gemeinsamkeiten zwischen dem Verstehen von mathematischen Textaufgaben und nicht-mathematischen Texten wie beispielsweise Sachtexten bestehen. Insofern sollten auch ähnliche Metriken verwendet und vergleichbar interpretiert werden können. Diese Annahme konnte im Rahmen mehrerer Studien bestätigt werden: Rayner et al. (2012) führen beispielsweise an, dass schwierigere Texte, bei denen zum Verstehen also mehr als nur oberflächliche Verarbeitung notwendig ist, mit längerer mittlerer Fixationsdauer, kürzeren Sakkaden (also mehr Sakkaden pro Wort), höherem Anteil von Regressionen an allen Sakkaden und geringerer Lesegeschwindigkeit einhergehen. Diese Befunde konnten auch für das Lesen von mathematischen Textaufgaben repliziert werden (Strohmaier, 2020; Strohmaier et al., 2019). Diese Maße werden in der Leseforschung gemeinhin als Indikatoren für höheren kognitiven Aufwand in Bezug auf Worterkennung und Textverstehen verstanden (Rayner & Liversedge, 2011). Insbesondere Regressionen gelten als Indikatoren für tiefergehende Verstehensprozesse (Rayner & Liversedge, 2011; Schotter et al., 2014). Es ist also davon auszugehen, dass Befunde aus der Leseforschung auch für mathematische Texte – mindestens jedoch für Textaufgaben – gelten.

7 Die Rolle der Position der Fragestellung beim Textverstehen von Modellierungsaufgaben

In der Forschung zum Lesen und Verstehen von Texten wird dem Stellen von Fragen zur Unterstützung des Verstehens ein hoher Stellenwert zugewiesen (McKeown et al., 2009; Rickards, 1976; Rickards & Hatcher, 1977–1978). In diesem Kapitel sollen zunächst Wirkmechanismen von unterschiedlichen Positionen der Fragestellung auf das Textverstehen allgemein betrachtet werden, bevor diese für dem Aufgabentext bei Modellierungsaufgaben voran- bzw. nachgestellten Fragestellungen auf das mathematische Modellieren übertragen werden. Anschließend wird ein Überblick zum Forschungsstand zu Effekten der Position der Fragestellung bei der Bearbeitung von mathematischen Textaufgaben gegeben. Den Abschluss des Kapitels bildet ein Abschnitt zu Konsequenzen von unterschiedlichen Positionen der Fragestellung für die Gestaltung von mathematischen Textaufgaben, in denen die Forschungslücke, die mit dieser Arbeit angegangen werden soll, umfänglich aufgezeigt wird.

7.1 Wirkmechanismen von unterschiedlichen Positionen der Fragestellung

In der psychologischen Forschung haben Untersuchungen zum Einfluss von unterschiedlichen Positionen der Fragestellung eine lange Tradition (siehe McCrudden & Schraw, 2007; St. Hilaire & Carpenter, 2020; Wiesendanger et al., 1982). Üblicherweise wird zwischen Fragen vor dem Text, sogenannten Pre-Questions, und Fragen nach dem Text, analog mit Post-Questions bezeichnet, unterschieden. Zuweilen finden sich jedoch auch Untersuchungen, die in den laufenden Text integrierte Fragestellungen betrachten und sich zumeist auf vorangehende bzw.

V. Böswald, *Die Rolle der Position der Fragestellung beim Textverstehen von mathematischen Modellierungsaufgaben*, Studien zur theoretischen und empirischen Forschung in der Mathematikdidaktik,
https://doi.org/10.1007/978-3-658-43675-9_7

nachfolgende Absätze im zu lesenden Text beziehen. Grundlegender Wirkmechanismus für positive Effekte von Pre-Questions ist zumeist die Spezifizierung des Leseziels, sodass Textpassagen und Informationen über die Allokation von Aufmerksamkeit einfacher als relevant oder irrelevant eingeschätzt werden können (León et al., 2019; Lewis & Mensink, 2012; Pichert & Anderson, 1977). Diese Passagen bzw. Informationen sollen durch das Stellen von Pre-Questions besser enkodiert werden können (Baillet & Keenan, 1986; Graesser & Lehman, 2011; Kaakinen et al., 2001, 2002)

Die Befunde sind nicht immer einheitlich, im Folgenden sollen einige zentrale Ergebnisse dargestellt werden. Rothkopf und Billington (1979) fanden in einer Studie mit High-School-Schülerinnen und -Schülern heraus, dass diejenigen, die sich an die gestellten Pre-Questions zum Text erinnern konnten, solche Informationen besser abrufen konnten, die durch die Pre-Questions relevant gemacht wurden. Zudem regulierten diese Schülerinnen und Schüler ihre Lesegeschwindigkeit, indem sie relevante Textpassagen langsamer lasen als irrelevante. Insgesamt verwendeten sie dennoch weniger Zeit auf den Leseprozess. McCrudden et al. (2005) konnten die Befunde von Rothkopf und Billington (1979) in zwei Studien mit Studierenden bestätigen und erweitern. Sie fanden sowohl verringerte gesamte Lesezeit und besseren Abruf von relevanten Informationen in der Gruppe, die Pre-Questions erhalten hatte, als auch eine Inhibition des Abrufs von irrelevanten Informationen.

Reynolds et al. (1993) stellten passend zu den obigen Befunden auch für Schülerinnen und Schüler der Jahrgangsstufe 6 heraus, dass Pre-Questions sowohl für starke als auch für schwächere Lesende positive Effekte haben können. In Verbindung mit Lapan und Reynolds (1994) ist davon auszugehen, dass positive Relevanzeffekte für stärkere Lesende größer ausfallen, da ihnen die Unterscheidung zwischen relevanten und irrelevanten Informationen leichter fällt.

Bestimmte Personengruppen können jedoch auch negativ durch die die Voranstellung der Fragestellung beeinflusst werden, z. B. wenn diese eine geringe Arbeitsgedächtnisspanne aufweisen (Hyönä & Kaakinen, 2019) oder schwächere Lesende sind (Schumacher et al., 1983; van den Broek et al., 2001).

In Einklang mit McCrudden et al. (2005) und Morasky und Willcox (1970) kann gefolgert werden, dass der Einsatz von Pre-Questions lernförderliche Einflüsse für die Fragen betreffende Inhalte mit sich bringen kann sowie für das Lesen effizienzsteigernde Wirkung haben kann.

Festzuhalten ist, dass sich die Verstehensprozesse deutlich unterscheiden können, je nachdem, ob die Frage dem Aufgabentext voran- oder nachgestellt ist. Auf diese Unterschiede soll im Folgenden nun eingegangen werden. In Abbildung 7.1

werden diese Einflüsse modellhaft für das Verstehen von Modellierungsaufgaben dargestellt und anschließend erläutert.

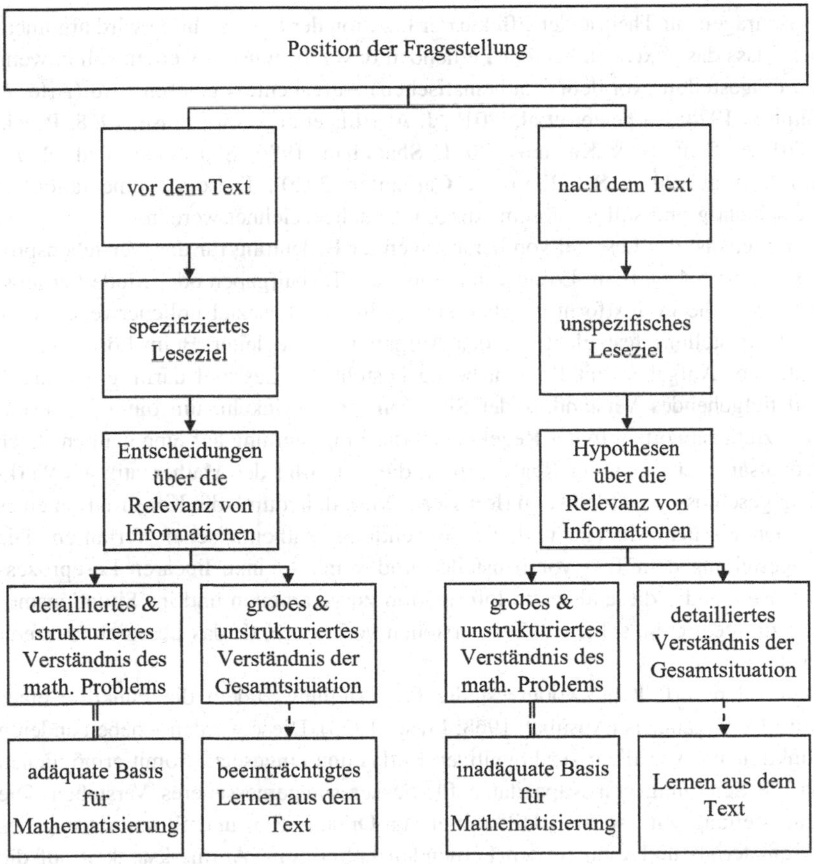

Abbildung 7.1 Wirkweise verschiedener Positionen der Fragestellung beim Modellieren in Anlehnung an Böswald und Schukajlow (2022)

7.2 Auswirkungen einer vorangestellten Fragestellung auf den Verstehensprozess bei Modellierungsaufgaben

In Beiträgen zur Theorie der Effekte der Position der Fragestellung wird argumentiert, dass das Textverstehen der Lernenden davon begünstigt werden sollte, wenn die Fragestellung vor dem (mathematischen) Aufgabentext gelesen wird (Arter & Clinton, 1974; Carpenter et al., 2018; J. A. Ellis et al., 1986; Frase, 1968; Peeck, 1970; A. Schmitz & Karstens, 2021; Shanahan, 1986; Shavelson et al., 1974; Smith et al., 2010; St. Hilaire & Carpenter, 2020). Diese Argumentation ist vielschichtig und soll in diesem Abschnitt nachgezeichnet werden.

Erstens ist das Leseziel von herausragender Bedeutung für den Verstehensprozess (siehe 5.4.1). Beim Lösen von komplexen Textaufgaben oder Modellierungsaufgaben, die in Textform gegeben sind, wird das Leseziel üblicherweise durch die Fragestellung festgelegt, die den Aufgabentext begleitet. Beim Lösen mathematischer Aufgaben mit Realitätsbezug besteht das Leseziel darin, ein genaues und tiefgehendes Verständnis der Situation zu entwickeln, um diese Fragestellung zu beantworten. In der Regel deutet die Fragestellung auf eine mathematisch bedeutsame Lücke in der Realsituation, die mit Hilfe der Mathematik als Werkzeug geschlossen werden kann (Reusser, 1989), d. h. durch die Konstruktion eines mathematischen Modells und die Anwendung mathematischer Verfahren. Die Fragestellung dem Text voranzustellen und somit – einen linearen Leseprozess voraussetzend – diese als erste Information zu verarbeiten und ins Situationsmodell zu integrieren, sollte das Textverstehen verbessern, da das Leseziel konkreter wird.

Zweitens erfüllt die vorangestellte Fragestellung zudem die Funktion eines Advance Organizers (Ausubel, 1968; Frase, 1973). Diese werden – neben anderen Funktionen – vor allem zur kognitiven Entlastung eingesetzt. Somit ermöglichen sie die Schaffung von Kapazitäten für besseres/angemesseneres Verstehen. Die Fragestellung wird so zum Hilfsmittel zur Organisation und Strukturierung des Lesematerials und kann so den Lernenden helfen, ihre Aufmerksamkeit auf die relevanten Informationen zu lenken. Entsprechend früheren Befunden zu Relevanzeffekten (siehe McCrudden & Schraw, 2007) sollten die Entscheidungen über die Relevanz der im Text enthaltenen Informationen daher präziser und schneller und somit in Summe effizienter getroffen werden können.

Drittens kann die Herstellung eines Zusammenhangs zwischen der Überschrift der Aufgabe und der Fragestellung erste Schlussfolgerungen ermöglichen und somit ein erstes basales Verständnis erzeugen. Dieses sollte dem Verstehensprozess, der den Lernenden als Grundlage für die Lösung der Modellierungsaufgabe dient, einen Rahmen geben, ähnlich wie eine Überschrift Lesenden das Verstehen von erzählenden oder expositorischen Texten erleichtert, da zusätzliches Vorwissen aktiviert wird und eine kognitive Entlastung der Transferprozesse zwischen Arbeits- und Langzeitgedächtnis stattfindet (Bransford & Johnson, 1972; Mayer, 1979; Miller et al., 2006).

Im Folgenden soll nun anhand der Modellierungsaufgabe „Buddenturm" (Abbildung 4.2) ein prototypischer Leseprozess skizziert werden, der die oben getroffenen Annahmen integriert.

Unter der Annahme eines linearen Leseprozesses wird die Überschrift der Aufgabe zuerst gelesen. Durch das Erkennen des Namens des Turms oder durch das Dekodieren des Wortes „Turm" können die Lesenden ihr Vorwissen aktivieren und in ihr anfängliches Situationsmodell integrieren. Anschließend lesen die Lesenden die Fragestellung. Durch die Integration der Fragestellung und ihres Inhalts in das Situationsmodell können die Lesenden möglicherweise Inferenzen bilden, z. B., dass der Turm aus früheren Zeiten stammt oder zumindest renovierungsbedürftig ist. In Verbindung mit der in der Fragestellung enthaltenen Information bzw. Implikation, dass zur Lösung der Aufgabe die Größe einer Fläche berechnet werden soll, können die Lesenden ihr Situationsmodell noch weiter anreichern. Als Konsequenz daraus können beim Lesen des deskriptiven Textes unmittelbar relevante und irrelevante Informationen als solche identifiziert werden. Dies vereinfacht den Prozess der Strukturierung des Situationsmodells für die spätere Mathematisierung. So sind etwa die Höhe des Turms ohne Dach, der Durchmesser und damit verbunden die runde Form des Turms sowie die Existenz der Reste der Stadtmauer an zwei Stellen mit ihrer Höhe von Bedeutung für die Lösung der Aufgabe.

Zusammenfassend lässt sich sagen, dass der Verstehensprozess, der dadurch initiiert wird, dass die Fragestellung dem Text vorangestellt wird, von Anfang an auf einer tieferen Verarbeitungsebene stattfinden kann, anstatt dass sich die Problemlösenden erst darauf konzentrieren müssen, ein grobes Verständnis der Situation zu erzeugen.

7.3 Auswirkungen einer nachgestellten Fragestellung auf den Verstehensprozess bei Modellierungsaufgaben

In vielen deutschsprachigen Schulbüchern ist die Fragestellung jedoch am Ende des Aufgabentextes zu finden. Durch die Platzierung der Fragestellung nach dem deskriptiven Aufgabentext würde der automatisierte Verstehensprozess unter

Annahme eines linearen Leseprozesses dazu führen, dass zuerst der Text und danach die Frage gelesen wird. Lesende müssten also Hypothesen über die Bedeutung der im Text enthaltenen Informationen für das übergeordnete Leseziel, nämlich die Lösung des (zu diesem Zeitpunkt noch unbekannten) Problems, aufstellen. Die Begründung dafür findet sich bei Reusser (1985): Da die mathematisch bedeutsame Lücke in der Realsituation, auf die die Fragestellung wie oben beschrieben hindeutet, von den Lesenden erst identifiziert werden muss, fehlt die Konkretisierung des Leseziels. Es ist davon auszugehen, dass ein textsortenorientiertes statt einem spezifizierten Leseziel angelegt wird (siehe 5.4.1). Infolgedessen müssten Problemlösende, sobald sie die Fragestellung gelesen und verarbeitet haben, den Aufgabentext erneut lesen oder das gebildete Situationsmodell entsprechend anpassen, indem sie die Informationen auf die Triftigkeit der zuvor zugeschriebenen Relevanz überprüfen. Dies führt letztlich dazu, dass die Problemlösenden durch die infolge des erneuten Lesens angestoßene häufigere und tiefere Verarbeitung der Informationen im kognitionspsychologischen Sinne des Wissenserwerbs aus dem Text lernen, d. h. es erfolgt eine längerfristig angelegte Integration der Textinhalte in das Wissenssystem (Kintsch, 1986).

Auch für die Nachstellung der Fragestellung bei Modellierungsaufgaben soll nun anhand der Modellierungsaufgabe „Buddenturm“ (Abbildung 4.2) ein prototypischer Leseprozess unter Annahme eines linearen Leseprozesses skizziert werden, der die oben getroffenen Annahmen integriert.

Wie für die Voranstellung der Fragestellung beschrieben, wird auch bei Nachstellung der Fragestellung die Überschrift der Aufgabe zuerst gelesen. Durch das Erkennen des Namens des Turms oder durch das Enkodieren des Wortes „Turm“ können die Lesenden ihr Vorwissen aktivieren und in ihr anfängliches Situationsmodell integrieren. Anschließend richten die Lesenden ihren Fokus auf den deskriptiven Aufgabentext. Beim Lesen müssen zunächst alle Informationen aus diesem in das Situationsmodell integriert werden. Daraus resultiert ein Verständnis der Gesamtsituation. Dies ist zum Teil darauf zurückzuführen, dass der deskriptive Text so aufgebaut ist, dass die Fragestellung (und damit das Leseziel) bei der Lösung von Modellierungsaufgaben nicht eindeutig und unmittelbar zu erschließen ist. Daher könnte die Fähigkeit, während des Lesens zwischen relevanten und irrelevanten Informationen zu unterscheiden, beeinträchtigt sein. Obwohl die Leser eine bestimmte Frage sicherlich antizipieren können, wird die Beurteilung der Relevanz der gegebenen Informationen einer gewissen Fehlertoleranz unterliegen. Grund dafür ist die noch fehlende Integration der tatsächlichen Fragestellung in das Situationsmodell, die erst dann erfolgen kann, wenn diese auch gelesen und verarbeitet wurde. Nachdem dies im Anschluss an das Lesen des deskriptiven Aufgabentextes geschehen ist, kann das bis dahin konstruierte Situationsmodell (neu) strukturiert und für eine spätere Mathematisierung vereinfacht werden. In dieser Phase kann es notwendig sein, den deskriptiven Aufgabentext erneut zu lesen, damit die Problemlösenden alle relevanten Informationen in ihrem Situationsmodell adäquat repräsentieren können.

7.4 Forschungsstand zu Effekten der Position der Fragestellung bei der Bearbeitung von mathematischen Textaufgaben

Es gibt nur wenige Untersuchungen über die Auswirkungen der Position der Fragestellungen auf das Verstehen von Aufgabentexten im Fach Mathematik, die in 7.2 und 7.3 zitierten Untersuchungen beziehen sich vor allem auf Sach- oder Erzähltexte. Thevenot et al. (2007) zeigten, dass die Leistung beim Lösen von Textaufgaben zum Inhaltsbereich der Arithmetik signifikant besser war, wenn die Fragestellung dem Aufgabentext vorangestellt war. 72 Viertklässler aus Frankreich beantworteten 12 Textaufgaben mit unterschiedlichen Schwierigkeitsgraden. Bei sechs dieser Aufgaben stand die Fragestellung vor dem Aufgabentext. Außerdem wurde die Stichprobe in zwei Gruppen eingeteilt. Diese Einteilung wurde auf Grundlage der mathematischen Kompetenz (leistungsstark vs. leistungsschwach) vorgenommen. Damit konnten sie die Befunde von Devidal et al. (1997) und Thevenot et al. (2004) bestätigen. Diese Befunde stehen im Gegensatz zu den Ergebnissen von Arter und Clinton (1974), die in einer Studie über irrelevante Informationen in arithmetischen Textaufgaben keine signifikanten Auswirkungen der Voranstellung der Fragestellung auf die Fehlerzahl fanden. Sie stellten jedoch Auswirkungen auf die für die Lösung der Aufgaben benötigte Zeit festgestellt, sodass die Effizienz – das Verhältnis von Leistung und Zeit – insgesamt höher war.

Es ist jedoch davon auszugehen, dass Effekte der Position der Fragestellung und ihr Ausmaß auch von den kognitiven Merkmalen der Lernenden abhängen. Mögliche Determinanten sind die Arbeitsgedächtnisspanne, die mathematische Kompetenz und die Lesekompetenz sowie Merkmale der Aufgaben wie etwa die Schwierigkeit (Thevenot et al., 2007) oder der Typ der Aufgabe (z. B. eingekleidete Textaufgaben oder innermathematische Aufgaben). Da bislang nur Untersuchungen zu Textaufgaben durchgeführt wurden – Thevenot et al. (2007) sowie Devidal et al. (1997) und Thevenot et al. (2004) untersuchten arithmetische Textaufgaben für Lernende in der Grundschule – können lediglich Vermutungen darüber aufgestellt werden, wie sich die Platzierung der Fragestellung auf die Art und Weise auswirkt, wie Lernende Modellierungsaufgaben lösen. Daher ist es notwendig, Untersuchungen zu Effekten der Position der Fragestellung auf das Textverstehen und die Effizienz dabei für andere Aufgabentypen und Stichproben anzustreben. Gerade Modellierungsaufgaben mit ihren komplexen Aufgabentexten scheinen hier besonders geeignet.

Für Modellierungsaufgaben gibt es zwar keine dezidierten Hinweise auf die Wirksamkeit einer entsprechenden Intervention, die Relevanz der Fragestellung per se ist jedoch unbestritten. So wurden bei Krawitz et al. (2019) in Anlehnung an Schukajlow et al. (2015) eine Lösungshilfe zur Unterstützung des gesamten Modellierungsprozesses eingesetzt, in der die Lernenden strategische Hinweise zur Planung, Überwachung und Durchführung ihres Lösungsprozesses mit besonderem Fokus auf die Teilprozesse des Verstehens bzw. des Vereinfachens und Strukturierens vorfanden. Dort wird explizit auf die zur Aufgabe gehörige Fragestellung und ihren Zusammenhang zum Aufgabentext verwiesen.

7.5 Konsequenzen für die Gestaltung von mathematischen Textaufgaben

Auf Basis der oben formulierten Theorie können folglich Konsequenzen für die Gestaltung von mathematischen Textaufgaben abgeleitet werden, deren Gültigkeit im Rahmen dieser Arbeit so weit wie möglich überprüft werden soll.

Es gibt zwei zentrale Möglichkeiten für die Position der Fragestellung bei Modellierungsaufgaben, die beide bereits von Lehrkräften und in Schulbüchern verwendet werden: *vor dem Text* und *nach dem Text*. Wie oben beschrieben können beide Möglichkeiten einerseits manche Bereiche der Kognition der Lernenden positiv beeinflussen, andererseits aber gleichzeitig auch andere Bereiche beeinträchtigen. Die erstgenannte Möglichkeit, also das Platzieren der Fragestellung vor dem Text, kann das langfristige Lernen über den Inhalt des Textes beeinträchtigen, aber im Gegenzug das Textverstehen verbessern, was letztlich zu einem verbesserten Lösungsprozess führt, der wiederum eine verbesserte Modellierungskompetenz zur Folge haben kann. Unter Rückbezug auf van den Broek (2010) kommt es gegebenenfalls also zu geringerem Lernzuwachs in Bezug auf das deklarative faktische Wissen, dafür aber zu einem fachspezifischen Lernen in Bezug auf Modellierungskompetenz. Die zweite Möglichkeit, die Platzierung der Fragestellung nach dem Aufgabentext, kann die Problemlösenden herausfordern, indem sie das anfängliche Verstehen der Modellierungsaufgabe erschwert, insbesondere wenn das Vorwissen gering ist. Das Lernen aus dem Text wird jedoch angeregt, d. h. ihre Fähigkeit, durch das Lösen der Aufgabe etwas über den

Inhalt des Textes zu lernen, könnte verbessert werden (z. B. zu lernen, dass sich die Höhe des Turms in der Aufgabe „Buddenturm" im Laufe der Jahrhunderte mehrfach geändert hat). Beide Möglichkeiten und das Ausmaß ihres Einflusses sind jedoch insbesondere in der mathematikdidaktischen Forschung noch nicht eingehend untersucht worden.

Bei der Erörterung von Effekten der Position der Fragestellung müssen einige Gesichtspunkte berücksichtigt werden. Erstens kann ein positiver Effekt der Position der Fragestellung auf das Textverstehen nur dann auftreten, wenn sich die Fragestellung nicht unmittelbar und eindeutig aus dem vorliegenden Aufgabentext inferieren lässt (Thevenot et al., 2007). Denn wenn den Lesenden die Fragestellung bereits klar ist, obwohl diese noch nicht gelesen wurde, kann das Leseziel entsprechend anpasst werden und so den Unterscheidungsprozess zwischen zielrelevanten und zielirrelevanten Informationen adäquat strukturieren, insofern die Lesenden die (meta-)kognitiven Kompetenzen dazu aufweisen.

Zweitens wird davon ausgegangen, dass sich die Vorteile der Voranstellung der Fragestellung insbesondere auf lesezielrelevante Informationen beziehen (Carpenter et al., 2018). Bei Modellierungsaufgaben sind dies also diejenigen Informationen, die zur Beantwortung der Fragestellung relevant sind. Daher könnte die Platzierung der Fragestellung vor dem Aufgabentext das Lernen aus dem Text beeinträchtigen. Hier müssen diejenigen, die die so konstruierten Aufgaben zu unterrichtlichen Zwecken einsetzen, für sich reflektieren, ob diese Beeinträchtigung des inzidentellen Lernens didaktisch erwünscht ist. Im Bereich des mathematischen Modellierens, insbesondere im schulischen Kontext, ist das Lernen über die realweltliche Situation jedoch eher als inzidentell anzusehen und wird nicht vorrangig angestrebt (vgl. 4.2).

Drittens sollten die positiven Auswirkungen der Position der Fragestellung in mathematischen Modellierungsaufgaben von der mathematischen Kompetenz der Problemlösenden abhängen. Dies ist der Fall, weil die mathematisch bedeutsame Lücke in der realen Situation identifiziert werden muss (Reusser, 1989). Die Problemlösenden müssen auf Basis der Fragestellung also schon ein grundlegendes mathematisches Modell konstruieren, um relevante von irrelevanten Informationen zielgerichtet unterscheiden zu können. Die Konstruktion des mathematischen Modells erfordert jedoch eine angemessene mathematische Kompetenz, und in der Vergangenheit konnte gezeigt werden, dass die mathematische Leistung diesen Konstruktionsprozess beeinflusst (Schukajlow et al., 2021).

Beide in diesem Kapitel skizzierten prototypischen Lese- und Verstehensprozesse könnten sich sowohl zwischen Novizinnen und Novizen und Expertinnen und Experten als auch interindividuell unterscheiden, da diese Prozesse stark vom Vorwissen abhängen (Artelt et al., 2007; Christmann & Groeben, 1999;

Cook & O'Brien, 2019; Graesser et al., 1997; Kendeou & van den Broek, 2007; McNamara & Kintsch, 1996; Rawson & Kintsch, 2002). Expertinnen und Experten im Verstehen von Modellierungsaufgaben könnten ihren Verstehensprozess auf eine solche Art und Weise strukturieren, so dass sie zuerst die Überschrift der Aufgabe lesen, dann aber sofort nach der Fragestellung suchen und diese lesen, um zu simulieren, dass die Fragestellung dem Aufgabentext vorangestellt ist, und so möglicherweise von der frühen Integration der Fragestellung in ihr Situationsmodell profitieren.

Die Aufgaben, die für die Forschung auf dem Gebiet der Effekte der Position der Fragestellung eingesetzt werden, sollten aus einer Überschrift, einer Fragestellung und einem kurzen Aufgabentext, der die Situation beschreibt, bestehen. Nach Thevenot et al. (2007) muss dieser deskriptive Text so aufgebaut sein, dass die eigentliche Fragestellung des Problems nicht sofort und eindeutig inferiert werden kann. Andernfalls könnten die Effekte der Position der Fragestellung wie oben beschrieben beeinträchtigt werden. Außerdem sollte jedes Problem zusätzliche numerische Informationen enthalten, die für die Beantwortung der Fragestellung nicht relevant sind. Bei der Aufgabe „Buddenturm" sind einige Jahreszahlen, die Länge der Stadtmauer und die ehemalige Höhe des Turms Beispiele für solche irrelevanten Informationen.

Herleitung der Forschungsfragen und Hypothesenbildung

8

Diese theoretischen Überlegungen und empirischen Befunde bilden die Grundlage für die Forschungsfragen und zugehörigen Hypothesen in den vorliegenden Untersuchungen. Die Forschungsfragen 1 bis 3 werden in Studie 1 untersucht, Forschungsfragen 4 und 5 sind Gegenstand von Studie 2.

8.1 Forschungsfragen in Studie 1

Mit der ersten Forschungsfrage soll das Bestehen von Unterschieden im Produkt des Textverstehensprozesses in Abhängigkeit von der Position der Fragestellung überprüft werden. Sie lautet:

Forschungsfrage 1 (F1): Beeinflusst die Position der Fragestellung das Textverstehen von mathematischen Modellierungsaufgaben (F1a) und ist dieser Einfluss unter Kontrolle des allgemeinen Textverstehens und des mathematischen Vorwissens stabil (F1b)?

Die beiden Bedingungen für die Position der Fragestellung sind „vor dem Text" und „nach dem Text". Zu erwarten sind positive Effekte einer Voranstellung der Fragestellung auf das Textverstehen. Diese Hypothese lässt sich mit zahlreichen Studien begründen, die gezeigt haben, wie sich die Platzierung von Fragen vor dem Text auf den Abruf von zielrelevanten Informationen auswirkt (vgl. Carpenter et al., 2018). Infolgedessen sollte das Situationsmodell adäquater sein, d. h. das zielbezogene Verstehen sollte verbessert werden. Die Platzierung der Fragestellung vor dem deskriptiven Aufgabentext in Modellierungsaufgaben (d. h. die Sicherstellung oder mindestens die Bereitstellung der Möglichkeit, dass

V. Böswald, *Die Rolle der Position der Fragestellung beim Textverstehen von mathematischen Modellierungsaufgaben*, Studien zur theoretischen und empirischen Forschung in der Mathematikdidaktik,
https://doi.org/10.1007/978-3-658-43675-9_8

die Problemlösenden die Fragestellung vor dem Text lesen) sollte das Textverstehen der Problemlösenden für Modellierungsaufgaben verbessern, da das Leseziel klarer ist und bereits beim ersten Lesedurchgang zwischen relevanten und irrelevanten Informationen unterschieden werden kann und die Aufmerksamkeit somit auf relevante Informationen gerichtet werden kann.

Die zweite Forschungsfrage bezieht sich auf den Einfluss der Position der Fragestellung auf die Qualität des mathematischen Modells, das bei der Bearbeitung von Modellierungsaufgaben konstruiert werden muss, also das Produkt des Mathematisierens. Sie lautet:

Forschungsfrage 2 (F2): Beeinflusst die Position der Fragestellung die Leistung beim Mathematisieren bei der Bearbeitung von Modellierungsaufgaben (F2a), vermittelt das Textverstehen diesen Effekt (F2b) und sind diese Einflüsse unter Kontrolle des allgemeinen Textverstehens und des mathematischen Vorwissens stabil (F2c)?

Aufgrund der vielfältigen kognitiven Prozesse, die die Qualität des mathematischen Modelles bei der Bearbeitung von Modellierungsaufgaben beeinflussen und der rein textseitigen Manipulation, die sich durch die Änderung der Position der Fragestellung ergibt, sind gerichtete Erwartungen über mögliche Unterschiede in der Qualität des mathematischen Modells in Abhängigkeit von der Position der Fragestellung kaum zu formulieren, obwohl Thevenot et al. (2007) in ihrer Studie mit Grundschulkindern zu Textaufgaben aus dem Inhaltsbereich der Arithmetik mit einen leistungssteigernden Effekt der Voranstellung der Position der Fragestellung vor den Aufgabentext nachweisen konnten. Die (mathematische) Komplexität von Modellierungsaufgaben erlaubt jedoch – anders als die von Thevenot et al. (2007) verwendeten Aufgaben – in den seltensten Fällen eine unmittelbare Lösung der Aufgabe auf Grundlage des konstruierten Situationsmodells alleine, da ein adäquates Situationsmodell beim mathematischen Modellieren vielmehr als notwendige denn als hinreichende Bedingung für eine passende Lösung zu verstehen ist. Da jedoch das Textverstehen in verschiedenen Studien als Prädiktor für eine erfolgreiche Aufgabenbearbeitung nachgewiesen werden konnte (Leiss et al., 2019; Leiss et al., 2010), sind indirekte Effekte über das Textverstehen auf die Qualität des mathematischen Modells zu erwarten.

Die dritte Forschungsfrage nimmt Einflüsse auf die Lese- und Bearbeitungsdauer durch die Voranstellung der Fragestellung vor den Text in den Blick, wie sie auch schon in 6.6 unter Bezugnahme auf Rothkopf und Billington (1979) sowie McCrudden et al. (2005) nachgezeichnet wurden.

Forschungsfrage 3 (F3): Beeinflusst die Position der Fragestellung die Lesedauer und die Bearbeitungsdauer beim Textverstehen von mathematischen Modellierungsaufgaben (F3a), vermittelt die Lesedauer den Effekt auf die Bearbeitungsdauer (F3b) und sind diese Einflüsse unter Kontrolle der allgemeinen Lesekompetenz und des mathematischen Vorwissens stabil (F3b)?

Die Lesedauer bezieht sich hier auf die durchschnittliche Zeit, die benötigt wird, um einen Aufgabentext angemessen zu verstehen, die Bearbeitungsdauer auf die durchschnittlich benötigte Zeit, um anschließend ein Verfahren zur Erfassung des Textverstehens zu bearbeiten. Wie schon für Forschungsfrage 1 werden negative Effekte der Voranstellung der Fragestellung auf die Lesedauer und somit mittelbar auf die Effizienz (Verhältnis von erbrachter Leistung zu Zeit) erwartet. Durch die Präzisierung des Leseziels infolge der Voranstellung der Fragestellung und die damit verbundene erleichterte Selektion von relevanten Informationen durch zielorientierte Aufmerksamkeitsallokation sollte die Lesedauer verringert werden können. Von einer Effizienzsteigerung kann bei gleichbleibender oder verkürzter Lesedauer in Kombination mit verbesserter Textverstehensleistung sowie bei verkürzter Lesedauer bei gleichzeitig gleichbleibenden Textverstehen gesprochen werden. Für die Bearbeitungsdauer werden ebenfalls negative Effekte durch die Voranstellung der Fragestellung vor den Aufgabentext erwartet, da der bisherige Forschungsstand und die berichtete Theorie auch hier eine effizienzsteigernde Wirkung dieser Manipulation nahelegen. Da das Textverstehen durch die Voranstellung der Fragestellung unterstützt werden sollte, sollten Fragen zur Überprüfung ebendieses Textverstehens auch schneller beantwortet werden können. Es ist jedoch davon auszugehen, dass die Lesedauer diesen Effekt teilweise vermittelt, d. h. indirekte Effekte von der Position der Fragestellung über die Lesedauer auf die Bearbeitungsdauer werden erwartet, da das Textverstehen während des Lesens des Textes und damit genau in der Lesedauer erreicht wird.

8.2 Forschungsfragen in Studie 2

Die vierte Forschungsfrage zielt auf die Replizierbarkeit der Ergebnisse zum Einfluss der Position der Fragestellung auf das Textverstehen bei Modellierungsaufgaben (Forschungsfrage 1) und auf die Bearbeitungsdauer (Forschungsfrage 3) unter Hinzunahme einer weiteren Kontrollvariable (Arbeitsgedächtnisspanne) ab. Sie lautet somit:

Forschungsfrage 4 (F4): Lassen sich die Ergebnisse aus Forschungsfrage 1a (F4a) und aus Forschungsfrage 3a (F4b) replizieren und bleiben diese Einflüsse mit zusätzlicher Kontrolle der Arbeitsgedächtnisspanne stabil (F4c)?

Wie schon in den Hypothesen zu den Forschungsfragen 1 und 3 formuliert, werden durch die Voranstellung der Fragestellung vor den Aufgabentext auch für diese Forschungsfrage ein positiver Effekt auf das Textverstehen bei Modellierungsaufgaben und ein negativer Effekt auf die Lesedauer erwartet.

Die fünfte Forschungsfrage zielt auf Unterschiede ab, die sich potenziell in den Leseprozessen zeigen, wenn die Position der Fragestellung variiert wird. Forschungsfrage 5 lautet wie folgt:

Forschungsfrage 5 (F5): Beeinflusst die Position der Fragestellung die Verweildauer auf dem Text beim First-Pass-, beim Re-Reading und im gesamten Leseprozess (F5a) und inwiefern vermittelt das Leseverhalten den Einfluss der Position der Fragestellung auf die Verweildauer auf dem Text im gesamten Leseprozess (F5b) und sind diese Einflüsse unter Kontrolle der allgemeinen Lesekompetenz, des mathematischen Vorwissens und der Arbeitsgedächtnisspanne stabil (F5c)?

Das Lesen und die damit verbundene Bewegung der Augen stellen die mechanische Grundlage für das Textverstehen dar. Aufgrund der Ähnlichkeit der kognitiven Prozesse beim First-Pass-Reading (v. a. Wortidentifikationsprozesse, siehe E-Z-Reader-Model in 5.5.2) kann keine Hypothese zum Einfluss der Position der Fragestellung auf die Verweildauer auf dem Text beim First-Pass-Reading aufgestellt werden. Für das Re-Reading wird jedoch eine Verkürzung der Verweildauer auf dem Text erwartet, wenn die Fragestellung vor dem Text platziert wird, da somit erneut gezielt Aufmerksamkeit auf bestimmte Informationen allokiert werden kann, während bei einer nachgestellten Fragestellung der Großteil aller Informationen hinsichtlich Relevanz für die Bearbeitung der Fragestellung evaluiert werden muss. Dies sollte mehr Zeit in Anspruch nehmen und sich auch in der gesamten Verweildauer auf dem Text niederschlagen (wie in F4). Erwartet wird außerdem eine Mediation des Effekts der Position der Fragestellung auf die Verweildauer auf dem Text durch das Leseverhalten, da sich Unterschiede im Textverstehen auch in globalen, d. h. den ganzen Text betreffenden Blickbewegungsmetriken, wiederfinden (Clifton Jr. et al., 2016; Strohmaier et al., 2019). Explizit formuliert sollten die mittlere Fixationsdauer, die Anzahl der Sakkaden pro Wort im Aufgabentext, der Anteil der Regressionen an allen Sakkaden positiv auf die Verweildauer auf dem Text im gesamten Leseprozess auswirken, während ein negativer Effekt der Leserate auf die Verweildauer auf dem Text im gesamten Leseprozess zu erwarten ist. Personen, die mehr Zeit zum Lesen eines Aufgabentextes brauchen, sollten entsprechend langsamer lesen auch mehr Blickbewegungen aufweisen, die als Indikatoren für Verstehensprozesse gelten. Entsprechend sollten auch die globalen Blickbewegungen durch die Position der Fragestellung beeinflusst werden: Personen, die die Fragestellung vor dem Aufgabentext erhalten, sollten kürzere mittlere Fixationsdauern und totale Verweildauern auf dem Text, weniger Sakkaden pro Wort, einen geringeren Regressionsanteil an allen Sakkaden sowie eine höhere Leserate aufweisen.

Die sechste Forschungsfrage fokussiert weniger das globale Leseverhalten auf dem gesamten Text, sondern vielmehr die zur Beantwortung der Fragestellung relevanten und irrelevanten Informationen im Aufgabentext, phasiert nach First-Pass- und Re-Reading sowie der gesamten Zeit, die zum Lesen des Aufgabentexts benötigt wird.

Forschungsfrage 6 (F6): Inwiefern beeinflusst die Position der Fragestellung die Aufmerksamkeitsallokation auf (ir-)relevanten Informationen beim First-Pass-Reading (F6a), beim Re-Reading (F6b) und insgesamt beim Textverstehen von mathematischen Modellierungsaufgaben (F6c) und sind diese Einflüsse unter Kontrolle der allgemeinen Lesekompetenz, des mathematischen Vorwissens und der Arbeitsgedächtnisspanne stabil (F6d)?

Erwartet wird, dass die Spezifizierung des Leseziels durch die Voranstellung der Fragestellung vor den Aufgabentext in einer Verschiebung der Aufmerksamkeitsallokation auf relevante und irrelevante Informationen im Aufgabentext resultiert, die in den zwei temporalen Phasen des Leseprozesses, aber auch insgesamt, je unterschiedlich ausfallen. Die Voranstellung der Fragestellung sollte beim First-Pass-Reading die Aufmerksamkeit auf relevanten Informationen positiv und auf irrelevanten Informationen negativ beeinflussen, wie schon bei Kaakinen et al. (2003). Es ist davon auszugehen, dass a) beim First-Pass-Reading irrelevante Informationen schnell als solche identifiziert werden, wenn die Fragestellung schon bekannt ist und somit keine zeitaufwendige, tiefere Verarbeitung (z. B. hinsichtlich des Vorgriffs auf die Mathematik) dieser Informationen notwendig ist. Somit sollten irrelevante Informationen verhältnismäßig kürzer betrachtet werden als im Fall, bei dem die Fragestellung erst am Ende des Aufgabentexts gelesen wird. Für die relevanten Informationen gilt diese Argumentation analog. Beim Re-Reading (b) hingegen kann nur für die Aufmerksamkeit auf relevanten Informationen eine Hypothese aufgestellt werden. Relevante Informationen sollten durch die Voranstellung der Fragestellung verhältnismäßig kürzer betrachtet werden, da sie im First-Pass-Reading durch die verhältnismäßig höhere allokierte Aufmerksamkeit dort schon tiefer verarbeitet wurden und somit besser abrufbar sind. Unsicherheiten hinsichtlich der Relevanz bzw. Irrelevanz von Informationen bei den Lesenden, die die Fragestellung erst am Ende des Aufgabentextes lesen, sollten sich hingegen in einer bewussten Re-Integration der Informationen ins Arbeitsgedächtnis niederschlagen, was in verhältnismäßig höherem Zeitaufwand auf relevanten Informationen resultieren würde.

Für den gesamten Leseprozess (c) sollte die Voranstellung der Fragestellung die Aufmerksamkeitsallokation auf relevanten und irrelevanten Informationen negativ beeinflussen, der erwartete positive Effekt aus a) sollte aufgrund des höheren Anteils des Re-Readings am gesamten Leseprozess aufgehoben werden. Daher sollte sich auch der Effekt aus b) im gesamten Leseprozess wiederfinden. Da also durch die Voranstellung der Fragestellung vor den Aufgabentext insgesamt verhältnismäßig weniger Zeit auf relevante und irrelevante Informationen verwendet werden würde, was für die erleichterte Gewichtung dieser Informationen spräche, sollten die Lesenden folglich mehr Zeit für kohärenzbildende Prozesse und somit das Textverstehen aufwenden können.

Teil III
Studie 1

In diesem Abschnitt der Arbeit wird nachfolgend die in Studie 1 verwendete Erhebungs- und Auswertungsmethodik konkretisiert. Anschließend werden die Ergebnisse der Studie vorgestellt und diskutiert.

Methodisches Vorgehen zur Datenerhebung

9

Im Folgenden sollen nun die untersuchte Stichprobe, die eingesetzten Messinstrumente und das Untersuchungsdesign inklusive Ablauf und Durchführung der Datenerhebung vorgestellt werden, hingeordnet auf die Beantwortung der Forschungsfragen 1 bis 3 aus 8.1. Ziele dieser Beschreibung sind die Transparenz des methodischen Vorgehens und die Nachvollziehbarkeit von Entscheidungen zum Forschungszugang und zum Erhebungskontext.

9.1 Stichprobe

Die Stichprobe für Studie 1 bestand aus 192 Schülerinnen und Schülern (43.8 % weiblich, 54.7 % männlich, 1.6 % divers) zwischen 14 und 19 Jahren ($M = 15.97$, $SD = 1.01$). Die Teilnehmenden besuchten verschiedene Schulen in Nordrhein-Westfalen (47.4 % Gymnasium, 52.6 % Sekundarschule) und entstammten den Jahrgangsstufen 10 an der Sekundarschule (52.6 %) sowie den Qualifikationsphasen I (37.5 %) und II (9.9 %) für das Gymnasium. Über einen Fragebogen (siehe Anhang C im elektronischen Zusatzmaterial) wurden die Note im Fach Mathematik ($M = 2.14$, $SD = 0.85$) und im Fach Deutsch ($M = 2.39$, $SD = 0.87$) des vergangenen Schul(halb-)jahres abgefragt. Außerdem wurden die Teilnehmenden gebeten, Angaben zur Art und Weise zu machen, wie sie die deutsche

Ergänzende Information Die elektronische Version dieses Kapitels enthält Zusatzmaterial, auf das über folgenden Link zugegriffen werden kann https://doi.org/10.1007/978-3-658-43675-9_9.

V. Böswald, *Die Rolle der Position der Fragestellung beim Textverstehen von mathematischen Modellierungsaufgaben*, Studien zur theoretischen und empirischen Forschung in der Mathematikdidaktik,
https://doi.org/10.1007/978-3-658-43675-9_9

Sprache gelernt haben. Möglichkeiten waren „Deutsch ist meine Muttersprache" (88.0 %), „Ich habe eine andere Muttersprache, aber bin auch mit der deutschen Sprache aufgewachsen" (11.0 %) und „Deutsch ist für mich eine Fremdsprache" (1.0 %). Den Abschluss des Fragebogens bildete eine Abfrage der Selbsteinschätzung der Fähigkeit zum Verstehen deutschsprachiger Texte mit einer fünfstufigen Likert-Skala (1 = „sehr gut" bis 5 = „sehr schlecht"; $M = 2.15$, $SD = 0.73$). Zudem wurde in Anlehnung an die PISA-Studien (OECD, 2019b) abgefragt, wie sehr sich die Teilnehmenden bei der Untersuchung auf einer Skala von 1 bis 10 angestrengt haben (Testmotivation; $M = 6.40$, $SD = 2.09$; siehe Anhang D im elektronischen Zusatzmaterial).

Alle Versuchspersonen und ihre Sorgeberechtigten wurden im Vorfeld der Untersuchung über die Ziele der Untersuchung und ihren Ablauf informiert, ohne die konkreten Forschungsfragen vorwegzunehmen (siehe 11.2).

9.2 Untersuchungsdesign

Bei dieser Studie handelt es sich um ein experimentelles between-subject-Design, d. h. zur Prüfung einer Kausalhypothese werden die Versuchspersonen randomisiert mindestens zwei Gruppen zugeteilt (Döring & Bortz, 2016). In der vorliegenden Studie wurden die Versuchspersonen randomisiert entweder der Experimentalgruppe (Fragestellung vor dem Aufgabentext) oder der Kontrollgruppe (Fragestellung nach dem Aufgabentext) zugewiesen. Die Randomisierung erfolgte auf Ebene der jeweiligen Kurse, in denen die Erhebungen stattfand. Dementsprechend wurden innerhalb eines Kurses sowohl Daten für die Experimental- als auch für die Kontrollgruppe erhoben. Beide Gruppen werden durch die Variation einer unabhängigen Variable als systematisch unterschiedlich betrachtet. Die variierte unabhängige Variable ist hier die Position der Fragestellung (vor bzw. nach dem Aufgabentext). Der Vergleich der Experimental- und Kontrollgruppe hinsichtlich personenbezogener Variablen mithilfe von t-Tests mit unabhängigen Stichproben für die metrisch skalierten Variablen (Alter, Mathematiknote, Deutschnote, Selbsteinschätzung zum Textverstehen, Testmotivation) bzw. Chi-Quadrat-Tests für die kategorial skalierten Variablen (Geschlecht, Schulform, Jahrgangsstufe, Sprachkenntnisse) kann als Indikator für das Erreichen einer zufälligen Verteilung angesehen werden (siehe Tabelle 9.1 und Tabelle 9.2).

In einer experimentellen Studie werden schließlich die Effekte der unabhängigen Variable auf die abhängigen Variablen gemessen (Döring & Bortz, 2016). Die Untersuchung enthält mit Forschungsfrage F2a jedoch auch ein exploratives Element. Die Untersuchung ist als Gruppenexperiment im Klassen-

bzw. Kursverband angelegt. Das between-subject-Design wurde in dieser Studie einem within-subject-Design vorgezogen. Bei diesem würden dem am Beispiel der vorliegenden experimentellen Manipulation allen Versuchspersonen sowohl Aufgabentexte mit vorangestellter als auch Aufgabentexte mit nachgestellter Fragestellung präsentiert. Das gewählte between-subject-Design hat hier den entscheidenden Vorteil, dass die Versuchspersonen die unabhängige Variable (also die Position der Fragestellung) nicht inferieren können und ihr Verhalten somit gezielt an diese Manipulation anpassen können (sogenannte Lerneffekte; Döring & Bortz, 2016).

Da interindividuelle Unterschiede das Textverstehen determinieren, beispielsweise in der basalen Lesekompetenz oder in der Lesegeschwindigkeit (Artelt et al., 2007) und das mathematische Modellieren nicht nur vom Textverstehen, sondern auch vom mathematischen Vorwissen abhängt (Leiss et al., 2010), wurden diese Variablen als Kontrollvariablen aufgenommen.

Die Forschungsfragen, das eingesetzte Untersuchungsdesign sowie die verwendeten Messinstrumente und Auswertungsmethoden wurden auf nationalen und internationalen Konferenzen vorgestellt und diskutiert (z. B. Böswald & Schukajlow, 2020, 2022, 2023b). Zudem fanden neben arbeitsgruppeninternen Beratungen auch Beratungen mit Expertinnen und Experten auf dem Gebiet des Modellierens (Werner Blum, Universität Kassel) und der quantitativen Forschungsmethodik (Anna Shvarts, Utrecht University) statt.

Tabelle 9.1 Inferenzstatistische Überprüfung des Randomisierungserfolgs in Studie 1 (metrisch skalierte Variablen)

Variable	EG		KG			
	M	*SD*	*M*	*SD*	*t(191)*	*p*
Alter	15.94	1.063	16.02	0.955	−0.565	.573
Mathematiknote	2.17	0.833	2.11	0.866	−0.523	.601
Deutschnote	2.32	0.902	2.46	0.841	−1.104	.271
Selbsteinschätzung Textverstehen	2.10	0.721	2.20	0.745	−0.976	.330
Testmotivation	6.67	2.002	6.12	2.154	1.797	.074

zweiseitige t-Tests für unabhängige Stichproben

Tabelle 9.2 Inferenzstatistische Überprüfung des Randomisierungserfolgs in Studie 1 (kategorial skalierte Variablen)

Variable	Ausprägung	N_{EG}	N_{KG}	$\chi 2$	p
Geschlecht	männlich	50	35	5.389	.068
	weiblich	49	35		
	anderes	0	3		
Schulform	Realschule	2	1	.286	.867
	Sekundarschule	50	48		
	Gymnasium	47	44		
Jahrgangsstufe	10	52	49	.010	.995
	Q1	37	35		
	Q2	10	9		
Sprachkenntnisse Deutsch	Muttersprache	91	78	4.007	.135
	damit aufgewachsen	8	13		
	Fremdsprache	0	2		

9.3 Messinstrumente

In Studie 1 wurden zwei Messinstrumente eingesetzt. Mit dem LGVT 5–12 + wurden Facetten der Lesekompetenz erfasst und mit einem eigens für die Studien 1 und 2 entwickelten Testverfahren das Textverstehen und das Mathematisieren bei Modellierungsaufgaben. Für zweiteres Verfahren soll in dieser Arbeit auch die Entwicklung und Erprobung nachgezeichnet werden. An dieser Stelle sollen die beiden Instrumente konzeptionell vorgestellt werden. Inwiefern die Instrumente den Gütekriterien psychologischer Tests genügen, wird in Abschnitt 11.1 dezidiert berichtet.

9.3.1 LGVT 5–12 +

Der Lesegeschwindigkeits- und -verständnistest für die Klassen 5–12 (LGVT 5–12 + ; Wolfgang Schneider et al., 2017a) ist ein normiertes und gut evaluiertes Paper-Pencil-Instrument zur Erfassung von Lesegeschwindigkeit und -genauigkeit. Der LGVT 5–12 + ist für den Einsatz bei Lernenden vom 5. bis zum 13. Schuljahr geeignet, etwa zur Diagnose von Förderbedarfen im schulischen Kontext (Wolfgang Schneider et al., 2017a). Das Instrument findet zudem in der Forschung Anwendung, auch in der Mathematikdidaktik (z. B. Krawitz, 2020; Leiss et al., 2010).

Der Test kann in drei parallelen Versionen verwendet werden, je bestehend aus einem kontinuierlichen Text. Im Rahmen dieser Arbeit wurde der Text mit dem Titel „Brot und Rosenkohl" eingesetzt. Über die gesamte Textlänge von 1989 Wörtern finden sich in regelmäßigen Abständen insgesamt 47 kritische Stellen, an denen je drei Wörter in eckige Klammern gesetzt wurden. Aufgabe der Versuchspersonen ist es, aus diesen drei Wörtern dasjenige Wort auszuwählen und zu unterstreichen, das dem Satz und darüber hinaus dem Text die richtige Bedeutung gibt. Auf Basis des zum bislang Gelesenen und bzw. oder über Inferenzen ist es den Versuchspersonen möglich, diese Wahl korrekt zu treffen – insofern ein adäquates Situationsmodell gebildet wurde. Die 47 Items sind bewusst von geringer Schwierigkeit (Schwierigkeitsindex $P = .823$), damit der natürliche Lesefluss aufgrund von erhöhter Bedenkzeit oder ähnlichem durch die Beantwortung der Items nicht übermäßig gestört wird. Ferner soll der Einfluss der allgemeinen intellektuellen Fähigkeiten möglichst gering gehalten werden (Wolfgang Schneider et al., 2017a). Durch die festgesetzte Bearbeitungsdauer von sechs Minuten enthält der Test ferner eine Speed-Komponente. Der Test ermöglicht die Erfassung von drei Variablen: Leseverstehen, Lesegeschwindigkeit und Lesegenauigkeit. Aufgrund der hohen Korrelation der Konstrukte Leseverstehen und Lesegeschwindigkeit in diesem Test (Wolfgang Schneider et al., 2017a), werden für die vorliegenden Studien nur die Lesegeschwindigkeit und -genauigkeit herangezogen.

9.3.2 Hauptmessinstrument „Textverstehen bei Modellierungsaufgaben" (TVM)

Eigens für die hier vorgestellten Studien wurde das Instrument „Textverstehen bei Modellierungsaufgaben" (TVM) in Anlehnung an das Instrument von Stephany (2018) entwickelt. Dieses computerbasierte und in der Online-Umgebung „Unipark" (Tivian XI GmbH, 1999-2021b) realisierte Messinstrument besteht insgesamt aus vier Texten, die sich als mathematische Modellierungsaufgaben klassifizieren lassen. Zu jedem dieser Texte werden zwei Skalen („Textverstehen bei Modellierungsaufgaben" und „Mathematisieren") bearbeitet. Gleichzeitig wird von der Online-Umgebung die Lese- und die Bearbeitungsdauer gemessen. Zu Beginn der Testbearbeitung wird der Ablauf anhand eines Beispieltextes verdeutlich, bevor die vier o. g. Texte eingesetzt werden. Die digitale Umsetzung des Tests ermöglicht die genaue Erfassung von Lese- und Bearbeitungsdauern,

z. B. der Zeit, die auf den Seiten verbracht wurde, auf denen die Aufgabentexte präsentiert wurden oder die Zeit, die zur Bearbeitung der Skalen benötigt wurde. Der Test enthält keine Speed-Komponente, es sollten rund 45 Minuten inklusive Instruktionszeit für die Durchführung eingeplant werden. Ein Abdruck des Testverfahrens ist in Anhang K im elektronischen Zusatzmaterial zu finden.

9.3.2.1 Konzeption der Untersuchungsaufgaben im TVM

Die in dieser Untersuchung verwendeten Modellierungsaufgaben „Buddenturm", „Die goldene Kuppel des Felsendoms"[1], „Messboje auf dem Ammersee"[2] und „Der schiefe Turm von Suurhusen"[3] wurden eigens für diesen Zweck konzipiert. Grund dafür war vor allem die Anforderung der Ähnlichkeit in Bezug auf bestimmte Aspekte. So sollte beispielsweise die Oberflächenstruktur aller Aufgaben ähnlich sein, was sich in einem starken Realitätsbezug äußerte sowie in zusätzlichen Informationen, die nicht zur Beantwortung der Fragestellung beitragen. In der Aufgabe „Buddenturm" (Abbildung 4.2) sind – wie oben schon erwähnt – die Jahreszahlen, die Länge der Stadtmauer und die ehemalige Höhe des Turms Beispiele für solche zusätzlichen Informationen. Ferner ähneln sich die Aufgaben darin, dass durch den reichhaltigen Informationsgehalt nicht nur eine einzige plausible mathematische Fragestellung gestellt werden könnte. Für die Aufgabe „Buddenturm" könnten beispielsweise die folgenden Fragestellungen „Wie viel höher als heute war der Buddenturm bis 1945?" oder „Wie viel Mauerwerk musste bei der Reduzierung der Turmhöhe nach 1945 abgetragen werden?" formuliert werden. Da verschiedene Fragestellungen zum Aufgabentext möglich sind, ist es den Aufgabenlösenden nicht zweifelsfrei möglich, die tatsächliche Fragestellung zu inferieren. Dies stellt eine weitere theoretische Anforderung an die Aufgabentexte dar (vgl. 7.5).

In Bezug auf den mathematischen Inhalt wurden an die verwendeten Modellierungsaufgaben jedoch auch die Anforderung gestellt, dass der Inhaltsbereich, der durch die tatsächlichen Fragestellungen angesprochen wird, nicht bei jeder Aufgabe gleich sein kann. Deshalb geht es in den Modellierungsaufgaben „Messboje" und „Kirchturm" mathematisch um die Berechnung von Längen, während die Modellierungsaufgaben „Buddenturm" und „Felsendom" auf die Berechnung von Oberflächeninhalten abzielen. Ferner wird auch innerhalb der Inhaltsbereiche im Hinblick auf die mathematisch bedeutsame Lücke variiert. In der Aufgabe

---

[1] Folgend: „Felsendom"

[2] Folgend: „Messboje"

[3] Folgend: „Kirchturm"

„Messboje“ wird zur Beantwortung der Fragestellung die Länge der Hypotenuse eines rechtwinkligen Dreiecks benötigt, in der Aufgabe „Kirchturm“ eine Kathetenlänge, in der Aufgabe „Buddenturm“ vor allem die Mantelfläche eines Zylinders und von Quadern und schließlich in der Aufgabe „Felsendom“ der Oberflächeninhalt einer Halbkugel abzüglich der Grundfläche. Diese Variationen wurden vorgenommen, um die Versuchspersonen nicht auf einen Inhaltsbereich oder sogar ein bestimmtes mathematisches Verfahren zu primen, d. h. nach jeder bearbeiteten Aufgabe wird intuitiv angenommen, dass die nächste Aufgabe mit demselben Verfahren zu lösen ist wie die vorhergehende. Sonst könnte es zu Konsistenzeffekten kommen (Jonkisz et al., 2012), indem die Versuchspersonen ihr Leseziel auf die Beantwortung einer Fragestellung zum betreffenden Inhaltsbereich bzw. mit einem bestimmten mathematischen Verfahren anpassen.

Die Schwierigkeit der Texte wurde mit dem Lesbarkeitsindex LIX (Björnsson, 1968, 1983) unter Verwendung des LIX-Rechners von Lenhard und Lenhard (2014–2022) überprüft. Mit dem LIX lässt sich die Komplexität eines Textes auf Basis von Oberflächenmerkmalen wie Satz- und Wortlänge bestimmen. Die daraus resultierenden Eigenschaften der Texte sind in Tabelle 9.3 abgebildet und sind als vergleichbar einzustufen.

Tabelle 9.3 Eigenschaften der im TVM verwendeten Texte auf Basis des LIX

Text	Anzahl Wörter	Anzahl Sätze	Anteil lange Wörter (in %)	LIX	Komplexität
Buddenturm	109	8	31.2	44.82	niedrig
Felsendom	105	8	29.5	42.65	niedrig
Kirchturm	133	9	25.6	40.34	niedrig
Messboje	126	8	27.8	43.53	niedrig

Anmerkung: Wörter gelten dem LIX nach als lang, wenn sie aus mehr als sechs Buchstaben bestehen.

Zu klären bleibt, dass die als Modellierungsaufgaben deklarierten Texte tatsächlich auch als solche bezeichnet werden dürfen. Dazu wird das in 4.1 vorgestellte Schema von Maaß (2010) eingesetzt:

Die Fragestellungen sind in allen vier Aufgaben holistischer Natur. Sie erfordern einen ganzheitlichen Modellierungsprozess, beginnend beim Verstehen der Realsituation. Die Aufgaben sind unterbestimmt, d. h. es müssen Annahmen zu relevanten Informationen getroffen werden, gleichzeitig sind aber auch überflüssige Informationen enthalten. Insofern ist also auch das Kriterium der Offenheit erfüllt. Der Realitätsbezug ist gegeben und die Aufgabenstellung mindestens nah an der tatsächlichen Realität: Alle Kontexte und die zugehörigen Handlungen, wie etwa die Sanierung des Buddenturms, haben eine reale Entsprechung. Außerdem fordern die Aufgaben Konstruktion deskriptiver Modelle, da sie auf die Abbildung bzw. Nachahmung eines Ausschnitts aus der Realität hingeordnet sind.

9.3.2.2 Skala „Textverstehen bei Modellierungsaufgaben" im TVM

Den Versuchspersonen werden nach dem Lesen des Aufgabentexts und der Fragestellung vier Aussagen in randomisierter Reihenfolge präsentiert, die auf Gültigkeit überprüft werden sollen. Dazu steht den Versuchspersonen eine dichotomes Antwortformat („trifft zu" vs. „trifft nicht zu") zur Verfügung. Die jeweils vier präsentierten Aussagen fokussieren jeweils entweder auf lokale Zusammenhänge im Aufgabentext, also beispielsweise die Selektion von Informationen, oder auf globale Zusammenhänge. So gibt es zu jedem Aufgabentext ein Item, das mit „In der Aufgabe geht es um …" beginnt und die korrekte Beantwortung somit die Bildung globaler Kohärenz erfordert. Ein erneutes Lesen des Aufgabentextes ist während der Bearbeitung nicht möglich, da sonst möglicherweise eher die Fähigkeit zur Selektion von Informationen im Text benötigt würde als die Bildung eines angemessenen Situationsmodells.

Im Anschluss an diese Aussagenverifikation geht es um die Überprüfung der Kompatibilität von verschiedenen grafisch dargestellten Situationsmodellen zum initial (d. h. zum Aufgabentext) konstruierten Situationsmodell. Die Einschätzung der Kompatibilität erfolgt mit einem dichotomen Antwortformat, wobei die gegebene Antwort zusätzlich jeweils kurz mit offenem Antwortformat begründet werden muss. Ein Beispielitem ist in Abbildung 9.1 zu sehen. Grundlegend für die Messung des Textverstehens auf diese Art ist die Überprüfung von Informationen aus externen Quellen auf Passung mit dem konstruierten Situationsmodell. Werden auf Basis von Situationsmodellen Entscheidungen über Gedächtnisinhalte getroffen, so können (In-)Konsistenzen zu der zuvor im Text beschriebenen Situation aufgedeckt werden (Radvansky & Copeland, 2004) – unter der Voraussetzung, dass das Situationsmodell von hoher Qualität ist. Da im Situationsmodell der reine Textinhalt durch Vor- und Weltwissen angereichert wird, können außerdem die gelesenen Inhalte auf Gültigkeit überprüft werden (vgl. 5).

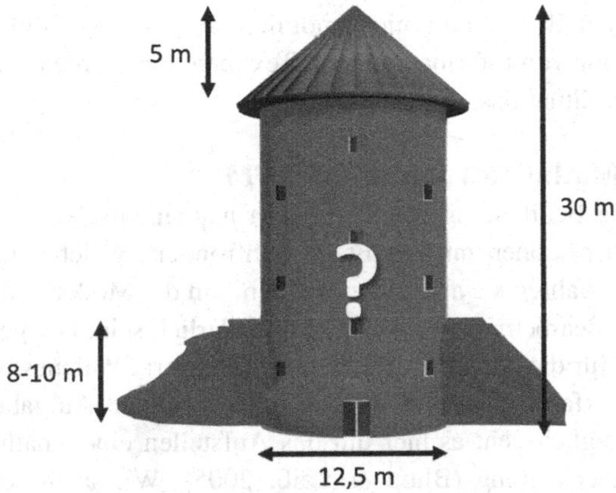

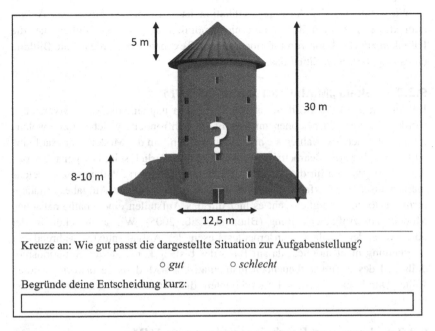

Kreuze an: Wie gut passt die dargestellte Situation zur Aufgabenstellung?

○ *gut* ○ *schlecht*

Begründe deine Entscheidung kurz:

Abbildung 9.1 Beispielitem zur Kompatibilitätsüberprüfung bei der Aufgabe „Buddenturm“

Insgesamt werden acht verschiedene Darstellungen in randomisierter Reihenfolge präsentiert. Die acht Darstellungen lassen sich in kompatible (*Ori*) und inkompatible (*D1–3*) Darstellungen kategorisieren. Bei den inkompatiblen Darstellungen lässt sich eine weitere Differenzierung in Darstellungen vornehmen, in denen ein falsches Verhältnis (*D1*), eine falsche gesuchte Angabe (*D2*) oder eine sachlich falsche Situation (*D3*) präsentiert wird. Daraus resultiert die feinste Differenzierung aller acht Darstellungen in die vier Kategorien *Ori*, *D1*, *D2* und *D3*. Jede dieser Kategorien beinhaltet folglich zwei Darstellungen. Auf diesen zwei Darstellungen ist immer dieselbe Situation abgebildet, lediglich die Perspektive, aus der die Situation dargestellt ist, ist eine andere.

Die Darstellungen sind dreidimensional und die zur Lösung der Aufgabe relevanten Objekte und Relationen sind repräsentiert. In den Darstellungen wurde bewusst auf die Verwendung von seductive details, die im textbasierten Situationsmodell enthalten sein können, verzichtet, um die Arbeitsgedächtnisbelastung möglichst gering zu halten.

Wie schon bei der Aussagenverifikation ist ein erneutes Lesen des Aufgabentextes während der Bearbeitung nicht möglich, da sonst womöglich eher die Fähigkeit zur Selektion von Informationen im Text benötigt würde als die Bildung eines angemessenen Situationsmodells.

9.3.2.3 Skala „Mathematisieren" im TVM

Im Anschluss an die Bearbeitung der Skala zum mathematischen Textverstehen werden die Versuchspersonen mit der Frage konfrontiert, welches bzw. welche mathematische(n) Verfahren sie anwenden würden, um die Modellierungsaufgabe zu lösen, sollte eine Bearbeitung der Aufgabe erforderlich sein. Der genaue Wortlaut – exemplarisch für die Aufgabe „Buddenturm" – war: „Welches bzw. welche mathematische(n) Verfahren würdest du anwenden, um die Aufgabe ‚Buddenturm' zu lösen?" Folglich geht es hier um das Aufstellen eines mathematischen Modells zur Aufgabenstellung (Blum & Leiß, 2005). Wie auch schon in der vorhergehenden Skala ist ein erneutes Lesen des Aufgabentextes während der Bearbeitung nicht möglich, da auf Basis des bislang konstruierten Situationsmodells und des darauf aufbauenden mathematischen Modells geantwortet werden sollte. Durch ein erneutes Lesen könnten diese mentalen Modelle angepasst werden.

9.3.2.4 Lese- und Bearbeitungsdauer im TVM

Die Erfassung der Bearbeitungsdauer erfolgte in der digitalen Testumgebung zunächst mithilfe von relativen Zeitstempeln, d. h. es wurde von der Initialisierung des Tests an ab Null gezählt, wie viel Zeit die Versuchspersonen in der Testumgebung verbrachten (Tivian XI GmbH, 1999-2021a). Somit wurde für jede aufgerufene Seite ein Zeitstempel (in Sekunden) erstellt, der widerspiegelt, wie viel Zeit die Versuchsperson seit Testbeginn benötigt hat, um auf dieser Seite auf „Weiter" zu klicken und diese Seite damit abzuschicken. Über diese Zeitstempel können dann die Bearbeitungsdauer der Skala zum Textverstehen bei Modellierungsaufgaben sowie die Lesedauer berechnet werden (siehe 10.1.2.3).

9.3.2.5 Vorerprobung des Instruments TVM

In drei Voruntersuchungen wurde das Hauptmessinstrument TVM erprobt und hinsichtlich verschiedener Aspekte analysiert. Alle Voruntersuchungen stellten das Thema einer Masterarbeit dar. Die Erprobung des Messinstruments, insbesondere hinsichtlich der Instruktionen, erfolgte qualitativ mit $N = 6$ Schülerinnen und Schülern (50 % weiblich) zwischen 16 und 17 Jahren der Einführungsphase an einem Berufskollegs (Kammering, 2021). Unvorhergesehene Schwierigkeiten bei den Instruktionen und der Testbearbeitung konnten aufgedeckt werden und für die Erstellung der finalen Instruktionsmanuale zur Untersuchungsdurchführung (Anhänge A und I im elektronischen Zusatzmaterial) genutzt werden.

In einer weiteren Untersuchung mit $N = 143$ Schülerinnen und Schülern (58.1 % weiblich) zwischen 14 und 19 Jahren ($M = 16.76$, $SD = 0.639$) der Einführungsphase von zwei Gymnasien wurde eine deskriptivstatistische Itemanalyse und anschließende -selektion (Kelava & Moosbrugger, 2012) durchgeführt (Gniesmer, 2021). Die Versuchspersonen wiesen ein breites Spektrum an Noten im Fach Mathematik ($M = 2.56$, $SD = 1.14$) und im Fach Deutsch ($M = 2.60$, $SD = 0.567$) auf dem letzten Schul(halb-)jahreszeugnis auf. Zudem sind sie überwiegend mit Deutsch als Muttersprache oder anderweitig mit der deutschen Sprache aufgewachsen (94.10 %). Ziel dieser Pilotierungsstudie war einerseits die Reduzierung der Anzahl der eingesetzten Texte von acht auf vier und andererseits die Identifizierung von Items bei den verbleibenden Texten, die für die beiden Hauptstudien angepasst werden müssen, beispielsweise aufgrund von Boden- oder Deckeneffekten. Zudem wurde das Kodiermanual für die offenen Items (siehe 9.3.2.2 und 9.3.2.3) erprobt und beispielsweise um Ankerbeispiele für die Kodierung der Antworten in den Hauptstudien weiterentwickelt. Durch diese Analyse konnten die Texte „Seilbahn auf die Zugspitze", „Außendesign des ICE", „Glaspyramide am Louvre" und „Drehleiterfahrzeuge der Feuerwehr Münster" aufgrund der deskriptivstatistischen Kennwerte Itemschwierigkeit (P), -varianz und -trennschärfe (r_{it}) bei den zugehörigen Items sowie durch inhaltliche Überlegungen ausgeschlossen werden. Ferner wurden bei den verbleibenden Texten „Buddenturm", „Felsendom", „Messboje" und „Kirchturm" Items identifiziert, deren Parameter nicht zufriedenstellend waren und infolgedessen überarbeitet wurden. So wurde beispielsweise für den Text „Kirchturm" die Aussage „Die ursprüngliche Höhe des Turms betrug 27,51 m" aufgrund des Schwierigkeitsindexes ($P = .80$), der auf eine geringe Itemschwierigkeit auf der Schwelle zu Deckeneffekten hindeutet, zu „Zur Zeit der Erbauung betrug die Höhe des Turms 27,51 m" umformuliert. Auch in der Subskala zur Überprüfung der Kompatibilität des Situationsmodells (siehe 9.3.2.2) wurden auf Basis der Pilotierungsstudie Änderungen vorgenommen. Die als sachlich falsch konstruierten Distraktoren $D_{3,1}$ ($P = .28$) und $D_{3,2}$ ($P = .23$) zum Text „Messboje" wurden beispielsweise umgestaltet (für einen Vergleich siehe Abbildung 9.2).

In einer weiteren Untersuchung wurde die Validität des TVM in den Blick genommen. Die Ergebnisse werden in 11.1.3.1 berichtet.

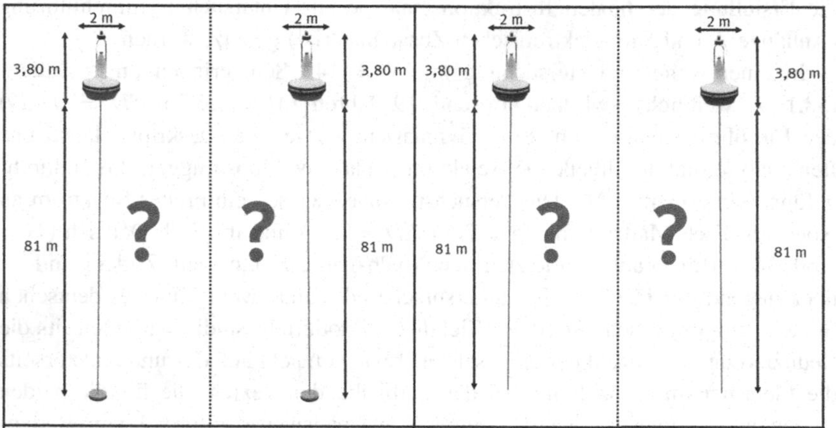

Abbildung 9.2 Überarbeitung der Distraktoren $D_{3,1}$ und $D_{3,2}$ zum Text „Messboje“ als Konsequenz aus der deskriptivstatistischen Itemanalyse

9.4 Ablauf und Durchführung der Untersuchung

Die Datenerhebung wurde im Rahmen von zwei Masterarbeiten im Winter 2021/2022 an zwei Schulen (ein Gymnasium, eine Sekundarschule) in Nordrhein-Westfalen durchgeführt (Annas, 2022; Weitkamp, 2022). Dazu wurden in je einer Doppelstunde mit einer Dauer von 90 Minuten die oben aufgeführten Instrumente eingesetzt. Zur Gewährleistung der Durchführungsobjektivität waren die Instruktionen für die Versuchspersonen und die zwei Versuchsleiterinnen in einem Instruktionsmanual (Anhang A im elektronischen Zusatzmaterial) festgehalten. Im Vorfeld der Untersuchung hatten die Versuchspersonen und ihre Sorgeberechtigten schriftlich ihr Einverständnis zur Datenerhebung, -verarbeitung und -weiterverwendung im Rahmen von wissenschaftlichen Zwecken gegeben. Nach einer Begrüßung und kurzen Erklärung des Ablaufs wurden die Versuchspersonen aufgefordert, entsprechend der Anleitung in Anhang B im elektronischen Zusatzmaterial ein persönliches Codewort zu generieren, um die Daten der unterschiedlichen Messinstrumente in der Datenaufbereitung zusammenführen zu können, ohne die Anonymität der Versuchspersonen zu verletzen. Im Anschluss wurden die Versuchspersonen dazu aufgefordert, den TVM auf dem zur Verfügung stehenden digitalen Endgerät (Tablet oder Computer) per Link zu öffnen und nach einer Instruktion zur Bearbeitung des Tests mit diesem zu beginnen.

Dem eigentlichen Test vorgeschaltet war der Fragebogen zu den demographischen Daten, über den beispielsweise die Mathematiknote auf dem letzten Schul(halb-)jahreszeugnis erfasst wurde (vgl. 9.1 und Anhang C im elektronischen Zusatzmaterial). Fragen zum Test wurden von der Versuchsleitung nicht beantwortet. An diese Arbeitsphase schloss sich die Abfrage der aufgewendeten Anstrengung in diesem Test an (siehe Anhang D im elektronischen Zusatzmaterial), bevor eine kurze Pause eingelegt wurde. Abschließend erhielten die Versuchspersonen das Testheft zum LGVT 5–12 +, wurden diesbezüglich instruiert und bearbeiteten den Test. Erneut galt wieder, dass Fragen während der Testbearbeitung nicht zugelassen wurden. Nach Ablauf der vorgesehenen Testzeit von 6 Minuten wurden die Testhefte eingesammelt und den Versuchspersonen für ihre Teilnahme gedankt.

Auswertungsmethodik 10

Im Folgenden wird die Auswertung der eingesetzten Messinstrumente sowie die gewählte Auswertungsmethodik zur Beantwortung der Forschungsfragen erläutert.

10.1 Auswertung der Messinstrumente

In den nächsten Abschnitten werden die Messinstrumente und einzelnen Skalen vorgestellt. Zunächst wird der LGVT 5–12+ thematisiert, bevor auf den TVM und seine Skalen eingegangen wird.

10.1.1 Auswertungsplan „LGVT 5–12+"

Der Einsatz des LGVT 5–12+ ermöglich die Untersuchung a) der Lesegeschwindigkeit und b) der Lesegenauigkeit. Diese werden operationalisiert durch a) die Anzahl der gelesenen Wörter bis zum letzten Item zuzüglich der Anzahl der gelesenen Wörter nach der letzten Klammer und b) durch das auf Ganze gerundete, prozentuale Verhältnis der Anzahl der korrekt beantworteten Items und der Anzahl aller bearbeiteten Items. Dazu ein Beispiel: Eine Versuchsperson hat von

Ergänzende Information Die elektronische Version dieses Kapitels enthält Zusatzmaterial, auf das über folgenden Link zugegriffen werden kann https://doi.org/10.1007/978-3-658-43675-9_10.

V. Böswald, *Die Rolle der Position der Fragestellung beim Textverstehen von mathematischen Modellierungsaufgaben*, Studien zur theoretischen und empirischen Forschung in der Mathematikdidaktik,
https://doi.org/10.1007/978-3-658-43675-9_10

zwölf Klammern sieben korrekt bearbeitet und zusätzlich noch 23 weitere Wörter gelesen (gekennzeichnet durch Einkreisen des 23. Worts nach der zwölften Klammer). Für die Lesegeschwindigkeit ergibt sich für diese Versuchsperson ein Rohwert von 562. Dieser Wert setzt sich wie oben beschrieben aus der Summe der Wörter bis zur als letztes bearbeiteten Klammer (539 Wörter, dem Auswertungsbogen zu entnehmen) und der Anzahl der nach dieser Klammer gelesenen Wörter (23 Wörter) zusammen. Der Rohwert für die Lesegenauigkeit dieser fiktiven Versuchsperson wäre 58, da (auf das Ganze gerundet) 58 % der bearbeiteten Klammern korrekt bearbeitet wurden.

Aus den so errechneten Rohwerten kann schließlich für beide Variablen mithilfe der Normtabellen im Testmanual der Prozentrang der Versuchspersonen im Vergleich mit den Personen der gleichen Jahrgangsstufe aus der Eichstichprobe ermittelt werden. Da jedoch in der vorliegenden Untersuchung Versuchspersonen aus mehreren Jahrgangsstufen teilnehmen, werden statt der Prozentränge die erreichten Rohwerte für die Analysen verwendet. Das Testverfahren bietet auch noch die Untersuchung des Konstrukts „Leseverstehen" an, dieses ist jedoch aufgrund seiner Operationalisierung stark mit dem Konstrukt „Lesegeschwindigkeit" korreliert (Wolfgang Schneider et al., 2017a). Wegen des Verdachts auf Multikollinearität (siehe 10.2) wird dieses Konstrukt deshalb in der vorliegenden Untersuchung nicht eingesetzt.

10.1.2 Auswertungsplan „TVM"

In diesem Abschnitt wird vorgestellt, wie die beiden Subskalen zum mathematischen Textverstehen und dem Mathematisieren sowie die Bearbeitungsdauer im TVM ausgewertet werden.

10.1.2.1 Auswertungsplan der Skala „Textverstehen bei Modellierungsaufgaben" im TVM

Die Auswertung der Skala „Textverstehen bei Modellierungsaufgaben" im TVM erfolgt in Anlehnung an Stephany (2018), da das dort vorgestellte Messinstrument zur Erfassung des Textverstehens bei realitätsbezogenen mathematischen Aufgaben die Grundlage für die hier besprochene Skala darstellt (vgl. 9.3.2). Bevor jedoch auf die Ermittlung eines Testwerts für diese Skala für jede Versuchsperson eingegangen werden kann, soll zunächst die Kodierung der offenen Antworten zu den jeweiligen Items näher beleuchtet werden.

Für jede richtig beantwortete Aussage erhalten die Versuchspersonen einen Punkt. Dies gilt auch für die Bewertung der schematischen Darstellungen. Bevor die Scores jedoch gebildet werden können, erfolgt eine Kodierung der offenen Antworten entsprechend dem Kodiermanual unter Berücksichtigung der gegebenen Antworten auf der dichotomen Skala. Bei der Kodierung handelt sich um eine Full-Credit-Kodierung, d. h. eine gegebene Antwort wird entweder als passend (Code 1) oder unpassend (0) kodiert. Fehlende Antworten werden ebenfalls kodiert (Code −99). Das vollständige Kodiermanual findet sich in Anhang F im elektronischen Zusatzmaterial.

Mit der Software Mplus (Muthén & Muthén, 1998–2017) wurde anschließend mithilfe einer konfirmatorischen Faktorenanalyse (CFA) unter Verwendung eines WLSMV-Schätzers das Konstrukt „Textverstehen bei Modellierungsaufgaben" als latente Variable für jeden Aufgabentext modelliert. Daraus resultieren folglich für jede Versuchsperson vier Variablen (eine pro Aufgabentext), die das Textverstehen bei ebenjenem Aufgabentext modellieren. Der WLSMV-Schätzer wurde aufgrund des dichotomen Antwortformats auf Itemebene und der daraus resultierenden kategorialen Skalierung der zugehörigen Variablen eingesetzt und dem WLSM-Schätzer aufgrund der Robustheit vorgezogen (Muthén & Muthén, 1998–2017). Die CFA ist ein Spezialfall von Strukturgleichungsmodellen, da sie lediglich aus einem Messmodell ohne ein zugehöriges Strukturmodell bestehen (Reinecke, 2014). Zur Evaluation des Modellfits werden die von Jackson et al. (2009) vorgeschlagenen Parameter verwendet, also der Chi-Quadrat-Wert, die zugehörigen Freiheitsgrade und der entsprechende Wahrscheinlichkeitswert p, zudem der Comparative-Fit-Index (CFI) und der Tucker-Lewis-Index (TLI) als Maße für den inkrementellen Modellfit sowie der RMSEA als Residuen-basiertes Maß. Typische Cutoff-Werte für die Indizes sind CFI = 0.90, TLI = 0.90 und RMSEA = 0.08 (Bentler & Bonett, 1980; Browne & Cudeck, 1992). Ziel der CFA war die Ermittlung eines Faktorwerts pro Aufgabentext wie bei Stephany (2018). Auf Faktorwerte wird unten näher eingegangen.

Die aus der CFA zum Konstrukt „Textverstehen bei Modellierungsaufgaben" resultierenden Faktorladungen sind in Tabelle 10.1 dargestellt. Der Modellfit ist bezüglich des CFI und des RMSEA gut ($\chi 2(1074) = 1501.03$, $p < .001$; CFI = 0.903; TLI = 0.898; RMSEA = 0.046). Es muss jedoch angemerkt werden, dass für den Chi-Quadrat-Wert und die zugehörigen Parameter sowie für den TLI die Schwellenwerte nicht erreicht werden. Dies muss bei der Interpretation der Ergebnisse berücksichtigt werden.

Schließlich wurden Faktorwerte für diese vier latenten Variablen mit der von Mplus verwendeten Regressionsmethode (Muthén & Muthén, 1998–2017) exportiert. Faktorwerte sind ein standardisiertes geschätztes Maß für die Ausprägung von Personenparametern auf latenten Variablen (Nunnally & Bernstein, 1994).

Sie haben den Vorteil, dass die Items entsprechend der Faktorladung gewichtet werden und somit Items mit hohen Faktorladungen stärker berücksichtigt werden als Items mit schwachen Faktorladungen. Damit wird auch den unterschiedlichen Trennschärfen der Items (siehe Tabelle 11.4) Rechnung getragen. Die Interpretation von Faktorwerten erfolgt ähnlich wie bei anderen standardisierten Werten: Faktorwerte streuen in der Theorie um den Mittelwert $M = 0.00$ ($SD = 1.00$)[1], eine positive Abweichung vom Mittelwert steht also – bei entsprechender Polung des dahinterliegenden Konstrukts – für eine hohe Ausprägung auf der latenten Variable, die als hohe Personenfähigkeit interpretiert wird. Analoges gilt für negative Abweichungen (Bühner, 2021), d. h. niedrige Personenfähigkeit. Üblicherweise reichen die Faktorwerte von -3 bis $+3$, theoretisch (und praktisch bei großen Standardabweichungen) sind aber auch größere Spannweiten möglich (Bühner, 2021). Für jede latente Variable wird entsprechend ein Faktorwert exportiert, der für das Textverstehen der jeweiligen Versuchsperson bei dem entsprechenden Aufgabentext steht. Da zwischen den einzelnen aufgabenspezifischen Faktorwerten hohe Korrelationen vorliegen (siehe Tabelle 10.2), werden die Faktorwerte abschließend auf Ebene der Versuchspersonen arithmetisch gemittelt.

10.1.2.2 Auswertungsplan der Skala „Mathematisieren" im TVM

Die Kodierung der Skala „Mathematisches Modell" erfolgt anhand eines Kodiermanuals (siehe Anhang G im elektronischen Zusatzmaterial). Auch hier handelt es sich wieder um eine Full-Credit-Kodierung, d. h. eine gegebene Antwort wird entweder als passend (Code 1) oder unpassend (0) kodiert. Fehlende Antworten werden ebenfalls kodiert (Code -99).

Im Anschluss an die Kodierung wurden wie in 10.1.2.1 über eine CFA zunächst das Konstrukt „Mathematisieren" als latente Variable modelliert und anschließend Faktorwerte exportiert. Da bei dieser Skala von den Versuchspersonen für jeden Aufgabentext jedoch nur ein einziges Item beantwortet werden musste, ist eine aufgabenspezifische latente Modellierung hier nicht möglich. Stattdessen wurden die insgesamt vier Items als Faktoren gewählt. Als Schätzmethode kam aufgrund der kategorialen Daten wie schon bei der Skala zum Textverstehen bei Modellierungsaufgaben der WLSMV-Schätzer zum Einsatz (Muthén & Muthén, 1998–2017).

[1] Bei der Berechnung in Mplus ist diese Eigenschaft jedoch nicht zwingend gegeben, typischerweise liegen die Mittelwerte jedoch nahe Null; Muthén und Muthén (1998–2017).

Tabelle 10.1 Faktorladungen der CFA zum Konstrukt „Textverstehen bei Modellierungsaufgaben" in Studie 1

Item / Text	Buddenturm λ *(SE)*	Felsendom λ *(SE)*	Kirchturm λ *(SE)*	Messboje λ *(SE)*
Aussage 1	.611 (.087)***	.482 (.085)***	.441 (.087)***	.493 (.087)***
Aussage 2	.091 (.109)	.284 (.095)**	.328 (.106)**	.186 (.099)
Aussage 3	.341 (.14)*	.126 (.102)	.399 (.096)***	.258 (.099)**
Aussage 4	.160 (.105)	.701 (.075)***	.437 (.088)***	.089 (.101)
Darstellung Ori_1	.292 (.096)**	.427 (.092)***	.631 (.068)***	.480 (.083)***
Darstellung Ori_2	.257 (.1)*	.666 (.071)***	.673 (.067)***	.496 (.084)***
Darstellung $D_{1,1}$	.754 (.065)***	.858 (.042)***	.722 (.061)***	.826 (.053)***
Darstellung $D_{1,2}$	.789 (.060)***	.843 (.044)***	.810 (.052)***	.811 (.055)***
Darstellung $D_{2,1}$	.889 (.042)***	.973 (.028)	.887 (.043)***	.939 (.037)***
Darstellung $D_{2,2}$	.946 (.037)***	.896 (.036)	.958 (.036)***	.913 (.038)***
Darstellung $D_{3,1}$	.389 (.093)***	.516 (.090)	.761 (.061)***	.479 (.079)***
Darstellung $D_{3,2}$	.467 (.094)***	.581 (.081)	.833 (.052)***	.497 (.078)***

*Standardisierte Faktorladungen; zweiseitige Signifikanztests; *p < .05; **p < .01; ***p < .001.*

Tabelle 10.2 Korrelationen zwischen den aufgabenspezifischen Faktorwerten der Skala „Textverstehen bei Modellierungsaufgaben" im TVM in Studie 1

	Buddenturm	Felsendom	Kirchturm	Messboje
Buddenturm	–			
Felsendom	.783***	–		
Kirchturm	.819***	.811***	–	
Messboje	.808***	.837***	.839***	–

*zweiseitige Signifikanztests; ***p < .001.*

Die aus der CFA zum Konstrukt „Mathematisieren" resultierenden Faktorladungen sind in Tabelle 10.3 dargestellt. Der Modellfit war gut ($\chi 2(2) = 3.700$, $p = .157$; CFI = 0.976; TLI = 0.929; RMSEA = 0.067).

Tabelle 10.3 Faktorladungen der CFA zum Konstrukt „Mathematisieren" in Studie 1

Aufgabe	λ *(SE)*
Buddenturm	.642 *(.119)****
Felsendom	.547 *(.112)****
Kirchturm	.821 *(.128)****
Messboje	.572 *(.115)****

*Standardisierte Faktorladungen; zweiseitige Signifikanztests; *p < .05; **p < .01; ***p < .001.*

10.1.2.3 Auswertungsplan Lese- und Bearbeitungsdauer im TVM

Bevor die Berechnung der Lese- und Bearbeitungsdauer erläutert werden kann, müssen diese Konstrukte zunächst klar ausdifferenziert werden. Die Lesedauer wird als die Länge der Zeitspanne operationalisiert, die die Versuchspersonen benötigen, um den Aufgabentext zu lesen. Die Bearbeitungsdauer hingegen beschreibt die Länge der Zeitspanne, die die Versuchspersonen benötigen, um die Skala zum Textverstehen bei Modellierungsaufgaben vollständig zu bearbeiten. Die Berechnung beider Dauern erfolgt pro Modellierungsaufgabe, sodass für jeden Aufgabentext die Lesezeit und für die zugehörigen Items zum Textverstehen die benötigte Zeit gemessen wird. Konkret bedeutet dies, dass die Bearbeitungsdauer nicht die Lesedauer beinhaltet. Die Bearbeitungsdauer ist außerdem bereinigt von der Zeit, die zur Beantwortung der Skala zum Mathematisieren benötigt wurde und der Zeit, die für aufgabenunspezifische Instruktionen wie „Nach einem Klick auf ‚Weiter' bekommst du eine neue Textaufgabe gezeigt" aufgewendet wurde. Analoges gilt für die Lesedauer.

Die Lesedauer pro Aufgabe wird berechnet durch die Differenz aus dem Zeitstempel auf der Seite in der Online-Testumgebung, bevor Überschrift und Fragestellung der Aufgabe (EG) bzw. Überschrift und Aufgabentext (KG) präsentiert werden und dem Zeitstempel der Seite mit dem vollständigen Aufgabentext. Die Bearbeitungsdauer pro Aufgabe wird berechnet durch die Differenz aus dem Zeitstempel auf der Seite, bevor die Items der Subskala zur Aussagenverifikation präsentiert werden und dem Zeitstempel der Seite mit dem letzten Item aus der Subskala zur Überprüfung der Kompatibilität der verschiedenen grafisch dargestellten Situationsmodellen zum initial konstruierten Situationsmodell. Da in einer Gruppenerhebung davon auszugehen ist, dass nicht alle Versuchspersonen das Messinstrument ordnungsgemäß bearbeiten, werden sowohl die Lese- als auch die Bearbeitungsdauer auf Ausreißer untersucht. Dazu wurden die Daten entsprechend dem von Han et al. (2023) vorgeschlagenen Verfahren zunächst z-standardisiert. Anschließend wurden diejenigen Daten, die einen betraglich größeren z-standardisierten Wert als 2.67 aufwiesen, als fehlende Werte klassifiziert.

Im Anschluss an die Berechnung der aufgabenspezifischen Lese- und Bearbeitungsdauern wurden diese auf Ebene der Versuchspersonen arithmetisch gemittelt.

10.2 Pfadanalysen

Das gewählte statistische Verfahren zur Auswertung der Daten sind Pfadanalysen. Pfadanalysen sind ein multivariates statistisches Verfahren zur Analyse von komplexen Zusammenhängen mithilfe von Regressionsanalysen und können „als Kombination mehrerer simultaner Regressionsanalysen" aufgefasst werden (Döring & Bortz, 2016, S. 952). Sie werden eingesetzt, um „theoretisch abgeleitete Hypothesen mit Hilfe von Zusammenhangsgrößen (Kovarianzen oder Korrelationen) empirisch zu überprüfen und eine Konsistenz zwischen Modell und Daten herzustellen." (Reinecke, 2014, S. 49). Es handelt sich bei Pfadanalysen also um ein hypothesentestendes und nicht -explorierendes Verfahren (Sedlmeier & Renkewitz, 2018).

Zudem können wie bei Regressionsanalysen Kontrollvariablen spezifiziert werden, deren Einfluss auf die interessierenden Variablen kontrolliert werden kann. Der Einfluss der Prädiktorvariable auf die Kriteriumsvariable wird um den Einfluss dieser Kontrollvariablen bereinigt (Sedlmeier & Renkewitz, 2018). Darunter ist zu verstehen, dass zusätzlich zur vorgenommen Randomisierung der Versuchspersonen auf die Experimental- und Kontrollgruppe sichergestellt wird, dass diese Gruppen tatsächlich vergleichbar sind und somit beobachtete Unterschiede in der Kriteriumsvariable tatsächlich auf die experimentelle Manipulation zurückzuführen sind. So argumentieren beispielsweise Kenny (1979, 2019) oder Shadish et al. (2002), dass die Kontrolle von Variablen auch bei randomisierten Gruppen sinnvoll ist. Insofern trägt die Kontrolle von Variablen zur Erhöhung der internen Validität von Studien bei.

Ein zentraler Vorteil von Pfadanalysen gegenüber klassischen Regressionsanalysen ist, dass neben direkten Effekten auf unabhängige Variablen auch Mediations- und Moderationseffekte[2] untersucht werden können (Döring &

[2] Auf Moderationseffekte wird im Rahmen dieser Arbeit nicht weiter eingegangen, da in den Hypothesen keine solchen Effekte erwartet werden.

Bortz, 2016) und auch ungerichtete Zusammenhänge (d. h. Korrelationen) zwischen Variablen im Modell spezifiziert werden können (Sedlmeier & Renkewitz, 2018). Eine weitere Eigenschaft von Pfadanalysen ist, dass neben direkt beobachtbaren (manifesten) Variablen auch die dahinterliegenden Konstrukte über sogenannte latente Variablen wie etwa Intelligenz oder Lesekompetenz Berücksichtigung finden können (Bortz & Schuster, 2010). Somit kann eine große Anzahl an möglichen Hypothesen getestet werden (Kline, 2016).

Unabhängig davon, ob Variablen in einem Pfadmodell als manifest oder latent aufgefasst werden, wird bei Pfadanalysen zwischen exogenen und endogenen Variablen unterschieden. Exogene Variablen sind solche, die in rein erklärender Funktion spezifiziert werden, endogene folglich solche, die durch exogene Variablen erklärt werden. Da nicht von einer vollständigen Erklärung der endogenen Variablen durch die zugehörigen Variablen ausgegangen werden kann, wird jeder endogenen Variablen ein Residuum zugeordnet, das die im Modell nicht berücksichtigten bzw. unbekannten Variablen repräsentiert, die dennoch Einfluss auf die endogenen Variablen haben (Bortz & Schuster, 2010; Döring & Bortz, 2016; Sedlmeier & Renkewitz, 2018). Kontrollvariablen sind somit exogene Variablen, die auf alle endogenen Variablen wirken.

Unter die endogenen Variablen fallen auch die Mediatorvariablen. Dies sind Variablen, die einerseits abhängige Variablen im Modell sind, andererseits aber auch eine erklärende Funktion im Sinne einer unabhängigen Variablen haben. Effekte zwischen zwei Variablen, die über eine Mediatorvariable vermittelt *(mediiert)* werden, heißen indirekte Effekte und werden als Produkt der direkten Effekte spezifiziert. Die Summe eines direkten und indirekten Effekts wird auch als totaler Effekt bezeichnet (Döring & Bortz, 2016). Liegt eine Mediation vor, ist noch abzugrenzen, ob der direkte Effekt vollständig durch die Mediatorvariable erklärt wird oder nicht. Im ersten Fall würde der direkte Effekt nach Aufnahme der Mediatorvariable in das Pfadmodell nicht mehr signifikant vorliegen. Im zweiten Fall, der sogenannten partiellen Mediation (MacKinnon, 2008), liegt somit zusätzlich zum indirekten Effekt über die Mediatorvariable auch noch ein signifikanter direkter Effekt vor. In der Möglichkeit, solche Effekte im Modell zu berücksichtigen und diese zu berechnen, liegt ein weiterer Vorteil von Pfadanalysen gegenüber klassischen Regressionsanalysen (Sedlmeier & Renkewitz, 2018).

Ein weiterer Effekt, der mit Pfadanalysen berücksichtigt werden kann, ist der sogenannte Suppressionseffekt (Bortz & Schuster, 2010; MacKinnon et al., 2000). Üblicherweise resultiert die Aufnahme einer zusätzlichen Kontroll- oder Mediatorvariable in einer Abschwächung der Pfadkoeffizienten, da die zusätzliche Variable einen Teil oder womöglich sogar die gesamte Beziehung zwischen den Variablen erklärt. Kommt es jedoch zu einer Verstärkung der Pfadkoeffizienten oder zu einem Vorzeichenwechsel, liegt voraussichtlich ein Suppressionseffekt vor. Nach Bortz und Schuster (2010) führt die Aufnahme einer Suppressorvariable zu einer Bereinigung von Fehlern und Störgrößen.

Da Pfadanalysen ein regressionsanalytisches Verfahren sind, gelten dieselben Voraussetzungen und Annahmen wie für Regressionen. Konkrete Voraussetzung für die Durchführung von Pfadanalysen ist die Normalverteilung der Residuen (Prüfung z. B. über den Shapiro-Wilk-Test; Razahli & Wah, 2011; Shapiro & Wilk, 1965) und Homoskedastizität (d. h. die konstante Streuung der Residuen; Prüfung z. B. grafisch anhand von Streudiagrammen) der Daten (Kline, 2016). Zudem darf keine Multikollinearität zwischen den unabhängigen Variablen vorliegen (als Kriterium gilt ein Varianz-Inflations-Faktor (VIF) < 10; Bortz & Schuster, 2010) und die Residuen dürfen untereinander nicht korrelieren (als Bedingung gilt eine Durbin-Watson-Statistik nahe bei 2; Verbeek, 2017).

Pfadanalysen sind – ähnlich wie die konfirmatorische Faktorenanalyse (siehe 9.3.2.2) – ein Spezialfall von Strukturgleichungsmodellen, da sie lediglich aus einem Strukturmodell ohne ein zugehöriges Messmodell bestehen (Reinecke, 2014). Auch sie erfordern ein mehrschrittiges Vorgehen. Zunächst müssen theoriebasiert Kausalhypothesen über den Zusammenhang der in Betracht kommenden Variablen und Konstrukte aufgestellt werden und somit ein sogenanntes Pfadmodell spezifiziert werden. Diese gerichteten Hypothesen über die Wirkung von Variablen aufeinander werden üblicherweise grafisch in einem sogenannten Pfaddiagramm veranschaulicht (vgl. Abbildung 10.1) oder in Form von linearen Gleichungen dargestellt. Insofern entspricht das Pfaddiagramm der grafischen Repräsentation von linearen Gleichungen (Bortz & Schuster, 2010). Nachdem das Pfadmodell spezifiziert wurde, gilt es, Pfadkoeffizienten zu schätzen und die Modellgüte zu überprüfen. Darunter ist die Passung des Modells zu empirischen Daten zu verstehen. Dies ermöglicht die Falsifikation von Modellen. Bei hinreichend guter Modellpassung (auch als Modellfit bezeichnet; für Kriterien vgl. z. B. Bentler & Bonett, 1980) gilt ein Modell – zumindest für die jeweils vorliegende Stichprobe – als gültig. Dies ist jedoch nicht mit einem Kausalitätsnachweis gleichzusetzen, da auch noch andere Modelle gültig sein können (Bortz & Schuster, 2010). Ein Modell, in dem die Anzahl der geschätzten Parameter der Anzahl der Datenpunkte entspricht (also Varianzen und Kovarianzen der beobachteten Variablen), heißt saturiertes Modell (Byrne, 2012). In saturierten Modellen gilt immer perfekte Modellpassung zu den Daten, d. h. alle Fit-Indizes würden optimale Werte aufweisen (z. B. CFI = 1.000). Ein solches Modell erklärt somit maximale Varianz (Reinecke, 2014; Reußner, 2019). Die Berechnung und somit das Berichten von Modell-Fit-Indizes sind für saturierte Modelle somit nicht zielführend, anders als für nicht-saturierte Modelle.

Die in einem Modell mit guter Passung geschätzten Pfadkoeffizienten ermöglichen die Interpretation der Effekte zwischen den Variablen. Die Interpretation der Pfadkoeffizienten entspricht der von Regressionskoeffizienten (Kline, 2016). Nicht-standardisierte Pfadkoeffizienten (b) schätzen die Größe der tatsächlichen Änderung in der abhängigen Variable unter Kontrolle der Einflüsse der Kontrollvariablen, wenn die Ausprägung der unabhängigen Variable um 1 erhöht wird. Ein Beispiel: Ändert sich die Position der Fragestellung von 0 (KG) zu 1 (EG), so ändert sich die Lesedauer um b Sekunden unter Kontrolle der Einflüsse der Kontrollvariablen. Die y-standardisierten Pfadkoeffizienten (b_y) sind nur in einer Variable standardisiert, d. h. teilstandardisiert. Bei y-standardisierten Pfadkoeffizienten wird die Größe der Änderung der abhängigen Variable als Anteil einer Standardabweichung und bereinigt von den Einflüssen der Kontrollvariablen geschätzt, wenn die Ausprägung der unabhängigen Variable um 1 erhöht wird. Auch hier ein Beispiel: Ändert sich die Position der Fragestellung von 0 (KG) zu 1 (EG), so ändert sich die Lesedauer um b_y Standardabweichungen unter Kontrolle der Einflüsse der Kontrollvariablen. Vollstandardisierte Pfadkoeffizienten β sind analog zu den y-standardisierten Pfadkoeffizienten zu interpretieren, allerdings wird die Größe der Änderung der abhängigen Variable als Anteil einer Standardabweichung und bereinigt von den Einflüssen der Kontrollvariablen geschätzt, wenn die Ausprägung der unabhängigen Variablen um eine Standardabweichung erhöht wird. Als konkretes Beispiel lässt sich hier eine Änderung des mathematischen Textverstehens um eine Standardabweichung und die davon abhängige Änderung des Mathematisierens um β Standardabweichungen aufzeigen.

In dieser Studie werden y-standardisierte Pfadkoeffizienten für Pfade mit der Position der Fragestellung als unabhängiger Variable verwendet, da diese Variable binär kodiert und somit kategorial ist (Döring & Bortz, 2016). Standardisierte Pfadkoeffizienten werden für die übrigen Pfade eingesetzt. Die in Studie 1 untersuchten Pfadmodelle sind folgend in zwei Pfaddiagrammen dargestellt (Abbildung 10.1).

Insgesamt werden in Studie 1 vier Pfadmodelle berechnet: Je zwei Pfadmodelle (mit und ohne Aufnahme der Kontrollvariablen) für die Forschungsfragen mit dem Textverstehen bei Modellierungsaufgaben und dem Mathematisieren als endogenen Variablen und analog zwei Pfadmodelle für die Forschungsfragen mit der Lese- und Bearbeitungsdauer als endogenen Variablen. Als Signifikanzniveau wird in dieser Untersuchung das übliche Signifikanzniveau von 5 % gewählt (Döring & Bortz, 2016).

Nachdem nun die Auswertungsmethodik vorgestellt wurde, können folgend die Ergebnisse präsentiert werden.

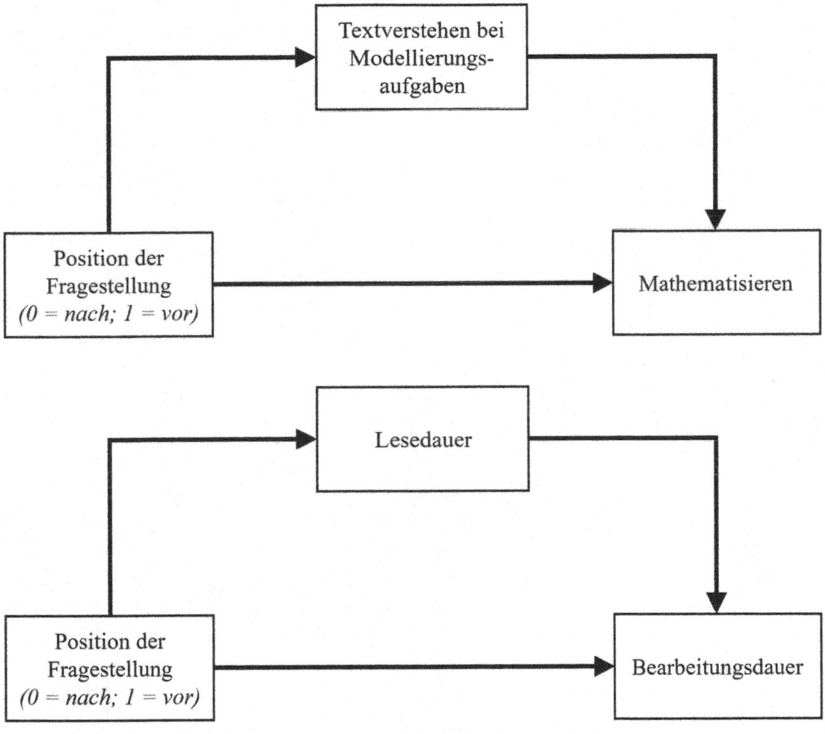

Abbildung 10.1 In Studie 1 untersuchte Pfadmodelle. (Anmerkung: Aus Übersichtlichkeitsgründen sind die Kontrollvariablen nicht eingezeichnet)

Gütekriterien 11

Wissenschaftliche Studien lassen sich in ihrer Qualität neben der inhaltlichen Relevanz und der Präsentationsqualität vor allem anhand der methodischen und ethischen Strenge beurteilen (Döring & Bortz, 2016). Zunächst soll die methodische Strenge der vorliegenden Studie auf Grundlage der psychometrischen Gütekriterien der Messinstrumente beleuchtet werden, bevor auf die ethische Strenge auf Basis der forschungsethischen Gütekriterien eingegangen wird.

11.1 Psychometrische Gütekriterien

Methodische Strenge hinsichtlich der in einer Studie eingesetzten Messinstrumente lässt sich durch die Hauptgütekriterien psychologischer Tests beschreiben. Döring und Bortz (2016) halten diesbezüglich fest: „Entscheidend für die Qualität der Studie bzw. der aus ihr abgeleiteten Erkenntnisse ist … die Frage, wie gut … sich die mit dem Messinstrument gewonnenen Daten und aus ihnen abgeleiteten Schlussfolgerungen theoretisch und empirisch rechtfertigen lassen“ (S. 95). Dazu werden üblicherweise die Objektivität, die Reliabilität und die Validität der eingesetzten Messinstrumente als Gütekriterien herangezogen. Diese sollen im Folgenden beleuchtet werden.

Ergänzende Information Die elektronische Version dieses Kapitels enthält Zusatzmaterial, auf das über folgenden Link zugegriffen werden kann https://doi.org/10.1007/978-3-658-43675-9_11.

V. Böswald, *Die Rolle der Position der Fragestellung beim Textverstehen von mathematischen Modellierungsaufgaben*, Studien zur theoretischen und empirischen Forschung in der Mathematikdidaktik,
https://doi.org/10.1007/978-3-658-43675-9_11

11.1.1 Objektivität

Das Gütekriterium der Objektivität verlangt, dass die Durchführung, Auswertung und Interpretation eines Tests bzw. seiner Ergebnisse unabhängig von der durchführenden, auswertenden und interpretierenden Person sind (Döring & Bortz, 2016). Es wird also zwischen Durchführungs-, Auswertungs- und Interpretationsobjektivität differenziert. Für die Durchführungsobjektivität stellt sich die Frage, ob die Testergebnisse unabhängig von der Testleitung sind. Für die Auswertungsobjektivität gilt analog, dass die Testergebnisse unabhängig von der auswertenden Person sind, d. h. jede auswertende Person auf Basis der Antworten der Versuchspersonen dasselbe Ergebnis festhält. Interpretationsobjektivität ist erreicht, wenn man unabhängig von der interpretierenden Person aufgrund eines Testergebnisses zum selben Schluss kommt, z. B., ob eine Leistung als über- oder unterdurchschnittlich einzuordnen ist.

11.1.1.1 Objektivität im LGVT 5–12+

Die Durchführungsobjektivität wird im LGVT 5–12+ durch die Verwendung eines Instruktionsmanuals und der dahingehenden Schulung der Testleitungen gewährleistet. Die Auswertungsobjektivität, also die Frage nach der Unabhängigkeit des Testergebnisses von der auswertenden Person, ist im LGVT 5–12+ durch den Auswertungsplan im Testmanual (Wolfgang Schneider et al., 2017b; vgl. 10.1.1), der nur eindeutige Ergebnisse zulässt, gewährleistet. Durch das Vorliegen von Normwerten für die einzelnen Jahrgangsstufen kann das jeweilige Testergebnis ferner in Bezug zu den Ergebnissen von Lernenden in der gleichen Jahrgangsstufe gesetzt werden, sodass auch die Interpretationsobjektivität gegeben ist.

11.1.1.2 Objektivität im TVM

Die Durchführungsobjektivität wird im TVM durch die Verwendung eines Instruktionsmanuals und der dahingehenden Schulung der Testleitungen sowie durch schriftliche, für alle Versuchspersonen gleiche Instruktionen in der Online-Testumgebung, gewährleistet. Auch im TVM ist das Auswertungsvorgehen ausführlich festgehalten (vgl. 10.1.2). Für die Skala zum Textverstehen bei Modellierungsaufgaben werden die von den Versuchspersonen gegebenen Antworten zunächst über die Online-Test-Umgebung im geschlossenen Antwortformat als richtig oder falsch bewertet, bevor die offenen Antworten manuell entsprechend einem Kodierschema kodiert werden (vgl. 10.1.2). Für die Skala zum Mathematisieren erfolgt nur eine manuelle Kodierung. Die Zuverlässigkeit der Kodierschemata und damit gleichzeitig die Gewährleistung von Auswertungsobjektivität wird in 11.1.2.2 detailliert ausgeführt. Die Interpretationsobjektivität wird im TVM durch die Berechnung von Faktorwerten erreicht, deren Interpretation der einer standardisierten Variable gleicht (vgl. 10.1.2).

Bezüglich der Lese- und Bearbeitungsdauer kann von Durchführungs- und Auswertungsobjektivität aufgrund der computerbasierten Messung in der Online-Testumgebung ausgegangen werden. Die Interpretationsobjektivität ergibt sich durch die metrische Skala, auf der Werte von verschiedenen Personen zweifelsfrei zueinander in Bezug gesetzt werden können. Insofern kann für den TVM von Objektivität ausgegangen werden.

11.1.2 Reliabilität

Unter Reliabilität ist die Zuverlässigkeit eines Tests zu verstehen, d. h. die Stärke der Verzerrung durch Messfehler (Döring & Bortz, 2016). Ein Test ist also dann reliabel, wenn er ein Merkmal sehr genau misst (unabhängig davon, ob dieses Merkmal tatsächlich das zu messende Merkmal ist). Döring und Bortz (2016) differenzieren dabei zwischen vier Unterformen der Reliabilität: Retestreliabilität, Parraleltestreliabilität, Testhalbierungsreliabilität und interne Konsistenz. Die Retestreliabilität bezieht sich dabei auf die Korrelation der Testergebnisse von Versuchspersonen mit den Testergebnissen derselben Versuchspersonen zum selben Test mit zeitlichem Abstand zwischen beiden Testdurchführungen. Paralleltestreliabilität definieren Döring und Bortz (2016) als „Hohe positive Korrelation des Testwertes mit einem zum gleichen Zeitpunkt mit einem inhaltsähnlichen (parallelen) Test gemessenen Testwert" (S. 444). Die Testhalbierungsreliabilität bezeichnet eine ökonomische Variante der Paralleltestreliabilität, da dort nicht zwei parallele Tests miteinander korreliert werden, sondern ein Test in zwei Testhälften geteilt wird, die anschließend korrelativ miteinander verglichen werden. Die Verallgemeinerung der Testhalbierungsreliabilität ist schließlich die interne Konsistenz, bei Döring und Bortz (2016) als „das mit Abstand gebräuchlichste Reliabilitätsmaß" (S. 444) bezeichnet. Die interne Konsistenz eines Tests beschreibt die durchschnittliche Korrelation eines jeden Items mit allen übrigen Items der jeweiligen Skala, die zum gleichen Messzeitpunkt erfasst wurden.

11.1.2.1 Reliabilität im LGVT 5–12+

Die Bestimmung der Reliabilität im LGVT 5–12+ erfolgte über die Retestreliabilität in einer Untersuchung mit 65 Lernenden der Jahrgangsstufe 9. Die Versuchspersonen bearbeiteten den Test mit einem zeitlichen Abstand von rund sechs Wochen dazu erneut. Die entsprechenden Reliabilitätskoeffizienten in Bezug auf die Lesegenauigkeit und die Lesegeschwindigkeit sowie auch für das hier nicht berücksichtigte Leseverständnis deuten auf Vorliegen ebendieser Art der Reliabilität hin (siehe Tabelle 11.1).

Tabelle 11.1 Retestreliabilitäten für die eingesetzte Testversion im LGVT 5–12+ nach Wolfgang Schneider et al. (2017b, S. 1)

Konstrukt	Retestreliabilität
Leseverständnis	$r = .82^{***}$
Lesegenauigkeit	$r = .72^{***}$
Lesegeschwindigkeit	$r = .80^{***}$

$^{***}p < .001$

11.1.2.2 Reliabilität im TVM

Bevor die Reliabilitätsanalyse vorgenommen werden kann, ist es notwendig, die Reliabilität der eingesetzten Kodierschemata genauer zu beleuchten. Da es sich bei der Kodierung der offenen Antworten um die Anwendung eines Kategoriensystems handelt, gilt als ein Indikator für die Reliabilität die sogenannte Inter-Kodierer-Übereinstimmung (Döring & Bortz, 2016). Um diesem Gütekriterium zu genügen, kodierte eine zweite, unabhängige Person nach einer Kodierschulung auf Basis der Daten aus der Vorerprobung (vgl. 9.3.2.2) 100 % der Antworten der Versuchspersonen ebenfalls. Die Inter-Kodierer-Übereinstimmung für die Skala zum Textverstehen bei Modellierungsaufgaben, berechnet mit Fleiss' Kappa (κ) lag zwischen $\kappa = .731$ (Item Ori_2 zum Text „Messboje") und $\kappa = .990$ (Item $D_{2,1}$ zum Text „Felsendom") und damit mindestens im substanziellen Bereich ($\kappa > .60$; siehe Tabelle 11.2; Landis & Koch, 1977).

Auch für die Skala zum Mathematisieren muss wiederum das Gütekriterium der Inter-Kodierer-Übereinstimmung erfüllt sein. Um diesem Gütekriterium zu genügen, kodierte eine zweite, unabhängige Person nach einer Kodierschulung auf Basis der Daten aus der Vorerprobung (vgl. 9.3.2.5) 100 % der Antworten der Versuchspersonen ebenfalls. Die Inter-Kodierer-Übereinstimmung lagen im nahezu perfekten Bereich ($\kappa > .80$, siehe Tabelle 11.3; Landis & Koch, 1977).

Tabelle 11.2 Inter-Kodierer-Übereinstimmung der Skala „Textverstehen bei Modellierungsaufgaben" in Studie 1

	Fleiss' Kappa (κ)			
Item / Text	Buddenturm	Felsendom	Kirchturm	Messboje
Ori_1	.889	.907	.880	.763
Ori_2	.915	.908	.812	.731
$D_{1,1}$	.977	.915	.862	.740
$D_{1,2}$	.946	.945	.898	.770
$D_{2,1}$	.865	.990	.838	.818
$D_{2,2}$	.851	.916	.804	.823
$D_{3,1}$	.864	.964	.906	.878
$D_{3,2}$	.977	.945	.931	.855

Tabelle 11.3 Inter-Kodierer-Übereinstimmung der Skala „Mathematisieren" in Studie 1

Text	Fleiss' κ
Buddenturm	.833
Felsendom	.866
Kirchturm	.935
Messboje	.846

Die Reliabilitätsanalyse der Skala zum Textverstehen bei Modellierungsaufgaben erfolgt aus inhaltlichen Erwägungen als Itemanalyse, da schon in der Pilotierung eine Itemselektion erfolgt war (siehe 9.3.2.5). Zwar sind die Trennschärfen (siehe Tabelle 11.4), insbesondere die der Aussagenverifikationsitems, als niedrig einzuschätzen (Kelava & Moosbrugger, 2012), allerdings sind auch keine sehr hohen Trennschärfen zu erwarten, da unterschiedliche Facetten des Textverstehens erfasst werden. So werden in den Aussagen stellenweise die lokale Informationsentnahme, andernorts aber auch die globale Kohärenzbildung zur korrekten Beantwortung eines Items benötigt. Dasselbe gilt auch für die schematischen Darstellungen, die qua Konzeption kompatible, aber auch inkompatible Darstellungen zu einem normativ gesehen adäquaten Situationsmodell darstellen. Ferner finden diejenigen Items, die eine geringe Trennschärfe aufweisen, in der gewählten Auswertungsmethode (siehe 10.1.2.1) entsprechend geringere Gewichtung als solche Items, die höhere Trennschärfen aufweisen. Bezüglich der Itemschwierigkeit ist festzuhalten, dass die einzelnen Items überwiegend mittlere Schwierigkeiten aufweisen, nur vereinzelt sind die Itemschwierigkeiten im kritischen Bereich, der Boden- bzw. Deckeneffekte zur Folge haben könnte (<.20 bzw. >.80; Kelava & Moosbrugger, 2012). Die Itemschwierigkeit P definieren Kelava und Moosbrugger (2012) als „Quotient aus der bei diesem Item tatsächlich erreichten Punktsumme aller n Probanden und der maximal erreichbaren Punktsumme, multipliziert mit 100." (S. 76). Je näher die Itemschwierigkeit P also bei 0 liegt, desto seltener wurde dieses Item in der Stichprobe korrekt gelöst. Die Itemkennwerte der Skala „Textverstehen bei Modellierungsaufgaben" sind in abgebildet. Wegen des Auswertungsplans für diese Skala wird auf eine Trennung der Subskalen zur Verifikation der Aussagen und der Kompatibilitätsüberprüfung anhand der schematischen Darstellungen verzichtet.

Tabelle 11.4 Itemkennwerte der Skala „Textverstehen bei Modellierungsaufgaben" in Studie 1

Item / Text	Buddenturm		Felsendom		Kirchturm		Messboje	
	P (*SD*)	r_{it}	P (*SD*)	r_{it}	P (*SD*)	r_{it}	P (*SD*)	r_{it}
Aussage 1	.74 (*.44*)	.31	.61 (*.49*)	.29	.65 (*.48*)	.32	.73 (*.45*)	.32
Aussage 2	.65 (*.48*)	.01	.66 (*.48*)	.19	.81 (*.39*)	.24	.50 (*.50*)	.16
Aussage 3	.86 (*.35*)	.08	.60 (*.49*)	.12	.69 (*.46*)	.27	.66 (*.48*)	.19
Aussage 4	.48 (*.50*)	.10	.76 (*.43*)	.47	.76 (*.43*)	.26	.57 (*.50*)	.08
Darstellung Ori_1	.53 (*.50*)	.35	.66 (*.48*)	.34	.64 (*.48*)	.53	.58 (*.50*)	.37
Darstellung Ori_2	.46 (*.50*)	.30	.61 (*.49*)	.46	.63 (*.49*)	.49	.58 (*.49*)	.39

(Fortsetzung)

Tabelle 11.4 (Fortsetzung)

Item / Text	Buddenturm		Felsendom		Kirchturm		Messboje	
	P (*SD*)	r_{it}	P (*SD*)	r_{it}	P (*SD*)	r_{it}	P (*SD*)	r_{it}
Darstellung $D_{1,1}$	.65 (*.48*)	.49	.65 (*.48*)	.54	.51 (*.50*)	.49	.69 (*.47*)	.52
Darstellung $D_{1,2}$	.62 (*.49*)	.50	.65 (*.48*)	.53	.50 (*.51*)	.53	.63 (*.48*)	.51
Darstellung $D_{2,1}$	.37 (*.48*)	.40	.49 (*.50*)	.69	.36 (*.48*)	.56	.37 (*.48*)	.55
Darstellung $D_{2,2}$	.37 (*.48*)	.42	.51 (*.50*)	.63	.36 (*.48*)	.58	.37 (*.48*)	.54
Darstellung $D_{3,1}$	.45 (*.50*)	.27	.67 (*.47*)	.34	.71 (*.45*)	.37	.45 (*.50*)	.27
Darstellung $D_{3,2}$	.52 (*.49*)	.39	.65 (*.48*)	.41	.71 (*.45*)	.42	.49 (*.50*)	.31

P = Itemschwierigkeit, r_{it} *= Trennschärfe*

Anschließend kann mithilfe der Überprüfung der internen Konsistenz festgestellt werden, ob die Items der Subskalen zur Aussagenverifikation und der Kompatibilitätsüberprüfung der schematischen Darstellungen für jeden der vier Aufgabentexte dasselbe Konstrukt messen. Die interne Konsistenz, operationalisiert mit Cronbachs Alpha (Cronbach, 1951; Döring & Bortz, 2016), liegt zwischen $\alpha = .663$ und $\alpha = .790$ (siehe Tabelle 11.5) und somit überwiegend im akzeptablen Bereich ($\alpha > .70$; Nunnally & Bernstein, 1994; Streiner, 2003). Die interne Konsistenz für den Aufgabentext „Buddenturm" muss kritisch betrachtet werden, sie liegt knapp außerhalb des akzeptablen Bereichs. Allerdings sind die Schwellenwerte für Cronbachs Alpha je nach Einsatzgebiet unterschiedlich, z. B. werden in klinischen Studien höhere Schwellenwerte angesetzt als in Grundlagenforschung (für einen Überblick siehe Streiner, 2003) und die Schwellenwerte sind nicht zeitlich stabil. So wird beispielsweise bei Nunnally (1967; eine frühere Ausgabe von Nunnally & Bernstein, 1994) ein Schwellenwert von $\alpha = .50$ angegeben. Insofern kann dennoch von einer reliablen Messung auf Ebene der einzelnen Aufgabentexte ausgegangen werden und die Zusammenfassung der Subskalen zu einer einzigen Skala ist möglich.

Tabelle 11.5 Interne Konsistenz der Skala „Textverstehen bei Modellierungsaufgaben" auf Textebene im TVM in Studie 1

Text	Cronbachs Alpha (α)
Buddenturm	.663
Felsendom	.776
Kirchturm	.790
Messboje	.711

Wie auch schon für die Skala zum Textverstehen bei Modellierungsaufgaben erfolgt die Reliabilitätsanalyse der Skala zum Mathematisieren als Itemanalyse. Die Itemschwierigkeiten und Trennschärfen sind in Tabelle 11.6 abgebildet. Anzumerken ist die hohe Itemschwierigkeit des Items zur Modellierungsaufgabe „Buddenturm". Dieses erreicht die kritische Schwelle zur Verhinderung von Bodeneffekten ($P > .20$; Kelava & Moosbrugger, 2012) und auch das Item zur Aufgabe „Felsendom" ist als eher schwierig einzuschätzen. Interpretationen zu dieser Skala müssen also mögliche Bodeneffekte berücksichtigen.

Tabelle 11.6 Itemkennwerte der Skala „Mathematisieren" in Studie 1

Text	P (*SD*)	r_{it}
Buddenturm	.15 (*.355*)	.318
Felsendom	.23 (*.423*)	.294
Kirchturm	.41 (*.493*)	.418
Messboje	.31 (*.464*)	.309

P = Itemschwierigkeit, r_{it} *= Trennschärfe*

Die interne Konsistenz der Skala zum Mathematisieren, operationalisiert mit Cronbachs Alpha, liegt bei $\alpha = .546$ und somit nicht im akzeptablen Bereich (akzeptabel: $\alpha > .70$; Nunnally & Bernstein, 1994; Streiner, 2003). Aufgrund des Screening-Charakters der Messung durch nur vier Items, der unterschiedlichen Inhaltsbereiche der Aufgaben und der Gewichtung von starken und schwachen Zusammenhängen in der CFA ist diese Modellierung dennoch möglich bzw. sinnvoll, da eine beträchtliche Unterschiedlichkeit der Items qua Konstruktionsvorgaben unerlässlich ist. Diese spiegelt sich entsprechend in der niedrigen internen Konsistenz wider.

Die interne Konsistenz der Lesedauer, operationalisiert mit Cronbachs Alpha, liegt bei $\alpha = .723$ und somit im akzeptablen Bereich. Eine Zusammenfassung der vier Messungen über das arithmetische Mittel ist folglich möglich und von der Reliabilität der Messung kann ausgegangen werden.

Die interne Konsistenz der Bearbeitungsdauer, operationalisiert mit Cronbachs Alpha, liegt bei $\alpha = .525$ und somit nicht im akzeptablen Bereich (akzeptabel: $\alpha >$ .70; Nunnally & Bernstein, 1994; Streiner, 2003). Wie auch bei der Skala zum Mathematisieren ist hier vor allem mit der viermaligen Messung zu argumentieren, dass die Bildung des arithmetischen Mittels über alle vier Aufgabentexte dennoch möglich bzw. sinnvoll ist.

Insgesamt lässt sich festhalten, dass von einer reliablen Messung mithilfe des TVM ausgegangen werden kann, bei der die Ergebnisse der Skala zum Mathematisieren und der Bearbeitungsdauer allerdings kritisch beleuchtet werden müssen.

11.1.3 Validität

Unter der Validität eines Tests ist zu verstehen, ob der Test das zu erfassende Merkmal tatsächlich misst (Döring & Bortz, 2016). Üblicherweise wird hier zwischen Inhalts-, Konstrukt- und Kriteriumsvalidität unterschieden. Döring und Bortz (2016) definieren Inhaltsvalidität wie folgt: „Die einzelnen Testitems spiegeln das Zielkonstrukt in seinen inhaltlichen Bedeutungsaspekten vollständig und sinngemäß wider." (S. 446). Konstruktvalidität liegt vor, wenn der Testwert mit anderen Konstrukten in theoretisch und inhaltlich erwartungskonformer Art korreliert, d. h. es sollten hohe Korrelationen zu ähnlichen Konstrukten (konvergente Validität) und niedrige Korrelationen mit nicht oder nur teilweise verwandten Konstrukten (diskriminante Validität) vorliegen (Döring & Bortz, 2016). Die Kriteriumsvalidität gilt als erfüllt, wenn eine Passung zwischen dem Testwert und dem Verhalten außerhalb der Testsituation vorliegt (Döring & Bortz, 2016). Moosbrugger und Kelava (2020) führen als Beispiel für das Vorliegen von Kriteriumsvalidität einen Schulleistungstest an: „Kriteriumsvalidität liegt z. B. bei einem ‚Schulreifetest' vor allem dann vor, wenn jene Kinder, die im Test leistungsfähig sind, sich auch im Kriterium ‚Schule' als leistungsfähig erweisen und umgekehrt" (S. 22 f.). Messick (1995) fasst in seinem ganzheitlichen und gleichermaßen vereinheitlichenden Validitätskonzept Kriteriums- und Inhaltsvalidität hingegen als Aspekte der Konstruktvalidität auf. Diesem Konzept folgend kann sich die Evidenz für Validität eines Tests auf sechs Aspekte beziehen: Die Testinhalte (vergleichbar mit der Inhaltsvalidität; Döring & Bortz, 2016), die Antwortprozesse bei der Testbearbeitung (substantieller Aspekt), die messtheoretische Struktur des Tests (struktureller Aspekt), die Verallgemeinerbarkeit der Ergebnisse über die Stichprobe und Testsituation hinaus sowie die Zusammenhänge mit anderen Merkmalen (vergleichbar mit konvergenter, diskriminanter und

Kriteriumsvalidität; Döring & Bortz, 2016) und die Folgen einer Testanwendung für die Versuchspersonen (folgenbezogener Aspekt). Im Rahmen dieser Arbeit soll die Validität wie bei Messick (1995) aufgefasst werden.

11.1.3.1 Validität im LGVT 5–12+

Für den LGVT 5–12+ wurde die Konstruktvalidität durch korrelative Analysen überprüft. Dazu wurden die Testwerte zum Leseverständnis, der Lesegeschwindigkeit und der Lesegenauigkeit zur Überprüfung der Konstruktvalidität mit verschiedenen Skalen aus dem Testverfahren „Kognitiver Fähigkeitstest“ (KFT; Heller & Perleth, 2000) korreliert. Die Überprüfung der Kriteriumsvalidität erfolgte durch die Bestimmung der Korrelation zwischen den Testwerten und der Deutschnote. In Tabelle 11.7 sind die Korrelationskoeffizienten abgebildet. Wolfgang Schneider et al. (2017b) interpretieren sie als Indikator für das Vorliegen von Kriteriums- bzw. Konstruktvalidität.

Tabelle 11.7 Korrelationen der Konstrukte im LGVT 5–12+ und den Skalen des KFT nach Wolfgang Schneider et al. (2017b, S. 27)

Konstrukt	Deutschnote	KFT gesamt	KFT verbal	KFT nonverbal	KFT quantitativ
Leseverständnis	−.32**	.37**	.35**	.17**	.06
Lesegenauigkeit	−.22**	.31**	.34**	.19*	.22**
Lesegeschwindigkeit	−.26**	.30**	.29**	.14*	−.04

*$p < .05$; **$p < .01$

Da es sich beim LGVT 5–12+ um eine Revision eines früheren, schon gut validierten Tests handelt (LGVT 6–12; Wolfgang Schneider et al., 2007), wird eine Analyse der Inhaltsvalidität bei Wolfgang Schneider et al. (2017b) ausgespart. Sie argumentieren aufgrund der Validität der Vorgängerversion auch für die Konstruktvalidität des LGVT 5–12+, da „der KFT-Gesamtwert hier vergleichbare Korrelationen mit dem Leseverständnis erzielt wie die alte LGVT-Version …, kann angenommen werden, dass die … für den LGVT 6–12 erhaltenen Validitätsmaße auch für die neue LGVT-Version gelten.“ (Wolfgang Schneider et al., 2017b, S. 27).

11.1.3.2 Validität im TVM

Bezüglich der Inhaltsvalidität der Skala zum Textverstehen bei Modellierungsaufgaben im TVM ist festzuhalten, dass – wie beispielsweise im natürlichen Unterrichtssetting üblich – im Anschluss an das Lesen und Verstehen die gelesene Modellierungsaufgabe auch tatsächlich gelöst werden muss (Skala „Mathematisieren“). Insofern muss die Konstruktion des Situationsmodells zum Aufgabentext auch auf diese perspektivische Aufgabenbearbeitung hingeordnet sein. Ferner zeichnen sich Situationsmodelle unter anderem dadurch aus, dass auf ihrer Grundlage Informationen aus externen Quellen wie Aussagen oder Bildern auf Gültigkeit überprüft werden können, indem diese Informationen auf (In-)Konsistenz zum konstruierten Situationsmodell untersucht werden (vgl. 5). Insofern liegen theoretische Indikatoren für Inhaltsvalidität für die Skala zum Textverstehen bei Modellierungsaufgaben im TVM vor, da diese Eigenschaft von Situationsmodellen als die Grundlage der Itemkonstruktion verwendet wurde (vgl. 9.3.2.2).

Für die Inhaltsvalidität der Skala zum Mathematisieren kann argumentiert werden, indem die Instruktion der Items herangezogen wird. Die Versuchspersonen werden dazu aufgefordert, ihren mathematischen Ansatz zur Beantwortung der Fragestellung zum Aufgabentext grob auszuformulieren. Damit dies angemessen gelingt, müssen die Versuchspersonen antizipieren, welche Mathematik (hier operationalisiert durch das anzugebende mathematische Verfahren) benötigt wird, um perspektivisch die Fragestellung beantworten zu können. Hier ist jedoch anzumerken, dass das Mathematisieren üblicherweise nur ein Teilprozess des mathematischen Modellierens ist, dem idealtypisch das Vereinfachen und Strukturieren vorangeht und auf den das mathematische Arbeiten folgt (siehe 4.3). Insofern muss die Inhaltsvalidität dieser Skala kritisch begutachtet werden, eine Analyse von schriftlichen Lösungsprodukten stellt sicherlich den genaueren Zugang dar. Da diese Skala jedoch aufgrund der wenigen Items sehr zeitökonomisch ist, sollte sie vielmehr als Screening des zu erfassenden Konstrukts angesehen werden. Für den explorativen Charakter der Forschungsfrage F2a, für deren Beantwortung diese Skala eingesetzt wird, eignet sich die Skala.

Für die Konstruktvalidität beider Skalen existiert zudem auch empirische Evidenz auf Basis der Antwortprozesse bei der Testbearbeitung. Nach Messick (1995) stellen Antwortprozesse einen wesentliche Quelle für das Vorliegen von Konstruktvalidität dar. In einer qualitativen Untersuchung mit $N = 4$ Schülerinnen und Schülern (25 % weiblich) zwischen 16 und 18 Jahren ($M = 16.50$, $SD = 1.00$) der gymnasialen Oberstufe wurde deshalb das Testverfahren im Rahmen einer Masterarbeit auf das Vorliegen von Konstruktvalidität geprüft (Nguyen, 2021). Die Versuchspersonen wiesen gute und befriedigende Mathematiknoten ($M = 2.50$, $SD = 0.58$) sowie gute bis ausreichende Deutschnoten ($M = 2.50$, $SD = 1.00$) auf dem letzten Schul(halb-)jahreszeugnis auf. Alle Versuchspersonen sind mindestens mit der deutschen Sprache aufgewachsen. Ziel der Untersuchung war es, mithilfe des kognitiven Vortestens (Jonkisz et al., 2012) und der Technik des lauten Denkens (Wagner et al., 1977) Einblicke in die Lese- und Bearbeitungsprozesse der Versuchspersonen zu erhalten und insbesondere Ursachen für (in-)korrekte Antworten auf die Items zu bestimmen. In einem Drei-Stufen Design (Busse & Borromeo Ferri, 2003) bearbeiteten die Versuchspersonen das Testverfahren zunächst mit der Technik des lauten Denkens und wurden dabei videografiert. In einem anschließenden Stimulated Recall (Weidle & Wagner, 1994) konnten die Versuchspersonen ihre bei der Bearbeitung verbalisierten Denkprozesse retrospektiv präzisieren. Abschließend wurden in einem halbstrukturierten Interview (Döring & Bortz, 2016) weitere Fragen gestellt, die sich auf die Vorgehensweisen und Schwierigkeiten während der Bearbeitung bezogen. Die Ergebnisse zeigten, dass für beide Skalen (Textverstehen bei Modellierungsaufgaben bzw. Mathematisieren) sowohl korrekte als auch inkorrekte Antworten in sehr hohem Maße auf die Konstruktion eines (un-)passenden Situationsmodells bzw. mathematischen Modells zurückzuführen waren. Es existiert somit Evidenz für die Konstruktvalidität beider Skalen auf Basis des substantiellen Aspekts von Konstruktvalidität nach Messick (1995). Ob auch Zusammenhänge zu anderen Merkmalen bestehen, kann im Rahmen von korrelativen Untersuchungen überprüft werden (Hartig et al., 2012). Solche Hinweise auf die Validität können durch Untersuchungen der Korrelation mit verwandten Konstrukten gewonnen werden, z. B. mit der Lesegenauigkeit aus dem LGVT 5–12+für die Skala zum Textverstehen bei Modellierungsaufgaben oder mit dem mathematischen Vorwissen für die Skala zum Mathematisieren. Die Korrelationen in der vorliegenden Studie zwischen den Skalen zum Textverstehen bei Modellierungsaufgaben und zum Mathematisieren im TVM und der Mathematiknote, der Deutschnote sowie der Lesegenauigkeit und -geschwindigkeit, gemessen mit dem LGVT 5–12+, sind in Tabelle 11.8 dargestellt.

Tabelle 11.8 Korrelationen der Skalen im TVM mit verschiedenen weiteren Merkmalen

Konstrukt	Deutschnote	Mathematiknote	Lesegenauigkeit LGVT 5–12+	Lesegeschwindigkeit LGVT 5–12+
Textverstehen bei Modellierungsaufgaben	–.003	–.270***	.487***	.125
Mathematisieren	–.057	–.261***	.235***	.102

***$p < .01$

Diese Ergebnisse können als Indikatoren für das Vorliegen von konvergenter und diskriminanter Validität der Skalen interpretiert werden. Die Faktorwerte der Skala zum Textverstehen bei Modellierungsaufgaben korrelieren positiv mit der Lesegenauigkeit im LGVT 5–12+ ($r = .487$; $p < .001$), ein starkes bzw. schwaches Ergebnis bezüglich eines der beiden Konstrukte geht also tendenziell auch mit einem Ergebnis derselben Richtung für das andere Konstrukt einher. Die Stärke dieses Zusammenhangs ist als mittelstark einzuschätzen ($r > .10$: schwacher Zusammenhang; $r > .30$: mittelstarker Zusammenhang; $r > .50$: starker Zusammenhang; Döring & Bortz, 2016). Dass an dieser Stelle kein starker Zusammenhang zwischen den beiden Konstrukten vorliegt, kann mit der Unterschiedlichkeit der Messungen und der inhaltlichen Nähe der Konstrukte erklärt werden. So wird das Textverstehen im LGVT 5–12+ wie bei einem Lückentext erhoben, indem aus drei Antwortmöglichkeiten zur Vervollständigung eines Satzes die korrekte Antwort ausgewählt werden muss, während im TVM Aussagen verifiziert und schematische Darstellungen auf ihre Passung zum individuell konstruierten Situationsmodell überprüft werden müssen. Folglich wird von den Versuchspersonen Unterschiedliches verlangt. Außerdem handelt es sich bei der Skala zum Textverstehen bei Modellierungsaufgaben um eine Skala, die das Textverstehen bei einem mathematisch akzentuierten Text messen soll, während im LGVT 5–12+ an einem Sachtext zum Anbau von Rosenkohl gearbeitet wird. Insgesamt wäre ein stärkerer Zusammenhang folglich nicht zu erwarten.

Auch der negative kleine Zusammenhang ($r = -.270$; $p < .001$) zwischen dem Textverstehen bei Modellierungsaufgaben und der Mathematiknote deutet auf das Vorliegen von Konstruktvalidität für die betreffende Skala hin. Beispielsweise konnten Leiss et al. (2019) einen in der Stärke vergleichbaren Zusammenhang zwischen der Konstruktion eines Situationsmodells zu realitätsbezogenen Aufgaben und mathematischer Kompetenz nachweisen. Die negative Richtung des Korrelationskoeffizienten lässt sich durch die Ausprägungen der Variable für die Noten erklären: Eine bessere Note ist gleichbedeutend mit einer niedrigeren Zahl, z. B. wird die Zahl 1 für die Note „sehr gut" kodiert oder die Zahl 5 für die Note „mangelhaft".

Auch das Vorliegen eines nicht-signifikanten Zusammenhangs zwischen dem Textverstehen bei Modellierungsaufgaben und der Lesegeschwindigkeit im LGVT 5–12+ ($r = .125$; $p = .090$) kann als Validitätsindikator angesehen werden, da schnelles Lesen mit verstehendem, fehlerfreien Lesen sicherlich weder gleichzusetzen ist noch Voraussetzung für ebendieses ist. Im LGVT 5–12+ korrelieren die Lesegenauigkeit und -geschwindigkeit beispielsweise nur in vernachlässigbarer Größe ($r = -.04$; Wolfgang Schneider et al., 2017b). Das Vorliegen eines nicht-signifikanten Zusammenhangs zwischen dem Textverstehen bei Modellierungsaufgaben und der Deutschnote ($r = -.003$; $p = .969$) ist übereinstimmend mit dem Befund von Leiss und Plath (2020) und kann ebenfalls als Validitätsindikator angesehen werden. Ein beachtenswerter Zusammenhang zwischen der Deutschnote und der Skala zum Textverstehen bei Modellierungsaufgaben war nicht zu erwarten, da beispielsweise schon nur eine schwache Korrelation mit der Lesegenauigkeit im LGVT 5–12+vorliegt (vgl. 11.1.3.1), mit der wiederum eine Facette der basalen Lesekompetenz gemessen wird. Außerdem umfasst das Fach Deutsch – und damit auch die Note in diesem Fach – entsprechend der Bildungsstandards ein sehr breites Spektrum an Kompetenzen und Zielen, z. B. den Erwerb der deutschen Sprache, die Entwicklung von Kritikfähigkeit oder den Umgang mit Literatur aus einer interkulturellen oder historischen Perspektive (KMK, 2022a).

Für die Skala zum Mathematisieren können die Korrelationskoeffizienten aus Tabelle 11.17 ebenfalls als Validitätsindikatoren interpretiert werden. Sowohl die Mathematiknote als auch die Lesegenauigkeit im LGVT 5–12+korrelieren schwach mit den Faktorwerten der Skala zum Mathematisieren. Der erstgenannte Zusammenhang ($r = -.261$; $p < .001$) verdeutlicht, dass das Mathematisieren auch mathematisches Vorwissen benötigt, jedoch dies nur einen Teil davon ausmacht (Leiss et al., 2010). Der zweitgenannte Zusammenhang ($r = .235$; $p < .001$) betont die Wichtigkeit des Textverstehens als Grundlage für die weiteren Prozesse beim mathematischen Modellieren, die in Kapitel 6 detailliert erörtert wurde. Die nicht-signifikanten Korrelationen zwischen den Faktorwerten und der Deutschnote ($r = -.057$; $p = .437$) bzw. der Lesegeschwindigkeit ($r = .102$; $p = .168$) sind ebenfalls als Validitätsindikatoren zu deuten, da aus theoretischer Sicht trivialerweise keine solche Korrelationen vorliegen sollten.

Für die Validität der Messung der Lese- und der Bearbeitungsdauer kann an dieser Stelle inhaltlich argumentiert werden. Die Lese- und Bearbeitungsdauer beschreiben die Zeitspannen, in denen die Versuchspersonen auf den jeweiligen Seiten der Online-Testumgebung verweilten. Durch den Ausschluss von Ausreißern wurden diese Zeitspannen um solche Datenwerte bereinigt, die dem Anschein nach auf keine sinnvolle Auseinandersetzung mit den Inhalten der jeweiligen Seiten schließen ließen. Insofern kann von einer inhaltsvaliden Messung beider Konstrukte ausgegangen werden. Korrelative Zusammenhänge mit Blickbewegungsmetriken für die Lesedauer werden in Studie 2 überprüft (vgl. 19.2). Für die Bearbeitungsdauer wird die rein inhaltliche Validitätsindikation in den Grenzen der Untersuchungen diskutiert (vgl. 22).

11.2 Forschungsethische Gütekriterien

Bevor auf die Auswertungsmethodik eingegangen wird, wird erörtert, inwiefern es sich bei dieser Studie um ein forschungsethisch vertretbares Projekt handelt. Nach Döring und Bortz (2016) umfasst Forschungsethik „alle ethischen Richtlinien, an denen sich Forschende bei ihrer Forschungstätigkeit … orientieren sollen. Im Mittelpunkt stehen der verantwortungsvolle Umgang mit … Untersuchungsteilnehmenden und ihr Schutz vor unnötigen oder unverhältnismäßigen Beeinträchtigungen durch den Forschungsprozess." (S. 123). Im Folgenden soll nun dargelegt werden, wie ein ethisch verantwortungsvoller Umgang mit den an dieser Studie beteiligten Versuchspersonen gewährleistet wurde. Kernbestandteil sind die freiwillige, informierte Teilnahme der Versuchspersonen, die vor Schädigung und Beeinträchtigung durch den Forschungsprozess geschützt sind und deren Daten anonymisiert und vertraulich behandelt werden (Döring & Bortz, 2016; Sales & Folkman, 2000). Wie in 9.1 beschrieben, wurde die freiwillige, informierte Einwilligung der Versuchspersonen im Vorfeld der Untersuchung schriftlich eingeholt. Grundlage für das verwendete Formular (siehe Anhang E im elektronischen Zusatzmaterial) waren die Ethikrichtlinien der Deutschen Gesellschaft für Psychologie (DGPs, 2016). Dort wird gefordert, dass die Versuchspersonen hinsichtlich des Zwecks und antizipierten Erkenntnisgewinns der Forschung, der Dauer und des Ablaufs der Untersuchung, des Rechts auf Ablehnung und Widerruf der Einwilligung, möglicher Risiken, die aus der Teilnahme entstehen, der vertraulichen und anonymen Behandlung der Daten und der Grenzen ebendieser sowie eventueller Aufwandsentschädigungen aufgeklärt werden. Zudem sollten Informationen zu Ansprechpartnern bezüglich des Forschungsvorhabens gegeben werden. Im Fall eingeschränkter Einwilligungsfähigkeit wie bei Minderjährigen ist diese informierte Einwilligung zusätzlich von den Erziehungs- bzw. Sorgeberechtigten einzuholen. Fragen zur geplanten Untersuchung konnten im Vorfeld, aber auch zu Beginn und Ende der Untersuchung gestellt werden.

Der Schutz vor Beeinträchtigung und Schädigung der Versuchspersonen gilt als gewährleistet, sobald diese „durch den Forschungsprozess keine besonderen physischen oder psychischen Beeinträchtigungen oder gar irreversible Schädigungen erleiden." (Döring & Bortz, 2016, S. 127). Als Vergleichsmaßstab sind hier übliche Befindlichkeitsschwankungen im Alltag anzulegen (Döring & Bortz, 2016). Da keine problematischen oder gar sehr belastenden Themen wie z. B. Traumata Gegenstand der Untersuchung sind und keine körperlichen Risiken durch die Teilnahme erwartet wurden, kann dieses Kriterium als erfüllt angesehen werden.

Eine Pseudonymisierung der Daten erfolgte wie in 0 beschrieben, da die Zuordnung der verschiedenen Teiltests zu einer Versuchsperson jedoch qua Untersuchungsdesign gewährleistet werden musste. Durch die Verwendung eines individuellen Codeworts können die Datensätze zweifelsfrei und ohne Verwendung des Klarnamens den Personen zugeordnet werden. Da es sich bei den Versuchspersonen in dieser Studie überwiegend um Minderjährige handelte, wurden die Erziehungs- bzw. Sorgeberechtigten ebenfalls informiert und mussten die Teilnahme ihrer Schutzbefohlenen bewilligen.

Abschließend ist festzuhalten, dass die erhobenen Daten mindestens für 10 Jahre aufbewahrt werden und nur für wissenschaftliche Zwecke wie etwa diese Arbeit, weitere Publikationen oder Vorträge verwendet werden.

Ergebnisse der eingesetzten Messinstrumente 12

In diesem Abschnitt werden die Ergebnisse der Messinstrumente deskriptivstatistisch vorgestellt. An dieser Stelle ist anzumerken, dass durch die Erhebung im Klassenverbund fehlende Werte zustande kamen, da manche Items im TVM aus Zeitgründen nicht von allen Personen bearbeitet wurden bzw. Ausreißer bei der Lese- und Bearbeitungsdauer als fehlende Werte klassifiziert wurden. Daher wurde die Full Information Maximum Likelihood-Imputation (*FIML*; z. B. Enders, 2010) in Mplus eingesetzt, um die Daten der betreffenden Personen dennoch berücksichtigen zu können.

12.1 Ergebnisse LGVT 5–12+

Im LGVT 5–12 + erreichte die Experimentalgruppe (vorangestellte Fragestellung) bei der Lesegenauigkeit einen durchschnittlichen Rohwert von $M = 88.51$ ($SD = 14.004$) Prozent korrekt bearbeiteter Klammern. Für die Lesegeschwindigkeit ergab sich ein durchschnittlicher Rohwert von $M = 902.69$ ($SD = 285.094$) gelesenen Wörtern. Die Kontrollgruppe (nachgestellte Fragestellung) erreichte bei der Lesegenauigkeit einen durchschnittlichen Rohwert von $M = 91.13$ ($SD = 9.208$) Prozent korrekt bearbeiteter Klammern. Für die Lesegeschwindigkeit ergab sich ein durchschnittlicher Rohwert von $M = 915.72$ ($SD = 211.221$) gelesenen Wörtern.

V. Böswald, *Die Rolle der Position der Fragestellung beim Textverstehen von mathematischen Modellierungsaufgaben*, Studien zur theoretischen und empirischen Forschung in der Mathematikdidaktik,
https://doi.org/10.1007/978-3-658-43675-9_12

12.2 Ergebnisse TVM

An dieser Stelle sollen nun die Ergebnisse der Skalen im TVM in Studie 1 berichtet werden.

Für die Skala „Textverstehen bei Modellierungsaufgaben“ erreichte die Experimentalgruppe durchschnittliche Faktorwerte von $M = -0.043$ ($SD = 0.372$), die Kontrollgruppe durchschnittlich $M = 0.027$ ($SD = 0.381$).

Für die Skala „Mathematisieren“ erreichte die Experimentalgruppe durchschnittliche Faktorwerte von $M = 0.000$ ($SD = 0.407$), die Kontrollgruppe durchschnittlich $M = 0.065$ ($SD = 0.454$).

Die Lesedauer pro Text im TVM betrug in der Experimentalgruppe durchschnittlich $M = 68.245$ ($SD = 33.314$) Sekunden, in der Kontrollgruppe $M = 71.089$ ($SD = 39.485$) Sekunden.

Die Bearbeitungsdauer pro Text im TVM betrug in der Experimentalgruppe durchschnittlich $M = 306.893$ ($SD = 82.525$) Sekunden, in der Kontrollgruppe $M = 317.70$ ($SD = 97.929$) Sekunden.

Ergebnisse der Pfadanalysen 13

Die Darstellung der Ergebnisse ist nach den Forschungsfragen gegliedert. Zunächst werden jedoch noch die Voraussetzungen für die Pfadanalysen überprüft. Außerdem werden Korrelationen als Ergänzung zu den deskriptiven Ergebnissen des vorigen Kapitels und als Vorbereitung auf die Pfadanalysen berichtet.

13.1 Prüfung der Voraussetzungen für Pfadanalysen

Stichprobengröße Pfadanalytische Methoden beruhen auf asymptotischen statistischen Verfahren. Um robuste Ergebnisse zu erhalten, postuliert Kline (2016) die Einhaltung eines Mindestverhältnisses von 5:1 zwischen Stichprobenumfang und der Anzahl der freien Modellparameter. Bei einer Stichprobengröße von $N = 192$ und 7 (Pfadmodell für Forschungsfragen F1a, F2a, F2b sowie für Forschungsfragen F3a und F3b) bzw. 16 (Pfadmodell für Forschungsfrage F2c) und 22 freien Modellparametern (Pfadmodell für Forschungsfrage F3c) ist dieses Verhältnis gegeben.

Multikollinearität Der größtmögliche VIF der exogenen Variablen beträgt 1.058 (siehe Tabelle 13.1). Damit gilt diese Voraussetzung als erfüllt.

Ergänzende Information Die elektronische Version dieses Kapitels enthält Zusatzmaterial, auf das über folgenden Link zugegriffen werden kann https://doi.org/10.1007/978-3-658-43675-9_13.

V. Böswald, *Die Rolle der Position der Fragestellung beim Textverstehen von mathematischen Modellierungsaufgaben*, Studien zur theoretischen und empirischen Forschung in der Mathematikdidaktik,
https://doi.org/10.1007/978-3-658-43675-9_13

Tabelle 13.1 Kollinearitätsstatistik Studie 1

	Toleranz	VIF
Lesegeschwindigkeit	.945	1.058
Lesegenauigkeit	.949	1.054
Math. Vorwissen	.906	1.104
Position der Fragestellung	.986	1.014

Autokorrelation der Residuen Für die Durbin-Watson-Statistik ergeben sich die in Tabelle 13.2 dargestellten Ergebnisse, sie liegen nahe bei 2. Auch diese Voraussetzung gilt somit als erfüllt.

Tabelle 13.2 Durbin-Watson-Statistik Studie 1

Modell	Durbin-Watson-Statistik
Textverstehen bei Modellierungsaufgaben	2.069
Mathematisieren	1.870
Lesedauer	1.831
Bearbeitungsdauer	2.001

Normalverteilung der Residuen Die Prüfung der Verteilung der Residuen mithilfe des Shapiro-Wilk-Tests lässt für die endogene Variable „Textverstehen bei Modellierungsaufgaben" auf Normalverteilung schließen ($W = .991$, $p = .298$). Für die endogenen Variablen „Mathematisieren" ($W = .983$, $p < .05$) „Lesedauer" ($W = .949$, $p < .001$) und „Bearbeitungsdauer" ($W = .956$, $p < .001$) kann keine Normalverteilung der Residuen angenommen werden. Diese Voraussetzung ist somit nur teilweise erfüllt.

Homoskedastizität Die grafische Prüfung auf Homoskedastizität zeigt, dass für die Variablen „Textverstehen bei Modellierungsaufgaben", „Lesedauer" und „Bearbeitungsdauer" Heteroskedastizität vorliegt, was eine Verzerrung der Standardfehler als Konsequenz haben kann. Für die Variable „Mathematisieren" kann auf Basis der grafischen Prüfung von Homoskedastizität ausgegangen werden. Die Streudiagramme sind Anhang H im elektronischen Zusatzmaterial zu entnehmen.

Da die Problematik der Normalverteilung in empirischer Forschung bekannt ist (Kline, 2016), wird in Verbindung mit der Heteroskedastizität einiger Variablen der MLR-Schätzer zur Analyse in Mplus verwendet, da dieser robust gegenüber Voraussetzungsverletzungen ist (Muthén & Muthén, 1998–2017).

13.2 Vorbereitende Analyseergebnisse

Die bivariaten Korrelationen zwischen den untersuchten Konstrukten sind in Tabelle 13.3 abgebildet. Die Kontrollvariablen (Lesegeschwindigkeit, Lesegenauigkeit und mathematisches Vorwissen) weisen überwiegend signifikante Korrelationen mit den endogenen Variablen aus den Pfadmodellen (Textverstehen bei Modellierungsaufgaben, Mathematisieren, Lese- und Bearbeitungsdauer) auf. Beispielsweise korreliert das mathematische Vorwissen (operationalisiert durch die Mathematiknote auf dem letzten Zeugnis) negativ mit dem Textverstehen bei Modellierungsaufgaben, d. h. eine bessere Mathematiknote (gleichbedeutend mit einer niedrigeren Zahl, z. B. 1 für die Note „sehr gut") geht tendenziell mit einem höheren Textverstehen bei Modellierungsaufgaben einher. Anhand der Korrelationstabelle kann schon erfasst werden, welche Pfade im Pfadmodell möglicherweise signifikant sein können. Beispielsweise legt die signifikante Korrelation zwischen dem Textverstehen bei Modellierungsaufgaben und dem Mathematisieren nahe, dass ersteres letzteres signifikant prädiziert. Somit wäre die Grundlage für einen indirekten Effekt von der Position der Fragestellung auf das Mathematisieren geschaffen, sollte ein Effekt der Position der Fragestellung auf das Textverstehen bei Modellierungsaufgaben vorliegen (F1a). Dies hat auf Grundlage der Korrelationen zwar nicht den Anschein, allerdings können Suppressionseffekte vorliegen, die erst durch die Aufnahme der Kontrollvariablen sichtbar werden.

Bezüglich der Pfadanalysen ist anzumerken, dass es sich sowohl bei den Modellen zu den Forschungsfragen 1 und 2 als auch bei den Modellen zu Forschungsfrage 3 um saturierte Modelle handelt. Es müssen also keine Zusammenhänge frei geschätzt werden. Eine Prüfung, inwiefern eine Passung zwischen den aufgestellten Modellen und den empirischen Daten vorliegt, ist somit nicht zielführend (siehe 10.2).

Tabelle 13.3 Korrelationen zwischen den in Studie 1 untersuchten Konstrukten

Variable	(1)	(2)	(3)	(4)	(5)	(6)	(7)	(8)
(1) Position der (2) Fragestellung	–							
(3) Textverstehen bei Modellierungs- (4) aufgaben	−.092	–						
(5) Mathematisieren	−.075	.528***	–					
(6) Lesedauer	−.039	.058	−.018	–				
(7) Bearbeitungsdauer	−.060	.046	.091	.183*	–			
(8) Lesegeschwindigkeit	−.026	.125	.102	−.136	−.089	–		
(9) Lesegenauigkeit	−.110	.487***	.235**	.011	.091	.033	–	
(10) Math. Vorwissen	.038	−.270***	−.261***	.044	.082	−.233**	−.203**	–

Punkt-biseriale Korrelationen für die Korrelationen mit (1); übrige Korrelationen sind Pearson-Korrelationen; $^{*}p < .05$; $^{**}p < .01$; $^{***}p < .001$.

Nach diesen vorbereitenden Analysen können folgend die Ergebnisse zu den Forschungsfragen 1 bis 3 vorgestellt werden. Die Ergebnisse der Pfadanalysen ohne Kontrollvariablen sind zusammenfassend in Tabelle 13.5 abgebildet, die Ergebnisse der Pfadanalysen mit Kontrollvariablen in Tabelle 13.6.

13.3 Forschungsfrage 1

In Forschungsfrage 1 sollte der Einfluss der Position der Fragestellung auf das Textverstehen bei Modellierungsaufgaben (operationalisiert durch die gleichnamige Skala im TVM) untersucht werden (F1a). Außerdem sollte untersucht werden, ob dieser Einfluss unter Kontrolle des allgemeinen Textverstehens (operationalisiert durch die Lesegenauigkeit im LGVT 5–12+) und des mathematischen Vorwissens (operationalisiert durch die Mathematiknote auf dem letzten Schul(halb-)jahreszeugnis) stabil bleibt (F1b).

Die Ergebnisse der Pfadanalysen zeigen, dass die Gruppenzugehörigkeit (EG vs. KG) für das Konstrukt „Textverstehen bei mathematischen Modellierungsaufgaben" kein signifikanter Prädiktor ist ($b_y = -0.185$, $p = .100$). Dieser Befund bleibt auch bei Aufnahme der Kontrollvariablen stabil ($b_y = -0.09$, $p = .229$). Es lassen sich also keine signifikanten Mittelwertsunterschiede zwischen den Gruppen feststellen.

13.4 Forschungsfrage 2

Mit der zweiten Forschungsfrage sollte der Einfluss der Position der Fragestellung auf die Konstruktion eines angemessenen mathematischen Modells (operationalisiert durch die Skala „Mathematisieren" im TVM) untersucht werden (F2a). Zudem zielt diese Forschungsfrage auf eine mögliche Vermittlung jenes Einflusses durch das Textverstehen bei Modellierungsaufgaben (operationalisiert durch die gleichnamige Skala im TVM) ab (F2b). Außerdem sollte untersucht werden, ob diese Einflüsse unter Kontrolle des allgemeinen Textverstehens (operationalisiert durch die Lesegenauigkeit im LGVT 5–12+) und des mathematischen Vorwissens (operationalisiert durch die Mathematiknote auf dem letzten Schul(halb-)jahreszeugnis) stabil bleiben (F2c). Die Ergebnisse der Pfadanalysen zeigen, dass das Mathematisieren nicht signifikant direkt durch die Gruppenzugehörigkeit (EG vs. KG) prädiziert wird ($b_y = -0.023$, $p = .359$). Es kann ebenfalls kein signifikanter indirekter und somit auch kein signifikanter totaler Effekt über das Textverstehen identifiziert werden (vgl. Tabelle 13.5). Das Textverstehen bei Modellierungsaufgaben beeinflusst das Mathematisieren jedoch signifikant ($\beta = 0.525$; $p < .001$). Diese Befunde bleiben auch bei Aufnahme der Kontrollvariablen stabil (vgl. Tabelle 13.6).

13.5 Forschungsfrage 3

In Forschungsfrage 3 sollte der Einfluss der Position der Fragestellung auf die Lese- und Bearbeitungsdauer beim Textverstehen von mathematischen Modellierungsaufgaben (operationalisiert durch die gemittelte Lese- und Bearbeitungsdauer pro Text bei der Skala zum Textverstehen bei Modellierungsaufgaben im TVM) untersucht werden (F3a). Zudem zielt diese Forschungsfrage auf eine mögliche Vermittlung des Einflusses auf die Bearbeitungsdauer durch die Lesedauer ab (F3b). Außerdem sollte untersucht werden, ob diese Einflüsse unter Kontrolle der allgemeinen Lesekompetenz (operationalisiert durch die Lesegeschwindigkeit und -genauigkeit im LGVT 5–12+) und des mathematischen Vorwissens (operationalisiert durch die Mathematiknote auf dem letzten Schul(halb-)jahreszeugnis) stabil bleiben (F3c). Die Ergebnisse der Pfadanalysen zeigen, dass die Gruppenzugehörigkeit weder die Lese- noch die Bearbeitungsdauer signifikant prädiziert (Lesedauer: $b_y = -0.082$, $p = .286$; Bearbeitungsdauer: $b_y = -0.105$, $p = .232$). Es kann ebenfalls kein signifikanter indirekter und somit auch kein signifikanter totaler Effekt von der Position der Fragestellung über die Lesedauer auf die Bearbeitungsdauer identifiziert werden (vgl. Tabelle 13.5). Die Lesedauer beeinflusst die Bearbeitungsdauer jedoch signifikant ($\beta = 0.183$; $p < .01$). Diese Befunde bleiben auch bei Aufnahme der Kontrollvariablen stabil (vgl. Tabelle 13.6). Ein Wechsel von der Kontroll- zur Experimentalgruppe geht also im Durchschnitt nicht mit einer Verkürzung der Lese- oder Bearbeitungsdauer pro Text bei der Skala zum mathematischen Textverstehen einher.

13.6 Zusammenfassung der Ergebnisse

Mithilfe der untersuchten Pfadmodelle (jeweils mit Kontrollvariablen) können 26.9 % der Varianz in der Variable „Textverstehen bei Modellierungsaufgaben" (SE = .056; p < .001) sowie 29.4 % der Varianz in der Variable „Mathematisieren" signifikant aufgeklärt werden (SE = .056; p < .001).

Für die Variablen „Lesedauer" und „Bearbeitungsdauer" kann 1.9 % (SE = .019; p = .314) bzw. 5.5 % (SE = .033; p = .095) der Varianz nicht-signifikant aufgeklärt werden (vgl. Tabelle 13.4).

Tabelle 13.4 Varianzaufklärung durch die Pfadmodelle mit und ohne Kontrollvariablen in Studie 1

Pfadmodell	endogene Variable	R^2	
		ohne Kontrollvariablen	mit Kontrollvariablen
Tabelle 13.5, Tabelle 13.6	Textverstehen bei Modellierungsaufgaben	.009	.269***
	Mathematisieren	.279***	.294***
	Lesedauer	.002	.019
	Bearbeitungsdauer	.037	.055

****p* < *.001.*

Alle nicht-standardisierten und (teil-)standardisierten Pfadkoeffizienten der Pfadanalysen werden in Tabelle 13.5 und Tabelle 13.6 zusammenfassend dargestellt.

Als Zusammenfassung der Ergebnisse von Studie 1 lassen sich die (teil-)standardisierten Pfadkoeffizienten in die Pfaddiagramme eintragen (Abbildung 13.1 und Abbildung 13.2). Insgesamt lässt sich festhalten, dass die Position der Fragestellung weder das Textverstehen bei Modellierungsaufgaben oder das Mathematisieren noch die Lesedauer oder die Bearbeitungsdauer bei der Skala zum Textverstehen bei Modellierungsaufgaben signifikant prädiziert.

Tabelle 13.5 Pfadkoeffizienten der Pfadanalysen ohne Kontrollvariablen in Studie 1

Pfad	*b*	b_y	β	*SE*	*p*
direkte Effekte					
von Position der Fragestellung zu					
Textverstehen bei Modellierungsaufgaben	−0.069	−0.185		.142	.100
Mathematisieren	−0.023	−0.054		.121	.329
Lesedauer	−2.983	−0.082		.144	.286
Bearbeitungsdauer	−9.447	−0.105		.142	.232
von Textverstehen bei Modellierungsaufgaben zu					
Mathematisieren	0.599		0.525	.054	< .001
von Lesedauer zu					
Bearbeitungsdauer	0.454		0.183	.069	.004
totale und indirekte Effekte					
von Position der Fragestellung zu Mathematisieren	−0.065	−0.150		.144	.149
via Textverstehen bei Modellierungsaufgaben	−0.042	−0.097		.075	.100
von Position der Fragestellung zu Bearbeitungsdauer	−10.802	−0.120		.144	.204
via Lesedauer	−1.355	−0.015		.026	.281

Standardfehler und p-Werte sind für die (teil-)standardisierten Koeffizienten angegeben; einseitige Signifikanztests

Tabelle 13.6 Pfadkoeffizienten der Pfadanalysen mit Kontrollvariablen in Studie 1

Pfad	*b*	b_y	β	*SE*	*p*
direkte Effekte					
von Position der Fragestellung zu					
Textverstehen bei Modellierungsaufgaben	−0.034	−0.09		.121	.229
Mathematisieren	−0.024	−0.056		.121	.321
Lesedauer	−3.090	−0.085		.144	.279
Bearbeitungsdauer	−8.445	−0.094		.144	.259

(Fortsetzung)

Tabelle 13.6 (Fortsetzung)

Pfad	*b*	b_y	β	*SE*	*p*
von Textverstehen bei Modellierungsaufgaben zu					
Mathematisieren	0.585		0.512	.070	< .001
von Lesedauer zu					
Bearbeitungsdauer	0.424		0.171	.066	.005
totale und indirekte Effekte					
von Position der Fragestellung zu Mathematisieren	−0.044	−0.102		.136	.228
via Textverstehen bei Modellierungsaufgaben	−0.020	−0.046		−.754	.227
von Position der Fragestellung zu Bearbeitungsdauer	−9.756	−0.108		.145	.229
via Lesedauer	−1.311	−0.015		.024	.275
Effekte der Kontrollvariablen					
von Lesegenauigkeit zu					
Textverstehen bei Modellierungsaufgaben	0.014		0.451	.059	<.001
Mathematisieren	−0.002		−0.048	.066	.224
Lesedauer	0.054		0.018	.056	.376
Bearbeitungsdauer	0.797		0.106	.061	.027
von mathematisches Vorwissen zu					
Textverstehen bei Modellierungsaufgaben	−0.078		−0.175	.062	.003
Mathematisieren	−0.066		−0.131	.060	.016
Lesedauer	0.865		0.020	.075	.393
Bearbeitungsdauer	9.207		0.087	.064	.99
von Lesegeschwindigkeit zu					
Lesedauer	−0.018		−0.127	.070	.035
Bearbeitungsdauer	−0.017		−0.048	.106	.325

Standardfehler und p-Werte sind für die (teil-)standardisierten Koeffizienten angegeben; einseitige Signifikanztests

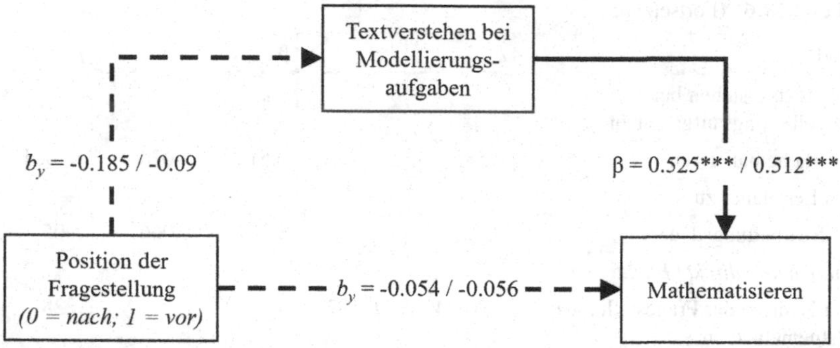

Abbildung 13.1 Pfaddiagramm ohne / mit Kontrollvariablen zu Forschungsfragen 1 und 2 mit (teil-)standardisierten Pfadkoeffizienten. (Anmerkung: nicht-signifikante Pfade sind gestrichelt dargestellt; Kontrollvariablen Lesegenauigkeit und mathematisches Vorwissen; ***p < .001)

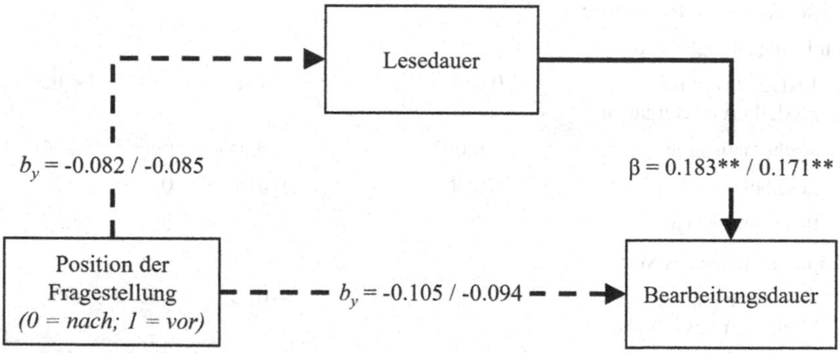

Abbildung 13.2 Pfaddiagramm ohne / mit Kontrollvariablen für Forschungsfrage 3 mit teil-standardisierten Pfadkoeffizienten. (Anmerkung: nicht-signifikante Pfade sind gestrichelt dargestellt; Kontrollvariablen Lesegeschwindigkeit, -genauigkeit und mathematisches Vorwissen; **p < .01)

Diskussion 14

Da Studie 2 unmittelbar auf Studie 1 aufbaut, sollen an dieser Stelle nur die zentralen Ergebnisse von Studie 1 diskutiert werden. In Kapitel V werden beide Studien zusammengeführt und die Ergebnisse aus beiden Studien gemeinsam diskutiert. Dementsprechend werden dort auch die Grenzen der Untersuchungen und die sich aus den Untersuchungen ergebenden Implikationen diskutiert.

14.1 Forschungsfrage 1

Zu Forschungsfrage 1 wurde die Hypothese aufgestellt, dass die Voranstellung der Fragestellung vor den Aufgabentext einem verbesserten fragestellungsbezogenen Verstehen des Aufgabentexts im Vergleich mit der Positionierung der Fragestellung nach dem Aufgabentext einhergeht. Als Begründung wurde die erhöhte Spezifizität des Leseziels und darüber hinaus die fazilitierte Informationsselektion durch Fokussierung der Aufmerksamkeit auf relevante Informationen angeführt. Mit der gewählten Analysemethode konnte jedoch keine solche Prädiktion nachgewiesen werden. Die Effekte blieben zudem unter Kontrolle der allgemeinen Lesekompetenz und des mathematischen Vorwissens stabil. Die Hypothese muss somit abgelehnt werden.

Mögliche Gründe für das Ausbleiben eines Effekts – unabhängig von der Richtung – könnte das Messinstrument TVM sein. Obwohl das Instrument, wie in 11.1.3.2 dargelegt, das Textverstehen bei Modellierungsaufgaben valide zu messen scheint, besteht die Möglichkeit, dass jene Facetten des Textverstehens bei Modellierungsaufgaben, auf die die Voranstellung der Fragestellung bei mathematischen Modellierungsaufgaben einen Einfluss haben sollte, nicht genau genug

V. Böswald, *Die Rolle der Position der Fragestellung beim Textverstehen von mathematischen Modellierungsaufgaben*, Studien zur theoretischen und empirischen Forschung in der Mathematikdidaktik,
https://doi.org/10.1007/978-3-658-43675-9_14

gemessen werden können. Insbesondere das Leseziel muss hier erwähnt werden. In Folgeuntersuchungen sollten daher Untersuchungsmethoden eingesetzt werden, mit denen die Selektion der Informationen explizit gemacht werden kann. Hier bieten sich Methoden etwa wie bei Hagena et al. (2017) oder das in Studie 2 eingesetzte Eye-Tracking zur dezidierten Untersuchung der Informationsselektion bzw. -gewichtung auf Basis der Aufmerksamkeitsallokation an. Eye-Tracking ist insofern vielversprechend, da Blickbewegungen Rückschlüsse auf kognitive Prozesse erlauben (Holmqvist et al., 2011). Somit würden eine Beobachtung und Auswertung der Prozesse ermöglicht. Die in dieser Studie eingesetzte Methodik lässt lediglich Rückschlüsse auf Basis der Produkte (z. B. den gegebenen Antworten) zu, obwohl mit der Lese- und Bearbeitungsdauer auch zwei Prozessvariablen berücksichtigt wurden (siehe 14.3).

Eine weitere Möglichkeit zur Erklärung dieses Befunds lässt sich aus den Theorien zu Lesezielen und dem mathematischen Modellieren ableiten. Zwar ist das Leseziel textsortenspezifisch (bei mathematischen Aufgaben also die Beantwortung einer Fragestellung; z. B. Zwaan, 1993) jedoch ist denkbar, dass die zusätzliche Spezifizierung des Leseziels durch die Voranstellung der Fragestellung nicht fruchtbar ist. Voraussetzung für positive Effekte dieser Manipulation ist sicherlich der Vorgriff auf die Mathematik in der Fragestellung und die damit verbundene Aktivierung von entsprechendem Vorwissen. Wird hinderliches Vorwissen aktiviert (z. B. wie bei Krawitz, 2020) oder schlägt die Aktivierung von Vorwissen wegen mangelnder Verfügbarkeit fehl, kann der Lese- und Verstehensprozess fehlgeleitet werden, sodass die Angemessenheit des konstruierten Situationsmodells nur teilweise gegeben ist.

Eine weitere mögliche Erklärung für den ausbleibenden Effekt könnte jedoch auch die experimentelle Manipulation als solche sein. Zwar konnten Thevenot et al. (2004; 2007) einen positiven Effekt der Voranstellung der Fragestellung vor den Aufgabentext für Textaufgaben zum Inhaltsbereich der Arithmetik feststellen und führten dies auf die somit unterstützte Konstruktion des Situationsmodells zurück, ihre Stichprobe bestand jedoch auch aus Kindern im Grundschulalter ($M = 10;6$ Jahre). Gegen Ende der Grundschulzeit vollzieht sich bei Kindern der sogenannte Verbatim-Gist-Shift, also ein Wechsel von der Bedeutsamkeit der Textoberfläche hin zur semantischen Ebene (Nieding, 2006). Die Textbasis und das Situationsmodell rücken somit in den Fokus. Jüngere Kinder verwenden aufgrund von fehlendem Vorwissen eher die Textoberfläche zur Enkodierung von Wörtern und Sätzen, während ältere Kinder, Jugendliche und Erwachsene eher die Bedeutung fokussieren. Da zur Bearbeitung der Textaufgaben ein Situationsmodell erforderlich ist und die Voranstellung der Fragestellung vor den Aufgabentext die Konstruktion ebendieses unterstützen sollte, profitieren jüngere

Kinder womöglich stärker von dieser Manipulation. Insgesamt zeigt sich außerdem auch in längsschnittlichen Studien eine Zunahme des Textverstehens über die gesamte Schulzeit hinweg. Zunächst erfolgt diese annähernd linear, gegen Ende der Schulzeit (bis zum Ende der Oberstufe) flacht die Entwicklung etwas ab (Lenhard et al., 2020; Philipp, 2011). Da an der hier vorgestellten Untersuchung Schülerinnen und Schüler am Ende ihrer Schulzeit teilnahmen, ist es möglich, dass die Entwicklung ihres Textverstehens so weit fortgeschritten ist, dass experimentelle Manipulationen wie in dieser Studie keine nachweisbaren Änderungen im beobachtbaren Textverstehen auslösen können.

14.2 Forschungsfrage 2

Forschungsfrage 2 ist in drei Teilfragen gegliedert. Forschungsfrage F2a bezieht sich auf einen möglichen Effekt der Position der Fragestellung auf das Mathematisieren. Aufgrund der Komplexität der Prozesse, die für die Konstruktion eines angemessenen mathematischen Modells notwendig sind, kann über die Stärke und Richtung nur spekuliert bzw. gemutmaßt werden, weshalb keine gerichtete Hypothese aufgestellt wurde. Tatsächlich zeigen die Ergebnisse der Pfadanalysen aus dieser Untersuchung, dass das Mathematisieren nicht signifikant durch die Voran- oder Nachstellung der Fragestellung vor oder nach den Aufgabentext prädiziert wird. Dieser Befund bleibt auch unter Kontrolle der Lesegenauigkeit und des mathematischen Vorwissens stabil. Das Vorliegen eines nicht-signifikanten Effekts ist jedoch nicht zwingend äquivalent dazu, dass gar kein Unterschied vorliegt (siehe z. B. Goertzen & Cribbie, 2010; Lakens et al., 2018; Rogers et al., 1993). Insofern bleibt diese Forschungsfrage mit dem hier gewählten Untersuchungsdesign ungeklärt bzw. lässt höchstens auf einen sehr kleinen Effekt schließen.

Forschungsfrage F2b bezieht sich hingegen auf das mathematische Textverstehen als vermittelnde Variable zwischen der Position der Fragestellung und dem Mathematisieren. Somit sollten indirekte Effekte von der Position der Fragestellung auf das Mathematisieren vorhanden sein, derart, dass die Voranstellung der Fragestellung vor den Aufgabentext das mathematische Textverstehen verbessert (Forschungsfrage 1) und darüber auch das Mathematisieren verbessert wird. Die Ergebnisse zu Forschungsfrage F2a zeigten keinen signifikanten direkten Effekt von der Position der Fragestellung auf das Mathematisieren. Da jedoch schon in der Diskussion zu Forschungsfrage 1 festgestellt wurde, dass entgegen den Erwartungen eine Änderung der Position der Fragestellung keinen signifikanten messbaren Einfluss auf das Textverstehen bei Modellierungsaufgaben hat, kann kein signifikanter indirekter Effekt auf das Mathematisieren über das Textverstehen bei Modellierungsaufgaben vorliegen. Dennoch wirkt das Textverstehen bei Modellierungsaufgaben im Modell erwartungsgemäß stark und passend zu den Befunden früherer Studien (z. B. Leiss et al., 2019) auf das Mathematisieren, was als Validitätsnachweis der vorliegenden Studie und ihrer Messinstrumente zu bewerten werden kann. Eine mögliche Erklärung für den fehlenden Signifikanznachweis der Prädiktion des mathematischen Textverstehens durch die Position der Fragestellung liegt, wie in der Diskussion zu Forschungsfrage 1 ausführlich beschrieben, im gewählten Untersuchungsdesign oder aber am deutlich stärkeren Textverstehen der Stichprobe im Vergleich mit den Grundschulkindern aus der Studie von Thevenot et al. (2007).

Die oben dargestellten Ergebnisse sind zudem stabil unter Kontrolle der Lesegenauigkeit und -geschwindigkeit und des mathematischen Vorwissens. Daher kann davon ausgegangen werden, dass die Befunde zur Verkürzung der Verweildauer auf dem Text durch die Voranstellung der Fragestellung vor den Aufgabentext tatsächlich auf letztere zurückzuführen sind.

14.3 Forschungsfrage 3

Forschungsfrage 3 ist in drei Teilfragen gegliedert. Forschungsfrage F3a bezieht sich auf mögliche Effekte der Position der Fragestellung auf die Lesedauer und auf die Bearbeitungsdauer. Diesbezüglich wurde die Hypothese aufgestellt, dass die Voranstellung der Fragestellung vor den Aufgabentext bei Modellierungsaufgaben negativ auf die Lese- und die Bearbeitungsdauer für die Skala zum Textverstehen bei Modellierungsaufgaben im TVM wirkt. Diese Hypothese kann nicht angenommen werden, da mit den gewählten Analysemethoden keine signifikanten Effekte nachgewiesen werden konnten. Insofern kann nicht davon ausgegangen werden, dass die Spezifizierung des Leseziels, die mit der Voranstellung der Fragestellung vor den Aufgabentext einhergeht, beträchtlichen Einfluss darauf hat, wie schnell die Versuchspersonen den Text verstehen und schließlich die Skala zum Textverstehen bei Modellierungsaufgaben bearbeiten konnten. Der Befund passt jedoch zu den Befunden zu Forschungsfrage 1: Da weder ein Einfluss der Position der Fragestellung auf das Textverstehen bei Modellierungsaufgaben noch auf die Lese- oder Bearbeitungsdauer nachgewiesen werden konnte, liegt die Schlussfolgerung nahe, dass die unterschiedlichen untersuchten Positionen der Fragestellung nicht entscheidend für die untersuchten Konstrukte sind. Da diese Befunde jedoch nicht im Einklang mit früheren Befunden aus dem Forschungsgebiet des Textverstehens stehen (z. B. León et al., 2019; Lewis &

Mensink, 2012; Pichert & Anderson, 1977), müssen weitere Untersuchung zur Klärung dieses Zusammenhangs angestrebt werden. Die Befunde aus der Literatur lassen, wie in 7 beschrieben, vermuten, dass Textpassagen und Informationen über die Spezifizierung des Leseziels und die daraus resultierende Allokation von Aufmerksamkeit einfacher als relevant oder irrelevant eingeschätzt werden können. Etwa konnten McCrudden et al. (2005) einen geringeren Zeitaufwand beim Textverstehen durch das Stellen von Pre-Questions beobachten.

Im Hinblick auf die empirischen Implikationen dieses Ergebnisses kann festgehalten werden, dass ein solcher Relevanzeffekt (McCrudden & Schraw, 2007) beim Textverstehen von Modellierungsaufgaben also nicht zwingend zu existieren scheint. Dennoch muss auch hier argumentiert werden, dass das Vorliegen eines nicht-signifikanten Effekts nicht zwingend äquivalent dazu ist, dass gar kein Unterschied vorliegt. Insofern bleibt diese Forschungsfrage mit dem hier gewählten Untersuchungsdesign ungeklärt. Anzumerken ist hier jedoch, dass nicht die konkrete Lesezeit erfasst wurde, sondern die Verweildauern in der Online-Testumgebung, die üblicherweise Unschärfen enthalten (z. B. Frenken, 2022). Die Beobachtung von Blickbewegungen, die insbesondere für die Länge der Lesedauer verantwortlich sein sollten, könnte hier Einblicke in das Zustandekommen dieser nicht-signifikanten Effekte ermöglichen.

Forschungsfrage F3b bezog sich auf den Zusammenhang zwischen der Lese- und der Bearbeitungsdauer. Es wurde die Hypothese aufgestellt, dass sich die Effekte der Position der Fragestellung auf die Lesedauer auch indirekt auf die Bearbeitungsdauer auswirken. Zwar konnte sich ein direkter Einfluss der Lesedauer auf die Bearbeitungsdauer feststellen lassen (eine höhere Lesedauer führt tendenziell zu höherer Bearbeitungsdauer), da sich jedoch kein direkter Effekt von der Position der Fragestellung auf die Lesedauer oder die Bearbeitungsdauer zeigte, ist eine Vermittlung des letztgenannten Effekts schon statistisch nicht möglich.

Die Effekte für beide Teilforschungsfragen blieben unter Kontrolle der Lesegenauigkeit, der Lesegeschwindigkeit und des mathematischen Vorwissens stabil (F3c).

An dieser Stelle kann zusammenführend der Begriff der Effizienz eingebracht werden, der das Verhältnis von erbrachter Leistung zur für diese Leistung benötigten Zeit beschreibt (z. B. Paas & van Merriënboer, 1993). Insofern kann Effizienzsteigerung angenommen werden, wenn entweder nicht-unterschiedliche oder verkürzte Lesedauer in Kombination mit verbessertem Textverstehen oder verkürzte Lesedauer bei gleichzeitig nicht-unterschiedlichem Textverstehen beobachtet werden. Da weder die Leistungen bei der Skala zum mathematischen

Textverstehen noch die Lese- oder die Bearbeitungsdauer signifikant unterschiedlich waren, können die Ergebnisse dieser Untersuchung nicht als Indikatoren für eine Effizienzsteigerung durch die Voranstellung der Fragestellung vor den Aufgabentext angesehen werden. Da allerdings auch keine Effekte gefunden wurden, die in ihrer Richtung den Hypothesen entgegenstehen, bleibt die Forschungslücke offen. Es bleibt also offen, ob Personen, die die Fragestellung zuerst gelesen haben, den Aufgabentext ohne signifikante Einbußen im Textverstehen verarbeiten und die zugehörigen Skalen bearbeiten können.

Es ist jedoch auch möglich, dass zwar die Selektion von relevanten Informationen durch die Voranstellung der Fragestellung vor den Aufgabentext unterstützt wird, dies jedoch eine Beeinträchtigung der Aufmerksamkeitsallokation auf die wichtigen Informationen nach sich zieht. Da diese für den Aufbau eines kohärenten Situationsmodells jedoch essenziell sind, muss – insofern die Lückenhaftigkeit des eigenen Situationsmodells von den Lesenden erkannt wird – Zeit darauf verwendet werden, diese Lücken zu schließen. Die Voranstellung der Fragestellung vor den Aufgabentext würde also gewissermaßen die Anwendung einer Oberflächen- oder Ersatzstrategie induzieren, in der ähnlich wie bei Hegarty et al. (1995) oder Verschaffel et al. (2000) der Fokus auf Informationsselektion mathematischer Natur liegt, anstatt auf der Konstruktion eines angemessenen Situationsmodells. Dieses Verhalten, das gemessen an der benötigten Lese- oder Bearbeitungsdauer in vergleichbaren Ergebnissen wie bei einer Platzierung der Fragestellung nach dem Aufgabentext resultieren würde, sollte sich auf Prozessebene dennoch vom zweitgenannten Verhalten abgrenzen lassen, da sich die auf Teile des Textes allokierte Aufmerksamkeit in den Blickbewegungen im First-Pass- und Re-Reading niederschlagen sollte.

An diese Überlegung knüpft auch an, dass Paas und van Merriënboer (1993) Effizienz mit Ahern und Beatty (1979) als Verhältnis von erbrachter Leistung zu mentalem Aufwand definieren. In dieser Untersuchung wurden die Lese- und die Bearbeitungsdauer als Operationalisierungen für den kognitiven Aufwand beim Textverstehen von Modellierungsaufgaben eingesetzt. Blickbewegungsmetriken wie die der Anteil an Regressionen an allen Sakkaden, Fixationsdauern und weitere, die als Indikatoren für kognitive Prozesse verwendet werden können (Holmqvist et al., 2011), werden in der folgend vorgestellten Studie 2 zusätzlich zur Bearbeitungsdauer eingesetzt, um den kognitiven Aufwand genauer beschreiben zu können. Dies erfordert auch die geringe Varianzaufklärung in den Variablen „Lesedauer" (ca. 2 %) und „Bearbeitungsdauer" (ca. 6 %) im dazu analysierten Pfadmodell.

Teil IV
Studie 2

In Studie 2 wurden zwei Ziele verfolgt: Einerseits sollten Teilergebnisse aus Studie 1 mit einer unterschiedlichen Stichprobe validiert werden, andererseits sollte ein Einblick in das Zustandekommen der Ergebnisse aus Studie 1 ermöglich werden. Leitende Frage war, weshalb kein signifikanter Effekt auf das Textverstehen oder die Lesedauer durch die Voranstellung der Fragestellung beobachtet werden konnte. Wie in 14 andiskutiert, konnten potenziell unterschiedliche Vorgehensweisen bei geänderter Position der Fragestellung mit der Methodik in Studie 1 nicht genau untersucht werden. Es gilt also zu untersuchen, ob durch die Voranstellung der Fragestellung möglicherweise Unterschiede im Leseverhalten induziert werden, die als Indikatoren für geänderte Vorgehensweisen der Versuchspersonen, aber auch als Indikatoren für das Textverstehen interpretiert werden können.

Kern dieser zweiten Studie ist also die Beantwortung von Forschungsfragen 4 bis 6 aus 8.2:

- *Forschungsfrage 4 (F4): Lassen sich die Ergebnisse aus Forschungsfrage 1a (F4a) und aus Forschungsfrage 3a (F4b) replizieren und bleiben diese Einflüsse mit zusätzlicher Kontrolle der Arbeitsgedächtnisspanne stabil (F4c)?*

- *Forschungsfrage 5 (F5): Beeinflusst die Position der Fragestellung die Verweildauer auf dem Text beim First-Pass-, beim Re-Reading und im gesamten Leseprozess (F5a) und inwiefern vermittelt das Leseverhalten den Einfluss der Position der Fragestellung auf die Verweildauer auf dem Text im gesamten Leseprozess (F5b) und sind diese Einflüsse unter Kontrolle der allgemeinen Lesekompetenz, des mathematischen Vorwissens und der Arbeitsgedächtnisspanne stabil (F5c)?*

- *Forschungsfrage 6 (F6): Inwiefern beeinflusst die Position der Fragestellung die Aufmerksamkeitsallokation auf (ir-)relevanten Informationen beim First-Pass-Reading (F6a), beim Re-Reading (F6b) und insgesamt beim Textverstehen von mathematischen Modellierungsaufgaben (F6c) und sind diese Einflüsse unter Kontrolle der allgemeinen Lesekompetenz, des mathematischen Vorwissens und der Arbeitsgedächtnisspanne stabil (F6d)?*

In diesem Abschnitt der Arbeit werden nachfolgend die Erhebungs- und Auswertungsmethodik konkretisiert sowie die Ergebnisse von Studie 2 vorgestellt und diskutiert.

15 Methodisches Vorgehen zur Datenerhebung

Im Folgenden sollen nun analog wie in der Beschreibung von Studie 1 die Stichprobe, die Messinstrumente und das Untersuchungsdesign inklusive Ablauf und Durchführung der Erhebung vorgestellt werden, die zur Beantwortung der Forschungsfragen 4 bis 6 aus 8.2 eingesetzt wurden.

15.1 Stichprobe

Die Stichprobe bestand aus 75 Schülerinnen und Schülern (54.7 % weiblich, 1.3 % divers) zwischen 15 und 20 Jahren ($M = 17.31$, $SD = 0.885$). Die Teilnehmenden besuchten verschiedene Schulen in Nordrhein-Westfalen (32.0 % Gymnasium, 54.7 % Gesamtschule, 13.3 % Realschule) und entstammten den Jahrgangsstufen 10 an der Realschule (13.3 %) sowie der Einführungsphase (1.3 %) und den Qualifikationsphasen I (46.7 %) und II (38.7 %) für Gymnasium und Gesamtschule. Über einen Fragebogen (siehe Anhang C im elektronischen Zusatzmaterial) wurden die Mathematiknote ($M = 2.13$, $SD = 1.031$) und die Deutschnote ($M = 2.13$, $SD = 0.741$) des vergangenen Schul(halb-)jahres abgefragt. Außerdem wurden die Teilnehmenden gebeten, Angaben zur Art und Weise zu machen, wie sie die deutsche Sprache gelernt haben. Möglichkeiten waren

---

Ergänzende Information Die elektronische Version dieses Kapitels enthält Zusatzmaterial, auf das über folgenden Link zugegriffen werden kann https://doi.org/10.1007/978-3-658-43675-9_15.

V. Böswald, *Die Rolle der Position der Fragestellung beim Textverstehen von mathematischen Modellierungsaufgaben*, Studien zur theoretischen und empirischen Forschung in der Mathematikdidaktik,
https://doi.org/10.1007/978-3-658-43675-9_15

„Deutsch ist meine Muttersprache" (82.7 %), „Ich habe eine andere Muttersprache, aber bin auch mit der deutschen Sprache aufgewachsen" (14.7 %) und „Deutsch ist für mich eine Fremdsprache" (2.7 %). Den Abschluss des Fragebogens bildete eine Abfrage der Selbsteinschätzung der Fähigkeit zum Verstehen deutschsprachiger Texte mit einer fünfstufigen Likert-Skala (1 = „sehr gut" bis 5 = „sehr schlecht"; $M = 2.08$, $SD = 0.731$) sowie die Abfrage, wie sehr sich die Teilnehmenden bei der Untersuchung auf einer Skala von 1 bis 10 angestrengt haben ($M = 8.72$, $SD = 0.980$). Analog zu Studie 1 wurde die Einwilligung der Versuchspersonen und im Fall der Minderjährigkeit auch ihrer Sorgeberechtigten eingeholt (siehe 17.1).

15.2 Untersuchungsdesign

Wie auch schon in Studie 1 handelt es sich bei Studie 2 um ein experimentelles between-subject-Design. Die Begründung für die Wahl ebendieses Designs und damit gegen ein within-subject-Design bleibt dieselbe wie in Studie 1. Die Versuchspersonen wurden randomisiert der Experimental- oder Kontrollgruppe zugewiesen. Die variierte unabhängige Variable ist erneut die Position der Fragestellung (vor bzw. nach dem Aufgabentext). Der Vergleich der Experimental- und Kontrollgruppe hinsichtlich personenbezogener Variablen mithilfe von t-Tests mit unabhängigen Stichproben für die metrisch skalierten Variablen (Alter, Mathematiknote, Deutschnote, Selbsteinschätzung zum Textverstehen, Testmotivation) bzw. Chi-Quadrat-Tests für die kategorial skalierten Variablen (Geschlecht, Schulform, Jahrgangsstufe, Sprachkenntnisse) kann als Indikator für das Erreichen einer zufälligen Verteilung angesehen werden (Tabelle 15.1 und Tabelle 15.2).

Tabelle 15.1 Inferenzstatistische Überprüfung des Randomisierungserfolgs in Studie 2 (metrisch skalierte Variablen)

Variable	EG		KG			
	M	*SD*	*M*	*SD*	*t(73)*	*p*
Alter	17.21	0.951	17.42	0.806	−1.035	.304
Mathematiknote	2.10	0.912	2.17	1.159	−0.267	.790
Deutschnote	2.13	0.732	2.14	0.762	−0.062	.951
Selbsteinschätzung Textverstehen	2.08	0.623	2.08	0.841	−0.038	.970
Testmotivation	8.72	0.944	8.72	1.031	−0.019	.985

zweiseitige t-Tests für unabhängige Stichproben

Tabelle 15.2 Inferenzstatistische Überprüfung des Randomisierungserfolgs in Studie 2 (kategorial skalierte Variablen)

Variable	Ausprägung	N_{EG}	N_{KG}	$\chi 2$	p
Geschlecht	männlich	18	15	1.179	.555
	weiblich	20	21		
	anderes	1	0		
Schulform	Realschule	5	5	0.071	.965
	Gesamtschule	21	20		
	Gymnasium	13	11		
Jahrgangsstufe	10	5	5	0.945	.815
	EF	1	0		
	Q1	18	17		
	Q2	15	14		
Sprachkenntnisse Deutsch	Muttersprache	34	28	1.281	.527
	damit aufgewachsen	4	7		
	Fremdsprache	1	1		

Bei Eye-Tracking-Studien sollten Maße für interindividuelle Unterschiede wie basale Lesekompetenz, Lesegeschwindigkeit und Arbeitsgedächtnisspanne entweder als Designfaktoren oder als zufällige Variablen in Regressionsmodellanalysen berücksichtigt werden. Diese interindividuellen Unterschiede sind deutlich öfter für Unterschiede in den Blickbewegungsdaten verantwortlich als textuelle Merkmale (Radach & Kennedy, 2013). Daher werden diese Merkmale in dieser Untersuchung als Kontrollvariablen integriert. Die Lesegenauigkeit als Maß für die basale Lesekompetenz sowie die Lesegeschwindigkeit werden über den LGVT 5−12+ (Wolfgang Schneider et al., 2017a) erfasst, die Arbeitsgedächtnisspanne durch den Einsatz des Automated Ospan Task (Unsworth et al., 2005). Schließlich wird noch wie in Studie 1 das mathematische Vorwissen als Kontrollvariable aufgenommen, operationalisiert durch die Mathematiknote auf dem letzten Schul(halb-)jahreszeugnis.

Anders als Studie 1 ist diese Untersuchung im Rahmen von Einzelerhebungen angelegt. Die Begründung für diesen Wechsel liegt insbesondere in der Methode des Eye-Tracking, die pro Eye-Tracking-System nur eine simultane Datenerhebung zulässt.

15.3 Messinstrumente

Wie schon in Studie 1 kamen auch in Studie 2 der LGVT 5–12+ zur Erfassung der Lesegeschwindigkeit und der Lesegenauigkeit sowie der TVM zur Messung des Textverstehens bei Modellierungsaufgaben und der Bearbeitungsdauer zum Einsatz (siehe 9.2). Darüber hinaus wurde ein Verfahren zur Erfassung der Arbeitsgedächtnisspanne (AOSPAN) und ein Eye-Tracking-System (Tobii Pro Spectrum 300Hz) eingesetzt. Diese beiden Instrumente sollen folgend erläutert werden.

15.3.1 Arbeitsgedächtnistest „AOSPAN"

Der Automated Ospan Task (AOSPAN; Unsworth et al., 2005), hier verwendet in einer deutschen Übersetzung für die Software Inquisit 4 (Millisecond Software L.L.C., 2015), ist ein gut evaluiertes computerbasiertes Instrument zur Erfassung der Arbeitsgedächtnisspanne. Das Instrument findet überwiegend Anwendung in der psychologischen Forschung zu kognitiven Fähigkeiten (Conway et al., 2005).

Wie bei anderen Tests, die die Arbeitsgedächtnisspanne messen, müssen sich die Versuchspersonen bestimmte Informationen merken (Speicherkomponente des Arbeitsgedächtnisses) und werden dabei von einer ablenkenden Aktivität unterbrochen (Verarbeitungskomponente des Arbeitsgedächtnisses). Zudem müssen die Versuchspersonen die zu erinnernden Informationen in der richtigen Reihenfolge abrufen. Im AOSPAN hat die ablenkende Aktivität die folgende Form: Zunächst wird der Versuchsperson eine mathematische Rechenoperation präsentiert. Nach jeder dieser Rechenoperationen wird eine Zahl gezeigt. Die Versuchspersonen müssen dann entscheiden, ob diese Zahl die korrekte Lösung für die zuvor angezeigte Rechenoperation ist oder nicht.

Die Informationen, die erinnert werden müssen, sind im AOSPAN Buchstaben (F, H, J, K, L, N, P, Q, R, S, T und Y) und deren Anzeigereihenfolge. Nach der Beantwortung jeder Rechenoperation wird für 800 ms einer dieser Buchstaben präsentiert, den sich die Versuchspersonen für eine abschließenden Abfrage in einem Erinnerungstest merken müssen. Jeder Durchlauf besteht aus einem Satz von drei bis sieben Verarbeitungs-Speicher-Einheiten, also je drei bis sieben Rechenaufgaben und Buchstaben, sowie einem abschließenden Erinnerungstest. Für letzteren gibt es kein Zeitlimit. Bei den Erinnerungstests müssen die Versuchspersonen die zuvor präsentierten Buchstaben aus dem Satz in einer 4x3-Matrix, die alle zur Präsentation möglichen Buchstaben enthält (d. h. F, H, J, K, L, N, P, Q, R, S, T und Y), identifizieren, indem sie diese in der richtigen

Reihenfolge anklicken. Die Versuchspersonen haben die Möglichkeit, eine Stelle leer zu lassen, wenn sie einen Buchstaben in der Reihe vergessen haben. Nach jedem Erinnerungstest erhält die Versuchsperson Feedback über die Anzahl der korrekt erinnerten Buchstaben. Dieser Ablauf wird in Abbildung 15.1 an einem Beispiel verdeutlicht.

Der AOSPAN besteht aus insgesamt 15 Versuchen (d. h. drei je Satzgröße). Für die Versuchspersonen nicht wahrnehmbar, ist die Aufgabe in drei Blöcke unterteilt. Jede Satzgröße kommt einmal in jedem Block vor, aber die Reihenfolge der Satzgrößen wird jeweils randomisiert.

Bevor der tatsächliche Test beginnt, bearbeiten die Versuchspersonen drei Blöcke mit Übungsaufgaben. Im ersten Block werden den Versuchspersonen nacheinander einzelne, unzusammenhängende Buchstaben präsentiert, die anschließend erinnert und in der richtigen Reihenfolge in der o.g. 4x3-Matrix durch Anklicken wiedergegeben werden müssen. Im zweiten Übungsblock sollen die Versuchspersonen möglichst zügig eine Rechenoperation lösen und dann entscheiden, ob eine angezeigte Zahl die korrekte Lösung ist oder nicht, indem sie auf „richtig" bzw. „falsch" klicken. Der dritte Übungsblock kombiniert die ersten beiden Blöcke und bahnt somit die instruktionsgemäße Bearbeitung des Tests an.

Ein Zeitlimit ist für den AOSPAN nicht vorgesehen, Unsworth et al. (2005) geben die benötigte Zeit mit etwa 25 Minuten an.

15.3.2 Eye-Tracking-System Tobii Pro Spectrum (300Hz)

Die Methode des Eye-Tracking kann produktiv eingesetzt werden, um herauszufinden, wie die Position der Fragestellung das Textverstehen der Lernenden bei Aufgaben zum mathematischen Modellieren beeinflusst. Ein Einblick in die Ansätze, die sie verfolgen, um ein möglichst adäquates Situationsmodell zu konstruieren, wird so möglich. In dieser Studie wurde das bildschirmbasierte Remote-Eye-Tracking System „Tobii Pro Spectrum" mit einer Aufnahmefrequenz von 300 Hz eingesetzt. Dieses System erlaubt eine präzise Erfassung von Blickbewegungen, solange der Abstand zwischen den Augen der Versuchspersonen und den Sensoren während der Aufzeichnung zwischen 55 und 75 cm beträgt (Tobii AB, 2018). Dazu werden von zwei Kameras Stereobilder von beiden Augen erfasst, um eine robuste und genaue Messung der Augenposition im dreidimensionalen Raum zu erhalten. Die Pupillen der Versuchspersonen werden von Infrarotlampen illuminiert, sodass die Reflexion auf der Pupille im Video sichtbar werden kann. Auf Basis dieser Informationen können schließlich über Algorithmen, die die Reflexionen im Video erkennen, und in Kombination mit

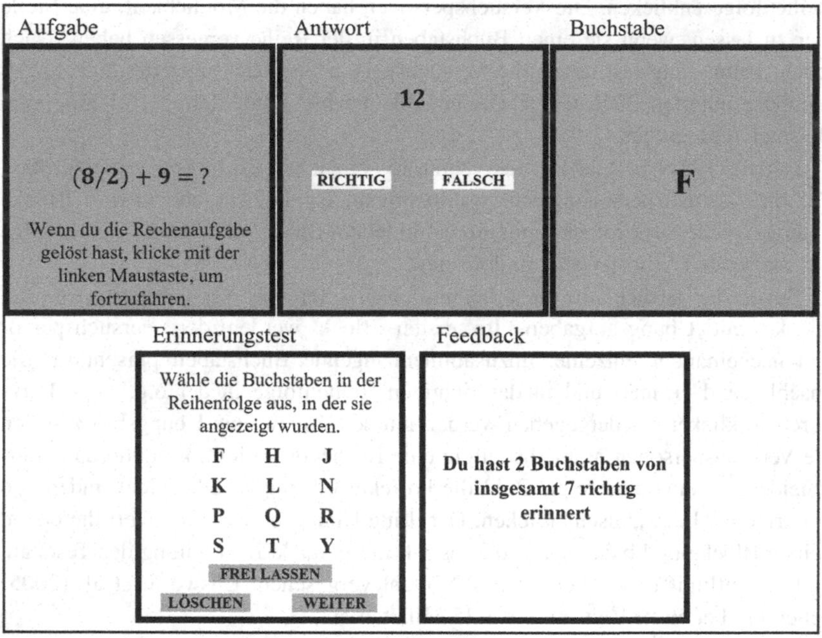

Abbildung 15.1 Veranschaulichung des Ablaufs von AOSPAN in Anlehnung an Unsworth et al. (2005)

einem 3D-Modell des menschlichen Auges der Blick der Versuchsperson auf den Stimulus abgebildet werden.

Unter optimalen Laborbedingungen kann eine Genauigkeit von 0.01° und eine Präzision von 0.3° erreicht werden. Genauigkeit meint dabei die durchschnittliche Distanz zwischen dem gemessenen und tatsächlichen Blickpunkt (in °), Präzision die räumliche Variation der Winkel zwischen einzelnen bzw. aufeinanderfolgenden Blickdaten (Tobii AB, 2018).

Mit dem eingesetzten System ist eine Fünf-Punkt Kalibrierung mit anschließender Vier-Punkt-Validierung möglich. Die individuelle Kalibrierung ist für jede Versuchsperson notwendig, da beispielsweise die Größe des Augapfels oder seine Form zwischen Personen stark variieren können (Holmqvist et al., 2011), beide aber gleichzeitig essentiell für die korrekte Berechnung der Blickbewegungen sind (Hammoud & Mulligan, 2008).

Damit Messungenauigkeiten des Eye-Tracking-Systems nicht zu messfehlerbehafteten Daten und schlussendlich zu fehlerhaften Interpretationen führen, wurde der Zeilenabstand im TVM so festgelegt, dass Aufzeichnungen mit einer Messgenauigkeit von bis zu 0.50° (überprüft durch die Kalibrierung) noch immer klar einer bestimmten Zeile zuzuordnen waren.

In einem Fall konnte trotz mehrfacher Kalibrierung der gewünschte Schwellenwert von 0.50° nicht erreicht werden. Folglich wurde der Fall ausgeschlossen, sodass mit einer Stichprobe von $N = 74$ die Analysen angestrebt wurden.

Die weiteren Kalibrierungsergebnisse waren zufriedenstellend (siehe Tabelle 15.3).

Tabelle 15.3 Durchschnittliche Ergebnisse der Kalibrierungen des Eye-Tracking-Systems in Studie 2

	M *(SD)*		
	Grad °	mm	px
Kalibrierung	0.09 *(0.16)*	1.06 *(1.90)*	3.84 *(6.89)*
Validierung	0.41 *(0.18)*	4.63 *(1.98)*	16.85 *(7.20)*

15.4 Ablauf und Durchführung der Untersuchung

Studie 2 fand im Rahmen von Einzelerhebungen statt, d. h. nur eine Versuchsperson nahm gleichzeitig an der Erhebung teil. Ein Teil der Untersuchung wurde im Rahmen von drei Masterarbeiten realisiert ($N = 26$; Demes, 2021; Porath, 2021; Schneekloth, 2021). Insgesamt waren vier Schulen aus Nordrhein-Westfalen an der Datenerbhebung beteiligt (eine Realschule, eine Gesamtschule mit gymnasialer Oberstufe sowie zwei Gymnasien). Der überwiegende Teil der Erhebungen fand während des Schulalltags der Versuchspersonen statt, aber losgelöst vom Unterricht in einem separaten Raum in der jeweiligen Schule. Der Versuchsaufbau ist in Abbildung 15.2 schematisch dargestellt.

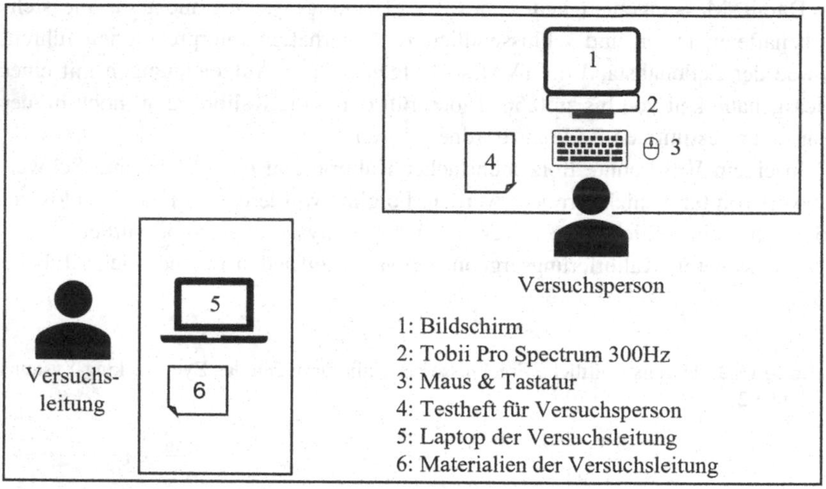

Abbildung 15.2 Versuchsaufbau bei der Datenerhebung in Studie 2

Zur Datenerhebung wurden in je einer Doppelstunde mit einer Dauer von 90 Minuten die oben vorgestellten Instrumente eingesetzt. Zur Gewährleistung der Durchführungsobjektivität waren die Instruktionen für die Versuchspersonen und die Versuchsleitung in einem Instruktionsmanual (Anhang I im elektronischen Zusatzmaterial) festgehalten. Im Vorfeld der Untersuchung hatten die Versuchspersonen und ihre Sorgeberechtigten schriftlich ihr Einverständnis zur Datenerhebung, -verarbeitung und -weiterverwendung im Rahmen von wissenschaftlichen Zwecken gegeben. Nach einer Begrüßung und kurzen Erklärung des Ablaufs wurde die Versuchsperson wie in Studie 1 aufgefordert, entsprechend der Anleitung in Anhang B im elektronischen Zusatzmaterial ein persönliches Codewort zu generieren. Damit konnte gewährleistet werden, dass die Daten der unterschiedlichen Messinstrumente in der Datenaufbereitung zusammengeführt werden konnten, ohne die Anonymität der Versuchspersonen zu verletzen.

Anschließend wurde die Versuchsperson für die computerbasierte Bearbeitung des Tests zur Arbeitsgedächtnisspanne (AOSPAN) instruiert und sie bearbeitete diesen. Fragen zum Test wurden von der Versuchsleitung nicht beantwortet. Nach Beendigung des Tests folgte eine kurze Pause, bevor die Versuchsperson das Testheft zum LGVT 5−12+ erhielt, diesbezüglich instruiert wurde und den Test bearbeitete. Erneut galt wieder, dass Fragen während der Testbearbeitung nicht zugelassen wurden. Nach Ablauf der vorgesehenen Testzeit von 6 Minuten wurde das Testheft eingesammelt.

Es folgte eine kurze Pause, in der das Eye-Tracking-System initialisiert wurde, da bei der nun folgenden Bearbeitung des TVM die Blickbewegungen der jeweiligen Versuchsperson mit dem Tobii Pro Spectrum 300Hz aufgezeichnet werden sollten. Um eine gute Datenqualität zu gewährleisten, wurde vor jeder der insgesamt fünf Aufgaben des Tests (Beispielaufgabe, Buddenturm, Felsendom, Kirchturm und Messboje) das Eye-Tracking-System neu auf die betreffende Person kalibriert. Die Reihenfolge der Aufgaben wurde, anders als in Studie 1, nicht automatisch randomisiert, sondern im Vorfeld der Datenerhebung wurden alle möglichen Permutationen in einer Tabelle festgehalten (siehe Tabelle 15.4). Jeder Versuchsperson konnte somit eine Permutation zugeteilt werden. Sobald alle Permutationen genau einmal bearbeitet worden waren, wurde bei der Zuteilung von vorn begonnen. Dieses Verfahren wurde notwendig, da sich in verschiedenen Pilotierungsdurchgängen gezeigt hatte, dass die Datenqualität a) mit zunehmender Aufnahmedauer durch den Verzicht auf eine Kopfstütze sinkt und b) durch das Hin- und Herschauen zwischen Bildschirm und Tastatur bei der Eingabe der Begründungen zur Skala „Textverstehen bei Modellierungsaufgaben" bzw. bei der Eingabe des zur Lösung der Aufgabe vermuteten mathematischen Verfahrens (Skala „Mathematisieren") beeinträchtigt wird. Somit konnte gute Datenqualität beim Lesen der Aufgabentexte, also dem in dieser Studie interessierenden Teil der Erhebung, gewährleistet werden.

Den Abschluss der Datenerhebung bildete der Fragebogen zu den demographischen Daten und die Abfrage der aufgewendeten Anstrengung. Zuletzt wurde der Versuchsperson gedankt.

Alle Versuchspersonen nahmen freiwillig an der Erhebung teil, als Anreiz wurde ihnen die Möglichkeit zur Teilnahme an einer Verlosung von Gutscheinen im Wert von 20€ geboten.

Tabelle 15.4 Permutationen der Aufgabenreihenfolge in Studie 2

Permutation	Aufgabe 1	Aufgabe 2	Aufgabe 3	Aufgabe 4
1	Buddenturm	Felsendom	Messboje	Kirchturm
2	Buddenturm	Messboje	Felsendom	Kirchturm
3	Buddenturm	Kirchturm	Messboje	Felsendom
4	Buddenturm	Felsendom	Kirchturm	Messboje
5	Buddenturm	Messboje	Kirchturm	Felsendom
6	Buddenturm	Kirchturm	Felsendom	Messboje
7	Felsendom	Buddenturm	Kirchturm	Messboje
8	Felsendom	Kirchturm	Buddenturm	Messboje
9	Felsendom	Messboje	Kirchturm	Buddenturm
10	Felsendom	Buddenturm	Messboje	Kirchturm
11	Felsendom	Kirchturm	Messboje	Buddenturm
12	Felsendom	Messboje	Buddenturm	Kirchturm
13	Messboje	Buddenturm	Kirchturm	Felsendom
14	Messboje	Felsendom	Buddenturm	Kirchturm
15	Messboje	Kirchturm	Felsendom	Buddenturm
16	Messboje	Buddenturm	Felsendom	Kirchturm
17	Messboje	Felsendom	Kirchturm	Buddenturm
18	Messboje	Kirchturm	Buddenturm	Felsendom
19	Kirchturm	Buddenturm	Messboje	Felsendom
20	Kirchturm	Felsendom	Buddenturm	Messboje
21	Kirchturm	Messboje	Felsendom	Buddenturm
22	Kirchturm	Buddenturm	Felsendom	Messboje
23	Kirchturm	Felsendom	Messboje	Buddenturm
24	Kirchturm	Messboje	Buddenturm	Felsendom

Auswertungsmethodik 16

Im Folgenden soll erläutert werden, wie die eingesetzten Messinstrumente ausgewertet werden. Wie schon in Studie 1 werden Pfadanalysen als statistisches Verfahren zur Beantwortung der Forschungsfragen eingesetzt.

16.1 Auswertung der Messinstrumente

Die Auswertung des TVM und des LGVT 5–12+erfolgt analog wie in 10.1.1 und 10.1.2 beschrieben. Bei ersterem wird jedoch nur die Skala zum mathematischen Textverstehen ausgewertet, auf die zugehörige CFA wird im Folgenden eingegangen.

16.1.1 Auswertungsplan TVM

Die aus der CFA resultierenden Faktorladungen sind in Tabelle 16.1 dargestellt. Der Modellfit ist bezüglich des RMSEA gut ($\chi 2(1028) = 1176.5$, $p < .001$; CFI $= 0.524$; TLI $= 0.547$; RMSEA $= 0.044$). Es muss jedoch angemerkt werden, dass für den Chi-Quadrat-Wert und die zugehörigen Parameter sowie für CFI und TLI die Schwellenwerte nicht erreicht werden. Dies muss bei der Interpretation der Ergebnisse berücksichtigt werden, hängt aber sicherlich auch mit der geringen Stichprobengröße zusammen. Zur Einhaltung der Konsistenz mit Studie 1 wird diese Modellierung dennoch verwendet.

V. Böswald, *Die Rolle der Position der Fragestellung beim Textverstehen von mathematischen Modellierungsaufgaben*, Studien zur theoretischen und empirischen Forschung in der Mathematikdidaktik,
https://doi.org/10.1007/978-3-658-43675-9_16

Das Item V_Bd_3 konnte aufgrund von Problemen von Mplus bei der Schätzung der Residualvarianz nicht aufgenommen werden und wurde somit aus den Analysen eliminiert.

Das weitere Vorgehen ist analog zur Auswertung in Studie 1 und soll deshalb hier nicht erneut beschrieben werden.

Tabelle 16.1 Faktorladungen der CFA zum Konstrukt „Textverstehen bei Modellierungsaufgaben" in Studie 2

Item / Text	Buddenturm λ *(SE)*	Felsendom λ *(SE)*	Kirchturm λ *(SE)*	Messboje λ *(SE)*
Aussage 1	.710 (.132)***	.164 (.177)	.575 (.142)***	.370 (.168)*
Aussage 2	−.446 (.149)**	.510 (.166)**	−.731 (.101)***	.405 (.231)†
Aussage 3	–	.213 (.180)	−.245 (.164)	.643 (.162)***
Aussage 4	.344 (.186)†	.835 (.157)***	.182 (.161)	.202 (.180)
Darstellung Ori_1	.139 (.164)	−.161 (.183)	.120 (.179)	.487 (.139)***
Darstellung Ori_2	.016 (.166)	−.066 (.186)	.230 (.157)	.637 (.124)***
Darstellung $D_{1,1}$	.829 (.075)***	.355 (.253)	.762 (.119)***	.723 (.146)***
Darstellung $D_{1,2}$	.883 (.057)***	.414 (.200)*	.504 (.143)***	.782 (.122)***
Darstellung $D_{2,1}$	.772 (.078)***	.622 (.158)***	.581 (140)***	.774 (.120)***
Darstellung $D_{2,2}$	.732 (.081)***	.907 (.132)***	.747 (.111)***	.750 (.128)***
Darstellung $D_{3,1}$	.569 (.113)***	.302 (.185)	.732 (.118)***	.332 (177)†
Darstellung $D_{3,2}$	.664 (.115)***	.405 (.185)*	.744 (.128)***	.237 (.199)

Standardisierte Faktorladungen; zweiseitige Signifikanztests; †*p < .10;* **p < .05;* ***p < .01;* ****p < .001.*

16.1.2 Auswertungsplan „AOSPAN"

Mit dem AOSPAN kann die Arbeitsgedächtnisspanne über die Komponente „Speichern und Verarbeiten" des Arbeitsgedächtnisses gemessen werden.

Im Übungsblock zur Verarbeitungskomponente des Arbeitsgedächtnisses, also bei der Bearbeitung der Rechenaufgaben, erfasst die Software automatisiert die Beantwortungszeit. Daraus werden individuelle Zeitlimits für die einzelnen Versuchspersonen berechnet, die im kombinierten Übungsblock und schließlich auch im tatsächlichen Test Anwendung finden. Das individuelle Zeitlimit T ergibt sich durch folgende Formel:

$$T = M_{Beantwortungszeit} + 2.5 \cdot SD_{Beantwortungszeit}$$

Das Zeitlimit wird benötigt, um Versuche bei den Rechenaufgaben zu beenden, in der die Versuchspersonen den Verarbeitungsprozess verlängern bzw. hinauszögern, um Strategien anzuwenden, die den Abruf der gespeicherten Buchstaben im Erinnerungstest erleichtern. Als Indikator für dieses Verhalten wird herangezogen, dass die Beantwortungszeit das berechnete Zeitlimit übersteigt. Versuche, die aufgrund des überstiegenen Zeitlimits abgebrochen wurden, werden als Verarbeitungsfehler gewertet.

Insgesamt gibt die automatisierte Auswertung durch die Software für jede Versuchsperson fünf Scores aus: (i) die Anzahl an falsch beantworteten Rechenaufgaben, (ii) die Anzahl als falsch gewerteter Rechenaufgaben aufgrund von Überschreitungen des Zeitlimits, (iii) die Summe dieser beiden Scores als Anzahl aller Fehler in der ablenkenden Aktivität, (iv) die Anzahl aller an der richtigen Stelle korrekt erinnerten Buchstaben und (v) den Operation-Span-Score, der die Anzahl der Sätze widerspiegelt, die vollständig erinnert wurden. Die maximal erreichbare Punktzahl von 75 für die Variablen „OSPAN absolute Punktzahl" ($OSPAN_{total}$) und „OSPAN Zahl der gemerkten Buchstaben" ($OSPAN_{partial}$) ergibt sich somit aus den insgesamt 75 zu erinnernden Buchstaben. Eine Abweichung der Punktzahlen von „$\text{OSPAN}_{\text{total}}$" und „$\text{OSPAN}_{\text{partial}}$" tritt auf, sobald mindestens ein Satz nicht vollständig korrekt erinnert wurde.

Redick et al. (2012) empfehlen die Verwendung der partiellen Scores bei Tests zur Arbeitsgedächtnisspanne, da diese zuverlässiger sind und die individuellen Unterschiede in der Arbeitsgedächtnisspanne besser berücksichtigen. Daher werden statt der Variable „$\text{OSPAN}_{\text{total}}$" die Ergebnisse der Versuchspersonen bezüglich der Variable „$\text{OSPAN}_{\text{partial}}$" berichtet und als Variable „Arbeitsgedächtnisspanne" in den Analysen berücksichtigt.

16.1.3 Auswertungsplan für die Eye-Tracking-Daten

Beim Eye-Tracking entstehen große Datenmengen. Mit dem eingesetzten Tobii Pro Spectrum werden entsprechend der Sampling-Frequenz von 300 Hz pro Sekunde 300 Datenpunkte aufgezeichnet, z. B. pro Auge die zweidimensionalen Koordinaten der gemessenen Blickbewegungen auf dem Bildschirm. Zur Auswertung der Aufzeichnungen wurde die Software Tobii Pro Lab verwendet (Tobii AB, 2022). In einem ersten Schritt werden aus diesen Datenpunkten mithilfe von Filtern Fixationen und Sakkaden klassifiziert. In der vorliegenden Untersuchung wurde der Tobii I-VT (Fixation)-Filter verwendet. Bei diesem Filter handelt es sich um einen sogenannten Velocity-Threshold Identification Gaze Filter (Komogortsev et al., 2010; Salvucci & Goldberg, 2000). Dieser klassifiziert Blickbewegungen auf Basis der Geschwindigkeit von Richtungsänderungen der Augen. Liegt die gemessene Richtungsänderung (in °/s) unterhalb eines bestimmten Schwellenwerts, so wird eine Blickbewegung als Fixation klassifiziert, andernfalls als Sakkade. Der Tobii I-VT (Fixation)-Filter verwendet als Schwellenwert 30°/s und aggregiert als Fixation klassifizierte Blickbewegungen, die weniger als 75 ms aufeinander folgen und weniger als 0.5° voneinander abweichen zu einer Fixation. Zudem werden Fixationen mit einer Dauer von 60 ms verworfen, da diese Dauer etwa den Schwellenwert beschreibt, ab dem der fixierte Inhalt beim Lesen sinnstiftend verarbeitet werden kann (Holmqvist et al., 2011).

Neben der Festlegung der Filter müssen noch für das Forschungsinteresse relevante Zeitintervalle, sogenannte Times of Interest *(TOIs)*, und Bereiche im Stimulus, sogenannte Areas of Interest *(AOIs)*, definiert werden. Als TOIs wurden in dieser Studie diejenigen Zeitintervalle definiert, in denen die Versuchspersonen den jeweiligen Aufgabentext lasen, d. h. vom Erreichen der Seite im computerbasierten Testverfahren, auf der die Überschrift und die Fragestellung (EG) bzw. die Überschrift und der zugehörige Text (KG) abgebildet waren, bis zum Klick auf „Weiter", mit dem die Bearbeitung der Skala zum Textverstehen gestartet wurde.

Die Festlegung der AOIs erfolgte in einem dreischrittigen Verfahren basierend auf Holmqvist et al. (2011). In einem ersten Schritt wurden sogenannte Stimulus-generierte AOIs festgelegt, d. h. für jedes Wort im Text wurde ein AOI definiert (Abbildung 16.1). Die Höhe der AOIs wurde durch den Zeilenabstand beschränkt, die Breite durch das nachfolgende Wort bzw. den Seitenrand. Diese Stimulus-generierten AOIs werden zur Berechnung der totalen, First-Pass- und Re-Reading-Verweildauern benötigt.

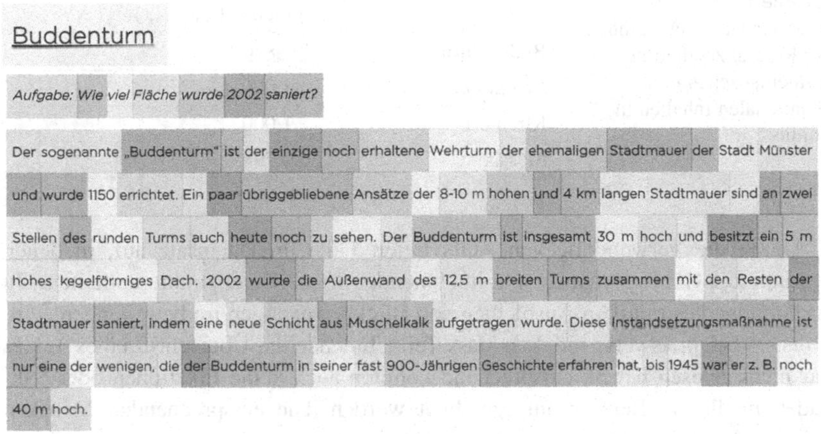

Buddenturm
Aufgabe: Wie viel Fläche wurde 2002 saniert?
Der sogenannte „Buddenturm" ist der einzige noch erhaltene Wehrturm der ehemaligen Stadtmauer der Stadt Münster
und wurde 1150 errichtet. Ein paar übriggebliebene Ansätze der 8-10 m hohen und 4 km langen Stadtmauer sind an zwei
Stellen des runden Turms auch heute noch zu sehen. Der Buddenturm ist insgesamt 30 m hoch und besitzt ein 5 m
hohes kegelförmiges Dach. 2002 wurde die Außenwand des 12,5 m breiten Turms zusammen mit den Resten der
Stadtmauer saniert, indem eine neue Schicht aus Muschelkalk aufgetragen wurde. Diese Instandsetzungsmaßnahme ist
nur eine der wenigen, die der Buddenturm in seiner fast 900-Jährigen Geschichte erfahren hat, bis 1945 war er z. B. noch
40 m hoch.

Abbildung 16.1 Stimulus-generierte Areas of Interest für die Aufgabe Buddenturm

Für das Forschungsinteresse sind ferner solche Textstellen wichtig, die relevante bzw. irrelevante Informationen zur Bearbeitung der Modellierungsaufgabe enthalten. Daher wurden anschließend von zwei Personen in gemeinsamer Diskussion sogenannte Experten-definierte AOIs festgelegt. Dazu wurden pro Text Informationen identifiziert, die von Lernenden als mathematische oder situational (ir-)relevant zur Bearbeitung der Modellierungsaufgabe aufgefasst werden könnten. Im nächsten Schritt wurden diese Informationen hinsichtlich ihrer mathematischen und situationalen Relevanz zur Bearbeitung der Modellierungsaufgabe als entweder relevant (Code 1) oder irrelevant (Code 0) kodiert. Als relevant gilt eine Information dann, wenn sie unmittelbar zur adäquaten Lösung der Modellierungsaufgabe benötigt wird. Andernfalls ist sie als irrelevant einzustufen (vgl. 4.3). Eine Doppelkodierung von 100 % ergab unter Anwendung der Richtlinien von Landis und Koch (1977) mindestens substanzielle Übereinstimmungen für alle Aufgaben ($\kappa = .798$ bis $\kappa = 1.000$; siehe Tabelle 16.2). Durch diese Kodierung ist es möglich, die Verweildauern auf relevanten und irrelevanten Informationen mithilfe von AOIs zu bestimmen. So ergibt sich beispielsweise die Verweildauer auf relevanten Informationen beim First-Pass-Reading durch die Summe der Verweildauern beim ersten Dwell auf allen als relevant kodierten AOIs.

Tabelle 16.2 Inter-Kodierer-Übereinstimmung der Relevanzkodierung von mathematischen und situationalen Inhalten in Studie 2

Text	Fleiss' Kappa (κ)
Buddenturm	.870
Felsendom	1.000
Kirchturm	1.000
Messboje	.798

Durch die Verwendung von AOIs treten Fälle im Datensatz auf, in denen bestimmte AOIs von manchen Teilnehmenden keine Datenpunkte enthalten. Zu erklären ist dies mit dem Ausbleiben von Blickbewegungen im betreffenden AOI. So ist es beispielsweise möglich, dass Teilnehmende die Überschrift eines Textes gar nicht gelesen haben, entsprechend konnten auch keine Fixationen oder Sakkaden in diesem Bereich aufgezeichnet werden. Die entsprechenden Metriken nehmen dann also den Wert 0 an.

In der Untersuchung wird, wie auch in der Literatur üblich, zwischen globalen und lokalen Blickbewegungsmetriken unterschieden. Globale Blickbewegungsmetriken fokussieren den gesamten Text, während sich lokale Blickbewegungsmetriken auf bestimmte Bereiche im Text, also AOIs, beziehen (Rayner et al., 2012; M. Schmitz, 2022; Strohmaier et al., 2019).

In der Forschung zum Lesen werden üblicherweise mindesten vier globale Blickbewegungsmetriken als Indikatoren für Textverstehen eingesetzt, nämlich die durchschnittliche Dauer einer Fixation, die durchschnittliche Länge einer Sakkade, der Anteil von Regressionen an allen Sakkaden und schließlich die Lesegeschwindigkeit (Rayner et al., 2012). Strohmaier et al. (2019) haben diese Metriken teilweise für die Forschung an Textaufgaben spezifiziert. Sie stellten beispielsweise fest, dass die durchschnittliche Länge von Sakkaden üblicherweise bei Experimenten eingesetzt wird, die nacheinander einzeilige Sätze präsentieren. Bei der Präsentation von mehrzeiligen Texten wird diese Länge jedoch z. B. durch Sprünge zwischen Zeilen verfälscht. Daher schlagen sie die Metrik der Anzahl der Sakkaden pro Wort vor, also die gesamte Anzahl der Sakkaden, standardisiert mit der Anzahl der Wörter des Textes (siehe Tabelle 9.3). Insgesamt werden in dieser Studie die Metriken „mittlere Fixationsdauer", „Anzahl der Sakkaden pro Wort", „Regressionsanteil an allen Sakkaden" sowie „Leserate" verwendet. Zusätzlich findet die temporale Ausdifferenzierung des Leseprozesses Berücksichtigung, indem die totale Verweildauer auf dem Text insgesamt, beim First-Pass-Reading und schließlich beim Re-Reading untersucht wird.

Im Folgenden sollen diese Blickbewegungsmetriken nun definiert werden. Zur Berechnung dieser Metriken müssen noch weitere Metriken verwendet werden:

„Anzahl der Fixationen“, „Anzahl der Sakkaden“, „Anzahl der Regressionen“, „Anzahl der vorwärts gerichteten Sakkaden“, „totale Dauer aller Fixationen“, „totale Dauer aller Sakkaden“ sowie „Fixationsrate“.

Die Anzahl der Fixationen und Sakkaden wird über den eingesetzten Filter bestimmt. Direkt über Tobii Pro Lab konnten zudem die totale Dauer der Fixationen und Sakkaden sowie die Verweildauer auf dem gesamten Text und einzelnen AOIs exportiert werden, ebenso wie die Verweildauer auf den AOIs beim ersten Dwell.

Regressionen werden in dieser Studie als Sakkaden in einem Winkel zwischen 3° und 183° definiert. Da die Größe des Winkels vom Design des Stimulus abhängt, ist es schwierig, ein Intervall aus der Literatur zu übernehmen. Zur Validierung der hier angewandten Bedingung wurden alle AOIs aufsteigend nummeriert und es wurde überprüft, ob das AOI, in dem die Sakkade beginnt, eine höhere Nummerierung aufweist als das AOI, in dem die Sakkade endet. Diese Start- und Ziel-AOIs konnten ebenfalls mithilfe der verwendeten Software direkt exportiert werden. ebenso wie der Winkel der Sakkaden. So kann die Anzahl der Regressionen ermittelt werden. Die Anzahl der vorwärts gerichteten Sakkaden ergibt sich unmittelbar aus der Differenz der Anzahl aller Sakkaden und der Anzahl der Regressionen.

Das First-Pass-Reading wird wie bei Kaakinen et al. (2015) operationalisiert. Sie differenzieren zwischen progressiven und regressiven Blickbewegungen, die beim Lesen eines Textes vorkommen können, bis dieser erstmalig vollständig gelesen wurde. Im Rahmen dieser Studie wird die Summe der ersten Verweildauern pro Wort, d. h. die Summe von Fixationsdauer und Sakkadendauer, als First-Pass-Reading aufgefasst. Jedes Zurückspringen im Text wird folglich als Teil des Re-Readings verstanden. Daraus ergeben sich unmittelbar weitere verwendete Metriken. Die totale Verweildauer auf dem Aufgabentext wird durch alle Dwells pro AOI definiert. Die Verweildauer auf dem Text berechnet sich folglich durch die Summe aller Fixationsdauern und Sakkaden auf dem Aufgabentext, der Überschrift und der Fragestellung und ist als tatsächliche Lesezeit zu interpretieren. Die Differenz aus der totalen und First-Pass-Verweildauer ergibt schließlich die Re-Reading-Verweildauer. Da sich die Textstellen mit relevanten und irrelevanten Informationen a) in ihrer Länge über alle Texte hinweg und b) in ihrer Länge innerhalb der Aufgaben unterscheiden, werden diese lokalen Blickbewegungsmetriken zur Verweildauer auf dem gesamten Text ins Verhältnis gesetzt. Daraus ergeben sich die Metriken Anteil der Verweildauer auf relevanten Informationen an der totalen Verweildauer beim a) First-Pass-Reading, b) beim Re-Reading und c) beim gesamtem Leseprozess. Analog sind die Metriken für die Verweildauern auf irrelevanten Informationen definiert.

Für die übrigen Metriken gelten folgende Berechnungsvorschriften:

- mittlere Fixationsdauer $:= \frac{\text{totale Dauer aller Fixationen}}{\text{Anzahl der Fixationen}}$ (Holmqvist et al., 2011)
- Fixationsrate $:= \frac{\text{Anzahl der Fixationen}}{\text{Verweildauer auf dem gesamten Text}}$ (Holmqvist et al., 2011)
- Leserate $:=$ Fixationsrate $\cdot \frac{\text{Anzahl der vorwärts gerichteten Sakkaden}}{\text{Anzahl der Sakkaden}}$ (Bullimore & Bailey, 1995; Holmqvist et al., 2011)

Somit resultieren zu jedem der vier in dieser Studie eingesetzten Texte die dargestellten Metriken. Um konsistent mit den übrigen Auswertungen und zu Studie 1 zu bleiben, werden alle Metriken im Anschluss über alle vier Texte aggregiert.

Für die Interpretation gilt grundsätzlich auf Basis der Eye-Mind-Assumption und der Immediacy-Assumption (siehe 5.5.1), dass alle Blickbewegungsmetriken als Indikatoren für kognitive Prozesse angesehen werden. Somit ist eine Korrelation zu erwarten. Insofern ist es notwendig, die Höhe der Korrelationen zu bestimmen, um gegebenenfalls bestimmte Metriken aufgrund einer zu hohen Korrelation ausschließen zu können. Dennoch ist festzuhalten, dass die Metriken nicht zwingend als Indikatoren für dieselben kognitiven Prozesse zu verstehen sind (Rayner et al., 2012).

16.2 Pfadanalysen

Wie schon in Studie 1 werden Pfadanalysen zur Beantwortung der Forschungsfragen eingesetzt. Die Pfadmodelle zu Forschungsfrage 4 entsprechen den in Studie 1 analysierten Modellen unter Hinzunahme der Arbeitsgedächtnisspanne als zusätzliche Kontrollvariable. Das Mathematisieren wurde zudem nicht mehr berücksichtigt, sodass auch kein indirekter Effekt spezifiziert wurde.

In Abbildung 16.2 ist ein beispielhaftes untersuchtes Pfadmodell zu Forschungsfrage 5 abgebildet. Dort fungiert die mittlere Fixationsdauer als Mediator. Da erwartet wird, dass die Blickbewegungsmetriken miteinander korrelieren und somit das Kriterium der Multikollinearität nicht zwingend als erfüllt angesehen werden könnte, wird für jede Metrik ein eigenes Pfadmodell analysiert. Analog werden die übrigen Pfadmodelle für die durchschnittliche Anzahl der Sakkaden pro Wort, den durchschnittlichen Regressionsanteil an allen Sakkaden, die durchschnittliche Leserate sowie die durchschnittliche Verweildauer auf dem Text analysiert.

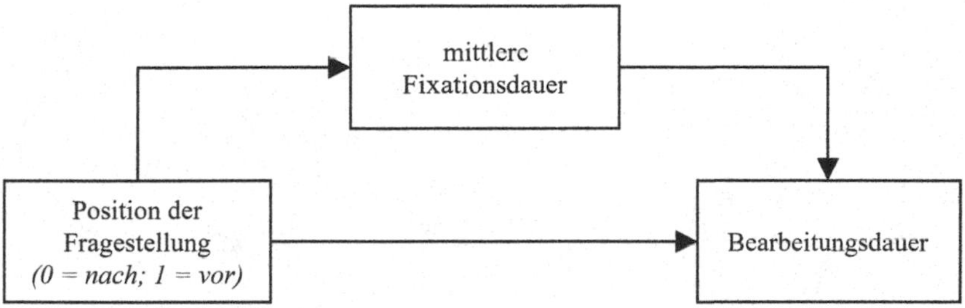

Abbildung 16.2 Beispielhaftes untersuchtes Pfadmodell zu Forschungsfrage 5. (Anmerkung: Kontrollvariablen sind nicht eingezeichnet)

In Abbildung 16.3 ist ein beispielhaftes untersuchtes Pfadmodell zu Forschungsfrage 6 abgebildet, bei dem der Anteil der Verweildauer auf relevanten bzw. irrelevanten Informationen während des First-Pass-Readings als endogene Variablen fungieren. Analoge Pfadmodelle werden auch für das Re-Reading und den gesamten Leseprozess analysiert. Auch hier wird für First-Pass-Reading, Re-Reading und den gesamten Leseprozess ein eigenes Pfadmodell analysiert, da etwa das Re-Reading die Differenz aus dem gesamten Leseprozess und dem First-Pass-Reading darstellt.

Als Signifikanzniveau wird in dieser Untersuchung aufgrund der geringen Stichprobengröße das liberalere Signifikanzniveau von 10 % gewählt (Döring & Bortz, 2016).

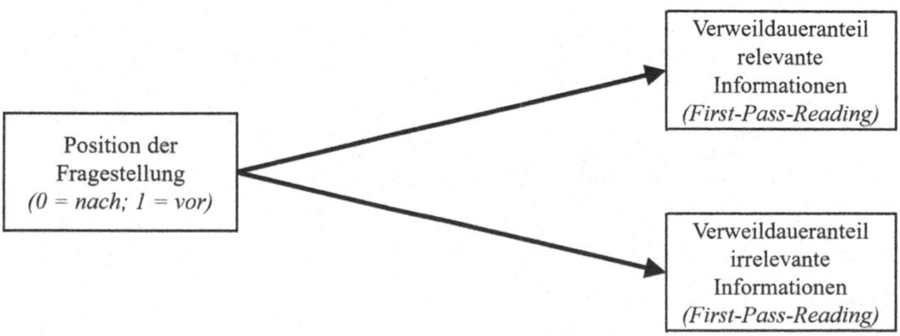

Abbildung 16.3 Beispielhaftes untersuchtes Pfadmodell zu Forschungsfrage 6. (Anmerkung: Kontrollvariablen sind nicht eingezeichnet)

Gütekriterien 17

Auch für Studie 2 soll kurz auf die Gewährleistung der Gütekriterien wissenschaftlichen Arbeitens eingegangen werden.

17.1 Psychometrische Gütekriterien

Da in Studie 2 mit Ausnahme des AOSPAN dieselben Messinstrumente wie in Studie 1 eingesetzt wurden, soll an dieser Stelle auch nur auf die psychometrischen Gütekriterien dieses Testverfahrens zur Messung der Arbeitsgedächtnisspanne der Versuchspersonen eingegangen werden.

Die Durchführungs- und Auswertungsobjektivität im AOSPAN sind durch die vollständig computerbasierte Durchführung und Auswertung gegeben. Die Versuchspersonen erhalten alle Instruktionen innerhalb der Software und unmittelbar nach Abschluss des Tests werden die Ergebnisse der Versuchsperson ausgegeben. Die Interpretationsobjektivität kann durch die metrische Skalierung der Ergebnisse als gegeben angesehen werden. Normwerte zur Orientierung an einer Eichstichprobe liegen für den AOSPAN nicht vor.

Unsworth et al. (2005) überprüften die Reliabilität des AOSPAN hinsichtlich der internen Konsistenz und der Retestreliabilität. Die interne Konsistenz lag in einer Untersuchung mit 252 Versuchspersonen (M_{Alter} = 22.51 Jahre) bei $\alpha = .78$ (Unsworth et al., 2005, S. 501). Zur Bestimmung der Retestreliabilität bearbeiteten 78 Versuchspersonen (M_{Alter} = 22.08 Jahre) den AOSPAN in einem Abstand von durchschnittlich 13 Tagen zweimal. Die Retestreliabilität lag bei $r = .83$ (Unsworth et al., 2005, S. 502). Unsworth et al. (2005) interpretieren diese Ergebnisse als Gewährleistung der Reliabilität des AOSPAN.

V. Böswald, *Die Rolle der Position der Fragestellung beim Textverstehen von mathematischen Modellierungsaufgaben*, Studien zur theoretischen und empirischen Forschung in der Mathematikdidaktik,
https://doi.org/10.1007/978-3-658-43675-9_17

Zur Validierung des AOSPAN wurden bei Unsworth et al. (2005) neben der Bestimmung der internen Konsistenz auch Korrelationen zwischen den Testergebnissen beim AOSPAN und einem anderen Test zur Messung der Arbeitsgedächtnisspanne (Turner & Engle, 1989) berechnet ($r = .45$; Unsworth et al., 2005, S. 501). Außerdem wurde in der Stichprobe zur Bestimmung der Retestreliabilität zusätzlich die faktorielle Validität des AOSPAN untersucht. Dazu wurde mithilfe einer CFA überprüft, ob die Ergebnisse des AOSPAN vergleichbar stark wie die Ergebnisse des Tests von Turner und Engle (1989) und die eines weiteren Arbeitsgedächtnistests (Rspan; Unsworth et al., 2005) auf den Faktor „Arbeitsgedächtniskapazität" laden. Außerdem wurde gleichzeitig überprüft, ob ein starker Zusammenhang zwischen der Arbeitsgedächtniskapazität und allgemeinen kognitiven Fähigkeiten (gemessen über Intelligenztests) vorliegt. Beide Hypothesen konnten bestätigt werden. Dies sehen Unsworth et al. (2005) als Valditätsnachweis für den AOSPAN an.

17.2 Forschungsethik

Wie schon in Studie 1 wurde der ethisch verantwortungsvolle Umgang mit den Versuchspersonen und ihren Daten durch das Einholen einer Einwilligungserklärung und der Aufklärung und Gewährleistung der Richtlinien der DGPs (2016) sichergestellt (siehe 11.2). Zusätzlich wurde die Aufzeichnung der Blickbewegungen mit dem Eye-Tracking-System sowie die Erfassung der Arbeitsgedächtnisspanne in die Einwilligungs- und Datenschutzerklärung aufgenommen.

Auch für diese Studie werden die erhobenen Daten mindestens für 10 Jahre aufbewahrt und nur für wissenschaftliche Zwecke wie etwa diese Arbeit, weitere Publikationen oder Vorträge verwendet.

Ergebnisse der eingesetzten Messinstrumente

18

Durch die Einzelerhebung kamen keine fehlenden Werte zustande. Ein Verfahren zur Berücksichtigung ebendieser wie in Studie 1 war also nicht notwendig.

18.1 Ergebnisse LGVT 5–12+ und AOSPAN

Im LGVT 5–12+ erreichte die Experimentalgruppe (vorangestellte Fragestellung) bei der Lesegenauigkeit einen durchschnittlichen Rohwert von $M = 94.36$ ($SD = 6.028$) Prozent korrekt bearbeiteter Klammern. Für die Lesegeschwindigkeit ergab sich ein durchschnittlicher Rohwert von $M = 951.97$ ($SD = 252.995$) gelesenen Wörtern. Die Kontrollgruppe (nachgestellte Fragestellung) erreichte bei der Lesegenauigkeit einen durchschnittlichen Rohwert von $M = 94.63$ ($SD = 6.059$) Prozent korrekt bearbeiteter Klammern. Für die Lesegeschwindigkeit ergab sich ein durchschnittlicher Rohwert von $M = 930.97$ ($SD = 252.995$) gelesenen Wörtern.

Im AOSPAN erreichte die Experimentalgruppe einen durchschnittlichen partiellen Score von $M = 56.54$ ($SD = 10.430$). Die Kontrollgruppe erreichte einen durchschnittlichen partiellen Score von $M = 56.92$ ($SD = 12.602$).

18.2 Ergebnisse TVM

An dieser Stelle sollen nun die Ergebnisse der Skalen im TVM in Studie 2 berichtet werden.

V. Böswald, *Die Rolle der Position der Fragestellung beim Textverstehen von mathematischen Modellierungsaufgaben*, Studien zur theoretischen und empirischen Forschung in der Mathematikdidaktik,
https://doi.org/10.1007/978-3-658-43675-9_18

Für die Skala „Textverstehen bei Modellierungsaufgaben" erreichte die Experimentalgruppe durchschnittliche Faktorwerte von $M = -0.061$ ($SD = 0.278$), die Kontrollgruppe durchschnittlich $M = -0.026$ ($SD = 0.308$).

Die Lesedauer pro Text im TVM betrug in der Experimentalgruppe durchschnittlich $M = 90.28$ ($SD = 24.367$) Sekunden, in der Kontrollgruppe $M = 96.23$ ($SD = 33.787$) Sekunden.

Die Bearbeitungsdauer pro Text im TVM betrug in der Experimentalgruppe durchschnittlich $M = 345.27$ ($SD = 116.064$) Sekunden, in der Kontrollgruppe $M = 321.66$ ($SD = 71.885$) Sekunden.

18.3 Blickbewegungsmetriken

Die deskriptivstatistischen Resultate der Blickbewegungsmetriken sind in Tabelle 18.1 aufgeführt.

Tabelle 18.1 Deskriptive Statistiken zu den Blickbewegungsmetriken in Studie 2

Blickbewegungsmetrik	EG		KG	
	M	*SD*	*M*	*SD*
Mittlere Fixationsdauer (in *ms*)	237.77	25.525	238.30	32.408
Sakkaden pro Wort	2.481	0.683	2.606	0.758
Regressionsanteil an allen Sakkaden	.413	.032	.408	.035
Leserate	2.176	0.231	2.151	0.333
Verweildauer auf dem Text (in *s*)				
gesamter Leseprozess	87.163	24.309	96.073	29.961
First-Pass-Reading	29.657	5.567	30.425	7.098
Re-Reading	57.506	22.303	65.648	27.164
Verweildaueranteil relevante Informationen				
gesamter Leseprozess	.247	.033	.272	.048
First-Pass-Reading	.208	.017	.208	.032
Re-Reading	.267	.049	.302	.064
Verweildaueranteil irrelevante Informationen				
gesamter Leseprozess	.195	.027	.203	.029
First-Pass-Reading	.154	.020	.159	.016
Re-Reading	.220	.039	.229	.042

Ergebnisse der Pfadanalysen 19

Die Darstellung der Ergebnisse ist nach den Forschungsfragen gegliedert. Zunächst werden jedoch noch die Voraussetzungen für die Pfadanalysen überprüft. Außerdem werden Korrelationen als Ergänzung zu den deskriptiven Ergebnissen des vorigen Kapitels und als Vorbereitung auf die Pfadanalysen berichtet.

19.1 Prüfung der Voraussetzungen für Pfadanalysen

Stichprobengröße Wie schon in Studie 1 wird an dieser Stelle die von Kline (2016) postulierte Einhaltung eines Mindestverhältnisses von 5:1 zwischen Stichprobenumfang und der Anzahl der freien Modellparameter überprüft. Bei einer Stichprobengröße von $N = 74$ ist dieses Verhältnis für alle Pfadmodelle ohne Kontrollvariablen gegeben (Tabelle 19.1). Hinsichtlich der Pfadmodelle mit Kontrollvariablen wird dieses Verhältnis für diejenigen Pfadmodelle, in denen mehr als eine endogene Variable untersucht wird, knapp nicht erreicht. Es liegt also eine Voraussetzungsverletzung vor, der über die Verwendung des MLR-Schätzers Rechnung getragen wird (siehe unten).

Ergänzende Information Die elektronische Version dieses Kapitels enthält Zusatzmaterial, auf das über folgenden Link zugegriffen werden kann https://doi.org/10.1007/978-3-658-43675-9_19.

V. Böswald, *Die Rolle der Position der Fragestellung beim Textverstehen von mathematischen Modellierungsaufgaben*, Studien zur theoretischen und empirischen Forschung in der Mathematikdidaktik, https://doi.org/10.1007/978-3-658-43675-9_19

Tabelle 19.1 Freie Modellparameter in den Pfadmodellen mit und ohne Kontrollvariablen in Studie 2

Pfadmodelle zu	endogene Variable(n)	freie Modellparameter	
		ohne Kontrollvariablen	mit Kontrollvariablen
F4a, F4c	Textverstehen bei Modellierungsaufgaben	3	6
F4b, F4c	Lesedauer, Bearbeitungsdauer	7	15
F5a, F5c	Verweildauer auf dem Text (First-Pass-Reading)	3	6
	Verweildauer auf dem Text (Re-Reading)		
	Verweildauer auf dem Text (gesamter Leseprozess)		
F5b, F5c	mittlere Fixationsdauer, Verweildauer auf dem Text (gesamter Leseprozess)	7	15
	Sakkaden pro Wort, Verweildauer auf dem Text (gesamter Leseprozess)		
	Regressionsanteil, Verweildauer auf dem Text (gesamter Leseprozess)		
	Leserate, Verweildauer auf dem Text (gesamter Leseprozess)		
F6a, F6d	Verweildaueranteil auf relevanten Informationen, Verweildaueranteil auf irrelevanten Informationen (First-Pass-Reading)	7	15

(Fortsetzung)

Tabelle 19.1 (Fortsetzung)

Pfadmodelle zu	endogene Variable(n)	freie Modellparameter	
		ohne Kontrollvariablen	mit Kontrollvariablen
F6b, F6d	Verweildaueranteil auf relevanten Informationen, Verweildaueranteil auf irrelevanten Informationen (Re-Reading)		
F6c, F6d	Verweildaueranteil auf relevanten Informationen, Verweildaueranteil auf irrelevanten Informationen (gesamter Leseprozess)		

Multikollinearität Der größtmögliche VIF der unabhängigen Variablen ist im Modell 1.052 (siehe Tabelle 19.2). Damit gilt diese Voraussetzung als erfüllt.

Tabelle 19.2 Kollinearitätsstatistik Studie 2

Exogene Variable	Toleranz	VIF
Lesegeschwindigkeit	.967	1.034
Lesegenauigkeit	.991	1.009
Mathematisches Vorwissen	.964	1.037
Arbeitsgedächtnisspanne	.984	1.016
Position der Fragestellung	.995	1.005

Autokorrelation der Residuen Für die Durbin-Watson-Statistik ergeben sich die in Tabelle 19.3 dargestellten Ergebnisse, sie liegen nahe bei 2. Auch diese Voraussetzung gilt als erfüllt.

Tabelle 19.3 Durbin-Watson-Statistik Studie 2

Endogene Variable	Durbin-Watson-Statistik
Textverstehen bei Modellierungsaufgaben	1.812
Lesedauer	1.828
Bearbeitungsdauer	2.003
Mittlere Fixationsdauer	2.096
Anzahl der Sakkaden pro Wort	1.897
Regressionsanteil an allen Sakkaden	1.931
Leserate	1.822
Verweildauer auf dem Text (First-Pass-Reading)	2.123
Verweildauer auf dem Text (Re-Reading)	1.809
Verweildauer auf dem Text (gesamter Leseprozess)	2.187
First-Pass-Anteil am gesamten Leseprozess	1.995
Verweildaueranteil relevante Informationen (First-Pass-Reading)	1.929
Verweildaueranteil relevante Informationen (Re-Reading)	2.353
Verweildaueranteil irrelevante Informationen (First-Pass-Reading)	1.802
Verweildaueranteil irrelevante Informationen (Re-Reading)	2.315
Verweildaueranteil relevante Informationen (gesamter Leseprozess)	2.255
Verweildaueranteil irrelevante Informationen (gesamter Leseprozess)	2.295

Normalverteilung der Residuen Die Prüfung der Verteilung der Residuen mithilfe des Shapiro-Wilk-Tests lässt für alle endogenen Variablen mit Ausnahme der Variablen „Lesedauer" ($W = .901$, $p < .001$), „Bearbeitungsdauer" ($W = .895$, $p < .001$), „Anzahl der Sakkaden pro Wort" ($W = .970$, $p < .10$), „Leserate " ($W = .968$, $p < .10$), „Verweildauer auf dem Text (Re-Reading)" ($W = .936$, $p < .001$), „Verweildauer auf dem Text (gesamter Leseprozess)" ($W = .956$, $p < .05$), „Verweildaueranteil relevante Informationen (First-Pass-Reading)" ($W = .874$, $p < .001$) sowie „Verweildaueranteil relevante Informationen (gesamter Leseprozess)" ($W = .972$, $p < .10$) auf Normalverteilung der Residuen schließen. Die Ergebnisse für die übrigen endogenen Variablen sind in Tabelle 19.4 abgebildet. Diese Voraussetzung ist somit nur teilweise erfüllt.

Tabelle 19.4 Shapiro-Wilk-Test zur Überprüfung der Normalverteilung der Residuen der endogenen Variablen in Studie 2

Endogene Variable	*W*	*p*
Textverstehen bei Modellierungsaufgaben	.972	.105
Lesedauer	.901	< .001
Bearbeitungsdauer	.895	< .001
Mittlere Fixationsdauer	.978	.209
Anzahl der Sakkaden pro Wort	.970	.080
Regressionsanteil an allen Sakkaden	.991	.882
Leserate	.968	.054
Verweildauer auf dem Text (First-Pass-Reading)	.984	.495
Verweildauer auf dem Text (Re-Reading)	.936	.001
Verweildauer auf dem Text (gesamter Leseprozess)	.956	.012
First-Pass-Anteil am gesamten Leseprozess	.977	.198
Verweildaueranteil relevante Informationen (First-Pass-Reading)	.874	< .001
Verweildaueranteil relevante Informationen (Re-Reading)	.990	.857
Verweildaueranteil irrelevante Informationen (First-Pass-Reading)	.974	.122
Verweildaueranteil irrelevante Informationen (Re-Reading)	.994	.986
Verweildaueranteil relevante Informationen (gesamter Leseprozess)	.972	.096
Verweildaueranteil irrelevante Informationen (gesamter Leseprozess)	.985	.545

Homoskedastizität Die grafische Prüfung auf Homoskedastizität zeigt, dass für die Variablen „Textverstehen bei Modellierungsaufgaben“, „mittlere Fixationsdauer“, „Regressionsanteil an allen Sakkaden“, „Leserate“, „Verweildauer auf dem Text (Re-Reading)“, „First-Pass-Anteil am gesamten Leseprozess“ sowie für die Variablen „Verweildaueranteil relevante Informationen (Re-Reading)“, „Verweildaueranteil irrelevante Informationen (First-Pass-Reading)“ und „Verweildaueranteil irrelevante Informationen (Re-Reading)“ Heteroskedastizität vorliegt. Dies kann eine Verzerrung der Standardfehler als Konsequenz haben. Die Streudiagramme sind Anhang J im elektronischen Zusatzmaterial zu entnehmen.

Wie schon in Studie 1 wird aufgrund der Voraussetzungsverletzungen in Mplus der MLR-Schätzer verwendet, da dieser robust gegenüber solchen Voraussetzungsverletzungen ist (Muthén & Muthén, 1998–2017).

19.2 Vorbereitende Analyseergebnisse

Die Korrelationen zwischen den untersuchten Konstrukten in Studie 2 sind in Tabelle 19.5 (Forschungsfragen 4 und 5) und Tabelle 19.6 (Forschungsfrage 6) abgebildet.

Die Kontrollvariablen (Lesegeschwindigkeit, Lesegenauigkeit, mathematisches Vorwissen und Arbeitsgedächtnisspanne) weisen stellenweise (marginal) signifikante Korrelationen mit den endogenen Variablen aus den Pfadmodellen (Lese- und Bearbeitungsdauer im TVM, mittlere Fixationsdauer, Sakkaden pro Wort, Regressionsanteil an allen Sakkaden, Leserate und Verweildauer auf dem Text) auf. Beispielsweise korrelieren Arbeitsgedächtnisspanne und Lesedauer signifikant ($r = .472$, $p < .001$). Auch unter den endogenen Variablen sind (marginal) signifikante Korrelationen zu finden (z. B. zwischen dem Regressionsanteil an allen Sakkaden und der Leserate; $r = -.583$, $p < .001$). Anhand der Korrelationstabelle kann schon erfasst werden, welche Pfade im Pfadmodell signifikant sein können. Beispielsweise legt die signifikante Korrelation zwischen den Sakkaden pro Wort und der Verweildauer auf dem Text im gesamten Leseprozess ($r = .903$, $p < .001$) nahe, dass erstere letztere signifikant prädiziert. Somit wäre die Grundlage für einen indirekten Effekt von der Position der Fragestellung auf die Lesedauer über die Sakkaden pro Wort geschaffen, sollte ein Effekt der Position der Fragestellung auf die Sakkaden pro Wort vorliegen. Dies hat auf Grundlage der Korrelationen zwar nicht den Anschein, allerdings können Suppressionseffekte vorliegen, die erst durch die Aufnahme der Kontrollvariablen sichtbar werden.

Tabelle 19.5 Korrelationen zwischen den in Studie 2 untersuchten Konstrukten (F4 und F5)

Variable	(1)	(2)	(3)	(4)	(5)	(6)	(7)	(8)	(9)	(10)	(11)	(12)	(13)	(14)	(15)
(1) Position der Fragestellung	–														
(2) Lesegeschwindigkeit	.042	–													
(3) Lesegenauigkeit	−.023	.020	–												
(4) math. Vorwissen	−.033	−.173	.000	–											
(5) Arbeitsgedächtnisspanne	−.039	−.024	−.091	−.066	–										
(6) Textverstehen bei Modellierungsaufgaben	−.060	.348**	.134	−.198†	.266*	–									
(7) Lesedauer	−.103	−.310**	−.156	.013	.447***	.031	–								
(8) Bearbeitungsdauer	.121	−.212†	.026	.157	.242*	−.047	.427***	–							
(9) mittlere Fixationsdauer	−.009	−.381***	.261*	.217†	−.019	−.277*	.066	.115	–						
(10) Sakkaden pro Wort	−.088	−.300**	−.183	.012	.377***	.017	.830***	.444***	−.100	–					
(11) Regressionsanteil an allen Sakkaden	.078	−.205†	−.110	.003	.047	.021	.261*	.108	.107	.149	–				
(12) Leserate	.044	.329**	−.075	−.121	−.103	.095	−.313**	−.138	−.763***	.030	−.583***	–			
(13) Verweildauer auf dem Text (gesamter Leseprozess)	−.164	−.333**	−.156	.020	.445***	.015	.962***	.491***	.106	.903***	.224†	.282*	–		
(14) Verweildauer auf dem Text (First-Pass-Reading)	−.061	−.558***	.132	.134	.241*	−.343**	.420***	.272*	.718***	.315**	.092	−.552***	.482***	–	
(15) Verweildauer auf dem Text (Re-Reading)	−.164	−.224†	−.204†	−.012	.428***	.103	.950***	.469***	−.065	.911***	.223†	−.169	.975***	.276*	–

Punkt-biseriale Korrelationen für die Korrelationen mit (1); übrige Korrelationen sind Pearson-Korrelationen; $^{\dagger}p < .10$; $^{*}p < .05$; $^{**}p < .01$; $^{***}p < .001$.

Tabelle 19.6 Korrelationen zwischen den in Studie 2 untersuchten Konstrukten (F6)

Variable	(1)	(2)	(3)	(4)	(5)	(6)	(7)	(8)	(9)	(10)	(11)	(12)	(13)	(14)
(1) Position der Fragestellung	–													
(2) Lesegeschwindigkeit	.042	–												
(3) Lesegenauigkeit	–.023	.020	–											
(4) math. Vorwissen	–.033	–.173	.000	–										
(5) Arbeitsgedächtnisspanne	–.039	–.024	–.091	–.066	–									
(6) Textverstehen bei Modellierungsaufgaben	–.060	.348**	.134	–.198†	.266*	–								
(7) Lesedauer	–.103	–.310**	–.156	.013	.447***	.031	–							
(8) Bearbeitungsdauer	.121	–.212†	.026	.157	.242*	–.047	.472***	–						
(9) Verweildaueranteil relevante Informationen (First-Pass)	.002	.196†	–.033	.198†	–.102	–.142	–.136	.009	–					
(10) Verweildaueranteil relevante Informationen (Re-Reading)	–.301**	.116	–.119	.023	–.137	.099	.028	–.019	.316**	–				
(11) Verweildaueranteil irrelevante Informationen (First-Pass)	–.161	.443***	–.154	–.213†	.040	.186	–.114	–.222†	.066	.203†	–			
(12) Verweildaueranteil irrelevante Informationen (Re-Reading)	–.112	.005	.156	–.041	–.075	–.021	–.078	–.293*	.168	–.072	.208†	–		
(13) Verweildaueranteil relevante Informationen (gesamt)	–.296*	.131	–.121	.049	–.118	.059	.085	.025	.503***	.963***	.170	–.064	–	
(14) Verweildaueranteil irrelevante Informationen (gesamt)	–.150	.132	.052	–.103	.033	.127	.056	–.224†	.185	.076	.451***	.914***	.083	–

Punkt-biseriale Korrelationen für die Korrelationen mit (1); übrige Korrelationen sind Pearson-Korrelationen; $^{\dagger}p < .10$; $^{*}p < .05$; $^{**}p < .01$; $^{***}p < .001$.

Da es sich bei den Pfadmodellen zur Beantwortung von Forschungsfrage 4 bis 6 um saturierte Modelle handelt, ist eine Prüfung, inwiefern eine Passung zwischen den aufgestellten Modellen und den empirischen Daten vorliegt, nicht zielführend (vgl. 10.2).

Außerdem werden an dieser Stelle die Stichproben aus Studie 1 und Studie 2 inferenzstatistisch verglichen, um Erkenntnisse bezüglich der Aussagekraft der Replikation der Ergebnisse aus Studie 1 in Forschungsfrage 4 zu erhalten (Tabelle 19.7 und Tabelle 19.8). Der Vergleich der Stichproben erfolgt mithilfe von t-Tests mit unabhängigen Stichproben für die metrisch skalierten Variablen (Alter, Mathematiknote, Deutschnote, Selbsteinschätzung zum Textverstehen, Testmotivation, Lesegenauigkeit und Lesegeschwindigkeit) bzw. Chi-Quadrat-Tests für die kategorial skalierten Variablen (Geschlecht, Schulform, Jahrgangsstufe, Sprachkenntnisse).

Tabelle 19.7 Inferenzstatistischer Vergleich der Stichproben der Studien (metrisch skalierte Variablen)

Variable	Studie 1 ($N = 192$)		Studie 2 ($N = 74$)					
	M	*SD*	*M*	*SD*	*t*	*df*	*p*	*d*
Alter	15.98	1.010	17.31	0.885	–9.929	265	< .001	–1.354
Mathematiknote	2.14	0.850	2.13	1.031	0.065	265	.948	–
Deutschnote[a]	2.39	0.875	2.13	0.741	2.436	158.667	.016	0.309
Selbsteinschätzung Textverstehen	2.16	0.730	2.08	0.731	0.774	265	.439	–
Testmotivation[a]	6.40	2.096	8.72	0.980	–12.128	252.375	< .001	–1.259
Lesegenauigkeit[a]	89.74	11.989	94.56	5.996	–4.301	247.152	< .001	–0.454
Lese-geschwindigkeit	906.25	249.342	937.44	254.614	–0.908	265	.365	–

zweiseitige t-Tests für unabhängige Stichproben; [a] *Varianzen nicht gleich*

Tabelle 19.8 Inferenzstatistischer Vergleich der Stichproben der Studien (kategorial skalierte Variablen)

Variable	Ausprägung	$N_{Studie\ 1}$	$N_{Studie\ 2}$	$\chi 2$	p
Geschlecht	männlich	105	33	2.722	.256
	weiblich	83	41		
	anderes	3	1		
Schulform	Realschule	3	10	160.797	< .001
	Sekundarschule	97	0		
	Gesamtschule	0	41		
	Gymnasium	91	24		
Jahrgangsstufe	10	100	10	48.069	< .001
	EF	0	1		
	Q1	72	35		
	Q2	19	29		
Sprachkenntnisse Deutsch	Muttersprache	168	62	1.717	.424
	damit aufgewachsen	21	11		
	Fremdsprache	2	2		

Die Stichproben von Studie 1 und Studie 2 unterscheiden sich entsprechend der Analysen nicht signifikant hinsichtlich der Mathematiknote, der Selbsteinschätzung zum Texterstehen und der Lesegeschwindigkeit sowie hinsichtlich der Geschlechterverteilung oder der Kenntnisse bezogen auf die deutsche Sprache. Die Versuchspersonen von Studie 2 sind im Durchschnitt signifikant älter, weisen bessere Noten im Fach Deutsch auf, haben sich in der jeweiligen Studie mehr angestrengt und erreichten höhere Rohwerte für die Lesegenauigkeit im LGVT 5–12 + . Außerdem unterscheiden sich die Verteilungen auf die Schulformen und Jahrgangsstufen zwischen den Stichproben signifikant. Diese Ergebnisse werden in der Diskussion zu Forschungsfrage 4 aufgegriffen.

Nach diesen vorbereitenden Analysen können folgend die Ergebnisse zu den Forschungsfragen 4 bis 6 vorgestellt werden.

19.3 Forschungsfrage 4

In Forschungsfrage 4 sollte untersucht werden, inwiefern die Ergebnisse aus Studie 1 für die Stichprobe aus Studie 2 repliziert werden können. Insbesondere sollte der Einfluss der Position der Fragestellung auf das Textverstehen bei Modellierungsaufgaben (operationalisiert durch die gleichnamige Skala im TVM; Forschungsfrage F4a) und auf die Lese- und Bearbeitungsdauer (operationalisiert durch die Lese- und Bearbeitungsdauer pro Text bei der Skala zum mathematischen Textverstehen im TVM; Forschungsfrage F4b) untersucht werden. Dazu wurden Pfadanalysen mit dem allgemeinen Textverstehen (operationalisiert durch die Lesegenauigkeit im LGVT 5–12 +), dem mathematischen Vorwissen (operationalisiert durch die Mathematiknote auf dem letzten Schul(halb-) jahreszeugnis) und der Arbeitsgedächtnisspanne (operationalisiert durch den partiellen Operation-Span-Score im AOSPAN) als Kontrollvariablen eingesetzt. Im Pfadmodell zur Analyse des Einflusses der Position der Fragestellung auf die Lese- und Bearbeitungsdauer wurde wie in Studie 1 zusätzlich die Lesegeschwindigkeit (operationalisiert durch die Lesegeschwindigkeit im LGVT 5–12 +) als Kontrollvariable aufgenommen.

Die Ergebnisse der Pfadanalysen von Forschungsfragen F4a, F4b und F4c sind in Abbildung 19.1 und Abbildung 19.2 sowie zusammenfassend in Tabelle 19.9 und Tabelle 19.10 dargestellt.

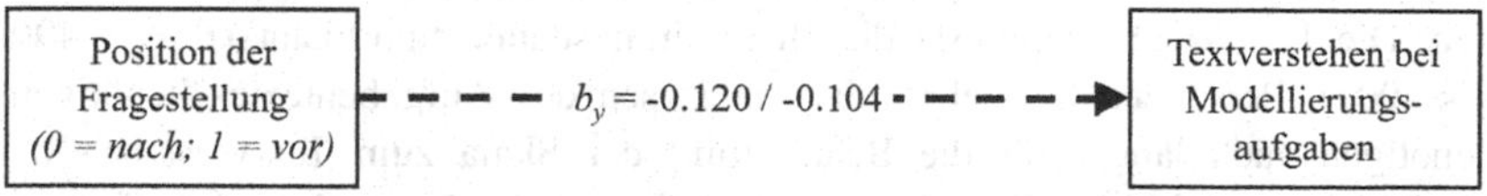

Abbildung 19.1 Pfaddiagramm zu Forschungsfragen F4a / F4c. (Anmerkung: nicht signifikante Pfade sind gestrichelt dargestellt; Kontrollvariablen Lesegenauigkeit, mathematisches Vorwissen und Arbeitsgedächtnisspanne)

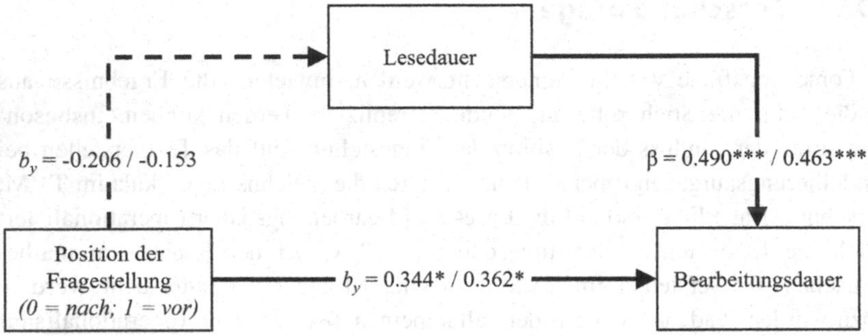

Abbildung 19.2 Pfaddiagramm zu Forschungsfragen F4b / F4c. (Anmerkung: nicht signifikante Pfade sind gestrichelt dargestellt; Kontrollvariablen Lesegenauigkeit und -geschwindigkeit, mathematisches Vorwissen und Arbeitsgedächtnisspanne; *p < .05; ***p < .001)

Die Ergebnisse zeigen, dass das Textverstehen bei Modellierungsaufgaben nicht signifikant durch die Position der Fragestellung prädiziert wird ($b_y = -0.120$, $p = .304$). Dies gilt ebenfalls für die Lesedauer ($b_y = -0.206$, $p = .174$). Für die Bearbeitungsdauer ist eine signifikante Prädiktion durch die Position der Fragestellung festzustellen ($b_y = 0.344$, $p < .05$). Die Voranstellung der Fragestellung führt also durchschnittlich zu einer Verlängerung der Bearbeitungsdauer bei der Skala zum Textverstehen bei Modellierungsaufgaben um etwa 33 Sekunden. Die Lesedauer beeinflusst die Bearbeitungsdauer signifikant ($\beta = 0.490$, $p < .001$). Personen, die mehr Zeit zum Lesen des Aufgabentextes benötigen, benötigen auch länger für die Bearbeitung der Skala zum Textverstehen bei Modellierungsaufgaben. Es kann jedoch aufgrund der Ergebnisse der Pfadanalyse ohne Kontrollvariablen nicht von einer Vermittlung des Effekts der Position der Fragestellung auf die Bearbeitungsdauer durch die Lesedauer ausgegangen werden, da sowohl der indirekte Effekt ($b_y = -0.101$, $p = .184$), als auch der totale Effekt ($b_y = 0.243$, $p = .141$) nicht signifikant sind.

Die Befunde bezüglich des Einflusses der Position der Fragestellung auf das Textverstehen bei Modellierungsaufgaben sind auch unter Kontrolle der Lesegenauigkeit, des mathematischen Vorwissens und der Arbeitsgedächtnisspanne stabil (siehe Tabelle 19.10). Dies gilt auch für die direkten Effekte der Position der Fragestellung auf die Lese- und Bearbeitungsdauer (unter zusätzlicher Kontrolle der Lesegeschwindigkeit) und für den direkten Effekt von der Lese- auf die Bearbeitungsdauer. Allerdings ist durch die Aufnahme der Kontrollvariablen in das Pfadmodell ein signifikanter totaler Effekt von der Position der Fragestellung auf die Bearbeitungsdauer über die Lesedauer festzustellen ($b_y = 0.292$, $p < .10$). Dieser Befund bleibt bestehen, wenn für dieselben Variablen wie in Studie 1 kontrolliert wird ($b_y = 0.270$, $p < .10$). Die Pfadkoeffizienten der Kontrollvariablen können Tabelle 19.10 entnommen werden.

Für das Pfadmodell mit dem Textverstehen bei Modellierungsaufgaben als endogener Variable und mit Aufnahme der Kontrollvariablen ergibt sich eine nicht-signifikante Varianzaufklärung von 13 % ($p = .143$). Mit dem Pfadmodell mit der Lese- und Bearbeitungsdauer als endogenen Variablen und mit Aufnahme der Kontrollvariablen können 30.7 % der Varianz in der Lesedauer ($p < .001$) und 29.3 % der Varianz in der Bearbeitungsdauer ($p < .001$) aufgeklärt werden.

Tabelle 19.9 Pfadkoeffizienten der Pfadanalysen ohne Kontrollvariablen zu Forschungsfrage 4

Pfad	*b*	b_y	β	*SE*	*p*
direkte Effekte					
von Position der Fragestellung zu					
Textverstehen bei Modellierungsaufgaben	–0.035	–0.120		.234	.304
Lesedauer	–5.952	–0.206		.219	.174
Bearbeitungsdauer	33.388	0.344		.176	.026
von Lesedauer zu					
Bearbeitungsdauer	1.644		0.490	.061	< .001
totale und indirekte Effekte					
von Position der Fragestellung zu Bearbeitungsdauer	23.606	0.243		.207	.141
via Lesedauer	–9.782	–0.101		.112	.184

Standardfehler und p-Werte sind für die (teil-)standardisierten Koeffizienten angegeben; einseitige Signifikanztests

Tabelle 19.10 Pfadkoeffizienten der Pfadanalysen mit Kontrollvariablen zu Forschungsfrage 4

Pfad	*b*	b_y	β	*SE*	*p*
direkte Effekte					
von Position der Fragestellung zu					
Textverstehen bei Modellierungs-aufgaben	–0.030	–0.104		.217	.316
Lesedauer	–4.421	–0.153		.184	.218
Bearbeitungsdauer	35.200	0.362		.171	.034
von Lesedauer zu					
Bearbeitungsdauer	1.553		0.463	.088	< .001
totale und indirekte Effekte					
von Position der Fragestellung zu Bearbeitungsdauer	28.332	0.292		.195	.067
via Lesedauer	–6.868	–0.071		.088	.212
Effekte der Kontrollvariablen					
von Lesegenauigkeit zu					
Textverstehen bei Modellierungs-aufgaben	0.008		0.157	.095	.041
Lesedauer	–0.548		–0.113	.130	.188
Bearbeitungsdauer	1.773		0.109	.096	.128
von mathematisches Vorwissen zu					
Textverstehen bei Modellierungsaufgaben	–0.051		–0.182	.096	.027
Lesedauer	–0.349		–0.012	.080	.439
Bearbeitungsdauer	14.336		0.152	.125	.126
von Arbeitsgedächtnisspanne zu					
Textverstehen bei Modellierungs-aufgaben	0.007		0.267	.113	.008
Lesedauer	1.094		0.426	.073	< .001
Bearbeitungsdauer	0.524		0.061	.096	.271

(Fortsetzung)

Tabelle 19.10 (Fortsetzung)

Pfad	*b*	b_y	β	*SE*	*p*
von Lesegeschwindigkeit zu					
Lesedauer	–0.034		–0.297	.074	< .001
Bearbeitungsdauer	–0.019		–0.050	.118	.337

Standardfehler und p-Werte sind für die (teil-)standardisierten Koeffizienten angegeben; einseitige Signifikanztests

19.4 Forschungsfrage 5

In Forschungsfrage 5 sollte untersucht werden, ob die Position der Fragestellung die Verweildauer auf dem Text beeinflusst, gemessen mithilfe des Eye-Tracking-Systems über die Summe aller Dwells auf dem Text. Dabei wird die Verweildauer auf dem Text ausdifferenziert in den gesamten Leseprozess, das First-Pass-Reading und das Re-Reading. Außerdem sollte untersucht werden, inwiefern das Leseverhalten (operationalisiert durch die globalen Blickbewegungsmetriken mittlere Fixationsdauer, Sakkaden pro Wort, Regressionsanteil an allen Sakkaden und die Leserate) einen Einfluss der Position der Fragestellung auf die Verweildauer auf dem Text (bezogen auf den gesamten Leseprozess) vermittelt. Abschließend sollte überprüft werden, inwiefern diese Einflüsse bei der Aufnahme der Kontrollvariablen allgemeine Lesekompetenz (operationalisiert durch die Lesegeschwindigkeit und -genauigkeit im LGVT 5–12 +), mathematisches Vorwissen (operationalisiert durch die Mathematiknote auf dem letzten Schul(halb-)jahreszeugnis) sowie die Arbeitsgedächtnisspanne (operationalisiert durch den partiellen Operation-Span-Score im AOSPAN) stabil bleiben. Dazu wurde für jede Blickbewegungsmetrik ein eigenes Pfadmodell analysiert.

Die Ergebnisse von Forschungsfrage F5a sowie dem zugehörigen Teil von F5c sind in einem Pfaddiagramm in Abbildung 19.3 abgebildet.

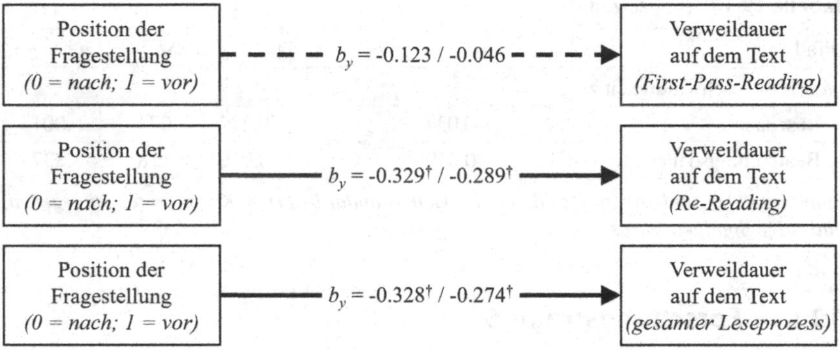

Abbildung 19.3 Pfaddiagramme zu Forschungsfragen F5a / F5c. (Anmerkung: nicht signifikante Pfade sind gestrichelt dargestellt; Kontrollvariablen Lesegenauigkeit und -geschwindigkeit, mathematisches Vorwissen und Arbeitsgedächtnisspanne; $^{\dagger}p < .10$)

Für die Pfadmodelle mit der Verweildauer auf dem Text beim First-Pass-Reading konnte kein signifikanter Einfluss der Position der Fragestellung festgestellt werden ($b_y = -0.123$, $p = .300$). Für die Verweildauer auf dem Text beim Re-Reading ($b_y = -0.329$, $p < .10$) und im gesamten Leseprozess ($b_y = -0.328$, $p < .10$) konnten signifikante Einflüsse der Position der Fragestellung nachgewiesen werden. Die Voranstellung der Fragestellung geht entsprechend der Effektstärke durchschnittlich mit einer Verkürzung der Verweilzeit um 8 Sekunden beim Re-Reading bzw. 9 Sekunden auf den gesamten Leseprozess bezogen einher. Diese Ergebnisse bleiben in ihrer Richtung unter Kontrolle der Lesegenauigkeit, der Lesegeschwindigkeit, des mathematischen Vorwissens und der Arbeitsgedächtnisspanne stabil (vgl. Tabelle 19.12). Die Ergebnisse der Pfadanalysen zu Forschungsfrage F5a sind zusammenfassend in Tabelle 19.11 dargestellt.

Tabelle 19.11 Pfadkoeffizienten der Pfadanalysen ohne Kontrollvariablen zu Forschungsfrage F5a

Pfad	*b*	b_y	*SE*	*p*
direkte Effekte				
von Position der Fragestellung zu				
Verweildauer auf dem Text (First-Pass-Reading)	–0.768	–0.123	.233	.300
Verweildauer auf dem Text (Re-Reading)	–8.141	–0.329	.217	.065
Verweildauer auf dem Text (gesamter Leseprozess)	–8.910	–0.328	.218	.066

Standardfehler und p-Werte sind für die teilstandardisierten Koeffizienten angegeben; einseitige Signifikanztests

Tabelle 19.12 Pfadkoeffizienten der Pfadanalysen mit Kontrollvariablen zu Forschungsfrage F5c

Pfad	*b*	b_y	β	*SE*	*p*
direkte Effekte					
von Position der Fragestellung zu					
Verweildauer auf dem Text (First-Pass-Reading)	–0.288	–0.046		.181	.400
Verweildauer auf dem Text (Re-Reading)	–7.151	–0.289		.189	.063
Verweildauer auf dem Text (gesamter Leseprozess)	–7.439	–0.274		.183	.067
Effekte der Kontrollvariablen					
von Lesegenauigkeit zu					
Verweildauer auf dem Text (First-Pass-Reading)	0.173		0.165	.078	.018
Verweildauer auf dem Text (Re-Reading)	–0.692		–0.167	.127	.094
Verweildauer auf dem Text (gesamter Leseprozess)	–0.519		–0.114	.124	.180

(Fortsetzung)

Tabelle 19.12 (Fortsetzung)

Pfad	*b*	b_y	β	*SE*	*p*
von Lesegeschwindigkeit zu					
Verweildauer auf dem Text (First-Pass-Reading)	–0.014		–0.545	.082	< .001
Verweildauer auf dem Text (Re-Reading)	–0.021		–0.210	.081	.005
Verweildauer auf dem Text (gesamter Leseprozess)	–0.034		–0.317	.075	< .001
von mathematisches Vorwissen zu					
Verweildauer auf dem Text (First-Pass-Reading)	0.335		0.055	.098	.286
Verweildauer auf dem Text (Re-Reading)	–0.653		–0.027	.084	.374
Verweildauer auf dem Text (gesamter Leseprozess)	–0.318		–0.012	.085	.444
von Arbeitsgedächtnisspanne zu					
Verweildauer auf dem Text (First-Pass-Reading)	0.137		0.246	.091	.004
Verweildauer auf dem Text (Re-Reading)	0.878		0.400	.077	< .001
Verweildauer auf dem Text (gesamter Leseprozess)	1.015		0.421	.077	< .001

Standardfehler und p-Werte sind für die (teil-)standardisierten Koeffizienten angegeben; einseitige Signifikanztests

Auch für Forschungsfrage F5b wurde pro Blickbewegungsmetrik ein eigenes Pfadmodell in Mplus gerechnet. Die Ergebnisse von Forschungsfrage F5b mit mittlerer Fixationsdauer als Mediator sowie dem zugehörigen Teil von F5c sind in einem Pfaddiagramm in Abbildung 19.4 abgebildet.

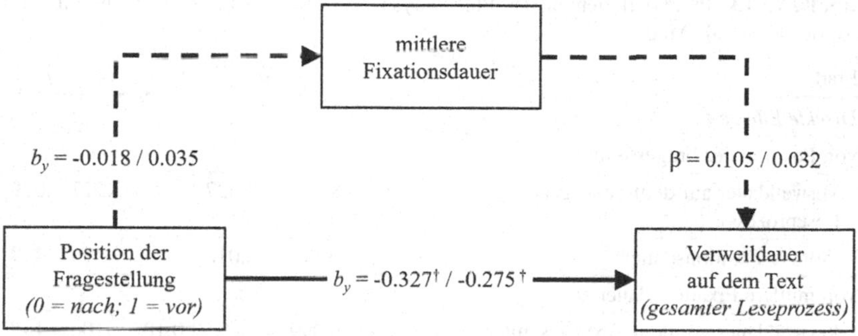

Abbildung 19.4 Pfaddiagramm zu Forschungsfrage F5b / F5c mit mittlerer Fixationsdauer als Mediator. (Anmerkung: nicht signifikante Pfade sind gestrichelt dargestellt; Kontrollvariablen Lesegenauigkeit und -geschwindigkeit, mathematisches Vorwissen und Arbeitsgedächtnisspanne; †p < .10)

Für das Pfadmodell mit der mittleren Fixationsdauer als Mediator (vgl. Tabelle 19.13) konnte ein direkter negativer Effekt von der Position der Fragestellung auf die Verweildauer auf dem Text im gesamten Leseprozess nachgewiesen werden (b_y = –0.327, p < .10). Auch der totale Effekt über die mittlere Fixationsdauer ist signifikant (b_y = –0.328, p < .10). Es konnte kein signifikanter direkter Effekt der Position der Fragestellung auf die mittlere Fixationsdauer nachgewiesen werden (b_y = –0.018, p = .469) und auch kein Effekt von der mittleren Fixationsdauer auf die Verweildauer auf dem Text im gesamten Leseprozess (β = –0.018, p = .469). Ein signifikanter indirekter Effekt von der Position der Fragestellung auf die Verweildauer auf dem Text im gesamten Leseprozess über die mittlere Fixationsdauer liegt demnach nicht vor. Unter Berücksichtigung der mittleren Fixationsdauer geht eine Voranstellung der Fragestellung vor den Aufgabentext insgesamt also mit einer Verkürzung der Verweildauer einher. Diese Ergebnisse bleiben in ihrer Richtung unter Kontrolle der Lesegenauigkeit, der Lesegeschwindigkeit, des mathematischen Vorwissens und der Arbeitsgedächtnisspanne stabil. Die Pfadkoeffizienten des Pfadmodells mit Kontrollvariablen können in Tabelle 19.14 nachvollzogen werden.

Tabelle 19.13 Pfadkoeffizienten der Pfadanalyse zu Forschungsfrage F5b mit mittlerer Fixationsdauer als Mediator

Pfad	*b*	b_y	β	*SE*	*p*
Direkte Effekte					
von Position der Fragestellung zu					
Verweildauer auf dem Text (gesamter Leseprozess)	–8.858	–0.327		.217	.079
mittlere Fixationsdauer	–0.522	–0.018		.236	.469
von mittlere Fixationsdauer zu					
Verweildauer auf dem Text (gesamter Leseprozess)	0.099		0.105	.106	.158
Totale und indirekte Effekte					
von Position der Fragestellung zu Verweildauer auf dem Text (gesamter Leseprozess)	–8.910	–0.328		.218	.079
via mittlere Fixationsdauer	–0.052	–0.002		.025	.469

Standardfehler und p-Werte sind für die (teil-)standardisierten Koeffizienten angegeben; einseitige Signifikanztests

Tabelle 19.14 Pfadkoeffizienten der Pfadanalyse zu Forschungsfrage F5c mit mittlerer Fixationsdauer als Mediator

Pfad	*b*	b_y	β	*SE*	*p*
Direkte Effekte					
von Position der Fragestellung zu					
Verweildauer auf dem Text (gesamter Leseprozess)	–7.468	–0.275		.183	.077
mittlere Fixationsdauer	1.014	0.035		.204	.431
von mittlere Fixationsdauer zu					
Verweildauer auf dem Text (gesamter Leseprozess)	0.031		0.032	.111	.385
Totale und indirekte Effekte					
von Position der Fragestellung zu Verweildauer auf dem Text (gesamter Leseprozess)	–7.437	–0.274		.183	.078
via mittlere Fixationsdauer	0.031	0.001		.008	.440

(Fortsetzung)

Tabelle 19.14 (Fortsetzung)

Pfad	*b*	b_y	β	*SE*	*p*
Effekte der Kontrollvariablen					
von Lesegenauigkeit zu					
Verweildauer auf dem Text (gesamter Leseprozess)	–0.559		–0.123	.129	.175
mittlere Fixationsdauer	1.294		0.270	.074	< .001
von Lesegeschwindigkeit zu					
Verweildauer auf dem Text (gesamter Leseprozess)	–0.033		–0.305	.086	< .001
mittlere Fixationsdauer	–0.041		–0.360	.107	< .001
von mathematisches Vorwissen zu					
Verweildauer auf dem Text (gesamter Leseprozess)	–0.451		–0.017	.085	.420
mittlere Fixationsdauer	4.324		0.156	.096	.050
von Arbeitsgedächtnisspanne zu					
Verweildauer auf dem Text (gesamter Leseprozess)	1.014		0.421	.077	< .001
mittlere Fixationsdauer	0.018		0.007	.087	.467

Standardfehler und p-Werte sind für die (teil-)standardisierten Koeffizienten angegeben; einseitige Signifikanztests

Die Ergebnisse von Forschungsfrage F5b mit der Anzahl der Sakkaden pro Wort als Mediator sowie dem zugehörigen Teil von F5c sind in einem Pfaddiagramm in Abbildung 19.5 abgebildet.

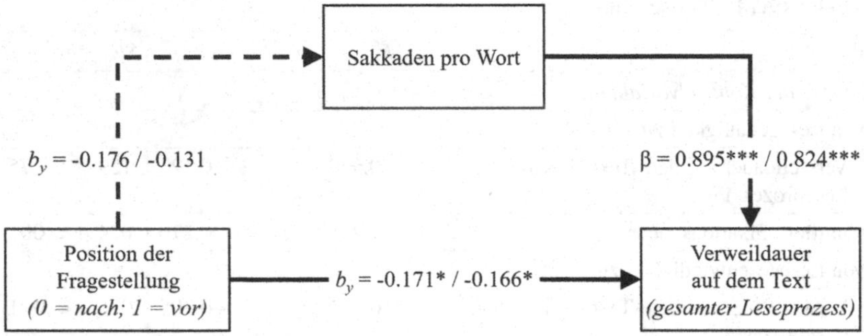

Abbildung 19.5 Pfaddiagramm zu Forschungsfrage F5b / F5c mit Sakkaden pro Wort als Mediator. (Anmerkung: nicht signifikante Pfade sind gestrichelt dargestellt; Kontrollvariablen Lesegenauigkeit und -geschwindigkeit, mathematisches Vorwissen und Arbeitsgedächtnisspanne; *p < .05; ***p < .001)

Für das Pfadmodell mit der Anzahl der Sakkaden pro Wort als Mediator (vgl. Tabelle 19.15) konnte ein direkter negativer Effekt von der Position der Fragestellung auf die Verweildauer auf dem Text im gesamten Leseprozess nachgewiesen werden ($b_y = -0.171$, $p < .05$). Auch der totale Effekt über die Anzahl der Sakkaden pro Wort ist signifikant ($b_y = -0.328$, $p < .10$). Es konnte kein signifikanter direkter Effekt der Position der Fragestellung auf die Anzahl der Sakkaden pro Wort nachgewiesen werden ($b_y = -0.176$, $p = .225$). Eine höhere Anzahl der Sakkaden führt jedoch zu einer Verlängerung der Verweildauer auf dem Text im gesamten Leseprozess ($\beta = 0.895$, $p < .001$). Ein signifikanter indirekter Effekt von der Position der Fragestellung auf die Verweildauer auf dem Text im gesamten Leseprozess über die Anzahl der Sakkaden pro Wort liegt nicht vor. Unter Berücksichtigung der Anzahl der Sakkaden pro Wort geht eine Voranstellung der Fragestellung vor den Aufgabentext insgesamt also mit einer Verkürzung der Verweildauer einher. Diese Ergebnisse bleiben in ihrer Richtung unter Kontrolle der Lesegenauigkeit, der Lesegeschwindigkeit, des mathematischen Vorwissens und der Arbeitsgedächtnisspanne stabil. Die Pfadkoeffizienten des Pfadmodells mit Kontrollvariablen können in Tabelle 19.16 nachvollzogen werden.

Tabelle 19.15 Pfadkoeffizienten der Pfadanalyse zu Forschungsfrage F5b mit Sakkaden pro Wort als Mediator

Pfad	b	b_y	β	SE	p
Direkte Effekte					
von Position der Fragestellung zu					
Verweildauer auf dem Text (gesamter Leseprozess)[a]	–0.171	–0.171		.091	.039
Sakkaden pro Wort	–0.125	–0.176		.232	.225
von Sakkaden pro Wort zu					
Verweildauer auf dem Text (gesamter Leseprozess)[a]	1.256		0.895	.023	< .001
Totale und indirekte Effekte					
von Position der Fragestellung zu Verweildauer auf dem Text (gesamter Leseprozess)[a]	–0.328	–0.328		.218	.066
via Sakkaden pro Wort	–0.157	–0.157		.206	.228

Standardfehler und p-Werte sind für die (teil-)standardisierten Koeffizienten angegeben; einseitige Signifikanztests

Tabelle 19.16 Pfadkoeffizienten der Pfadanalyse zu Forschungsfrage F5c mit Sakkaden pro Wort als Mediator

Pfad	b	b_y	β	SE	p
Direkte Effekte					
von Position der Fragestellung zu					
Verweildauer auf dem Text (gesamter Leseprozess)[a]	–0.166	–0.166		.088	.039
Sakkaden pro Wort	–0.093	–0.131		.204	.262
von Sakkaden pro Wort zu					
Verweildauer auf dem Text (gesamter Leseprozess)[a]	1.156		0.824	.042	< .001
Totale und indirekte Effekte					
von Position der Fragestellung zu Verweildauer auf dem Text (gesamter Leseprozess)[a]	–0.274	–0.274		.183	.078
via Sakkaden pro Wort	–0.108	–0.108		.167	.263

(Fortsetzung)

Tabelle 19.16 (Fortsetzung)

Pfad	b	b_y	β	SE	p
Effekte der Kontrollvariablen					
von Lesegenauigkeit zu					
Verweildauer auf dem Text (gesamter Leseprozess)[a]	0.001		0.006	.076	.467
Sakkaden pro Wort	–0.017		–0.146	.096	.061
von Lesegeschwindigkeit zu					
Verweildauer auf dem Text (gesamter Leseprozess)[a]	< 0.001		–0.080	.039	.019
Sakkaden pro Wort	–0.001		–0.288	.089	< .001
von mathematisches Vorwissen zu					
Verweildauer auf dem Text (gesamter Leseprozess)[a]	0.002		0.002	.031	.476
Sakkaden pro Wort	–0.012		–0.017	.090	.426
von Arbeitsgedächtnisspanne zu					
Verweildauer auf dem Text (gesamter Leseprozess)[a]	0.012		0.130	.045	.002
Sakkaden pro Wort	0.022		0.353	.088	< .001

[a]*Modellidentifizierung in Mplus fehlgeschlagen, als Konsequenz wurde diese Variable standardisiert; Standardfehler und p-Werte sind für die (teil-)standardisierten Koeffizienten angegeben; einseitige Signifikanztests*

Die Ergebnisse von Forschungsfrage F5b mit dem Regressionsanteil an allen Sakkaden als Mediator sowie dem zugehörigen Teil von F5c sind in einem Pfaddiagramm in Abbildung 19.6 abgebildet.

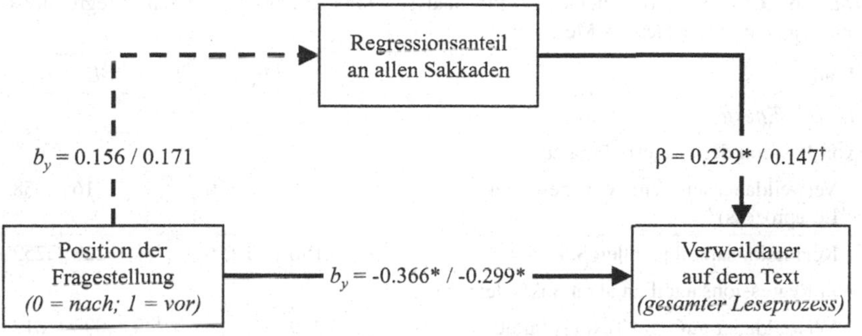

Abbildung 19.6 Pfaddiagramm zu Forschungsfrage F5b / F5c mit Regressionsanteil an allen Sakkaden als Mediator. (Anmerkung: nicht signifikante Pfade sind gestrichelt dargestellt; Kontrollvariablen Lesegenauigkeit und -geschwindigkeit, mathematisches Vorwissen und Arbeitsgedächtnisspanne; †p < .10; *p < .05)

Für das Pfadmodell mit dem Regressionsanteil an allen Sakkaden als Mediator (vgl. Tabelle 19.17) konnte ein direkter negativer Effekt von der Position der Fragestellung auf dic Verweildauer auf dem Text im gesamten Leseprozess nachgewiesen werden ($b_y = -0.366$, $p < .10$). Auch der totale Effekt über den Regressionsanteil an allen Sakkaden ist signifikant ($b_y = -0.328$, $p < .10$). Es konnte kein signifikanter direkter Effekt der Position der Fragestellung auf den Regressionsanteil an allen Sakkaden nachgewiesen werden ($b_y = 0.156$, $p = .252$). Ein höherer Regressionsanteil an allen Sakkaden führt jedoch zu einer Verlängerung der Verweildauer auf dem Text im gesamten Leseprozess ($\beta = 0.239$, $p < .05$). Ein signifikanter indirekter Effekt von der Position der Fragestellung auf die Verweildauer auf dem Text im gesamten Leseprozess über den Regressionsanteil an allen Sakkaden liegt nicht vor. Unter Berücksichtigung des Regressionsanteils an allen Sakkaden geht eine Voranstellung der Fragestellung vor den Aufgabentext insgesamt also mit einer Verkürzung der Verweildauer einher. Diese Ergebnisse bleiben in ihrer Richtung unter Kontrolle der Lesegenauigkeit, der Lesegeschwindigkeit, des mathematischen Vorwissens und der Arbeitsgedächtnisspanne stabil. Die Pfadkoeffizienten des Pfadmodells mit Kontrollvariablen können in Tabelle 19.18 nachvollzogen werden.

Tabelle 19.17 Pfadkoeffizienten der Pfadanalyse zu Forschungsfrage F5b mit Regressionsanteil an allen Sakkaden als Mediator

Pfad	*b*	b_y	β	*SE*	*p*
Direkte Effekte					
von Position der Fragestellung zu					
Verweildauer auf dem Text (gesamter Leseprozess)[a]	–0.366	–0.366		.216	.058
Regressionsanteil an allen Sakkaden[a]	0.156	0.156		.228	.252
von Regressionsanteil an allen Sakkaden[a] zu					
Verweildauer auf dem Text (gesamter Leseprozess)[a]	0.239		0.239	.093	.012
Totale und indirekte Effekte					
von Position der Fragestellung zu Verweildauer auf dem Text (gesamter Leseprozess)[a]	–0.328	–0.328		.218	.066
via Regressionsanteil an allen Sakkaden[a]	0.037	0.037		.055	.249

Standardfehler und p-Werte sind für die (teil-)standardisierten Koeffizienten angegeben; einseitige Signifikanztests

Tabelle 19.18 Pfadkoeffizienten der Pfadanalyse zu Forschungsfrage F5c mit Regressionsanteil an allen Sakkaden als Mediator

Pfad	*b*	b_y	β	*SE*	*p*
Direkte Effekte					
von Position der Fragestellung zu					
Verweildauer auf dem Text (gesamter Leseprozess)[a]	–0.299	–0.299		.183	.062
von Position der Fragestellung zu					
Regressionsanteil an allen Sakkaden[a]	0.171	0.171		.222	.227
von Regressionsanteil an allen Sakkaden[a] zu					
Verweildauer auf dem Text (gesamter Leseprozess)[a]	0.147		0.147	.094	.065
Totale und indirekte Effekte					
von Position der Fragestellung zu Verweildauer auf dem Text (gesamter Leseprozess)[a]	–0.274	–0.274		.183	.067

(Fortsetzung)

Tabelle 19.18 (Fortsetzung)

Pfad	*b*	b_y	β	*SE*	*p*
via Regressionsanteil an allen Sakkaden[a]	0.025	0.025		.036	.246
Effekte der Kontrollvariablen					
von Lesegenauigkeit zu					
Verweildauer auf dem Text (gesamter Leseprozess)[a]	–0.017		–0.099	.121	.220
Regressionsanteil an allen Sakkaden[a]	–0.017		–0.100	.108	.170
von Lesegeschwindigkeit zu					
Verweildauer auf dem Text (gesamter Leseprozess)[a]	–0.001		–0.286	.076	< .001
Regressionsanteil an allen Sakkaden[a]	–0.001		–0.211	.107	.028
von mathematisches Vorwissen zu					
Verweildauer auf dem Text (gesamter Leseprozess)[a]	–0.008		–0.008	.085	.463
Regressionsanteil an allen Sakkaden[a]	–0.028		–0.029	.106	.394
von Arbeitsgedächtnisspanne zu					
Verweildauer auf dem Text (gesamter Leseprozess)[a]	0.037		0.416	.077	< .001
Regressionsanteil an allen Sakkaden[a]	0.003		0.034	.110	.378

[a] *Modellidentifizierung in Mplus fehlgeschlagen, als Konsequenz wurde diese Variable standardisiert; Standardfehler und p-Werte sind für die (teil-)standardisierten Koeffizienten angegeben; einseitige Signifikanztests*

Die Ergebnisse von Forschungsfrage F5b mit der Leserate als Mediator sowie dem zugehörigen Teil von F5c sind in einem Pfaddiagramm in Abbildung 19.7 abgebildet.

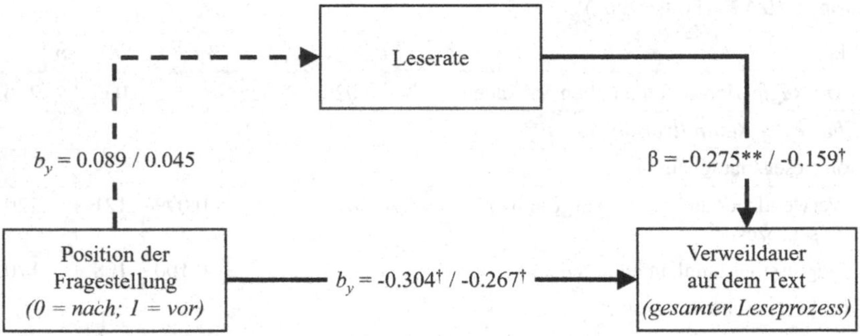

Abbildung 19.7 Pfaddiagramm zu Forschungsfrage F5b / F5c mit Leserate als Mediator. (Anmerkung: nicht signifikante Pfade sind gestrichelt dargestellt; Kontrollvariablen Lesegenauigkeit und -geschwindigkeit, mathematisches Vorwissen und Arbeitsgedächtnisspanne; †p < .10; **p < .01)

Für das Pfadmodell mit der Leserate als Mediator (vgl. Tabelle 19.19) konnte ein direkter negativer Effekt von der Position der Fragestellung auf die Verweildauer auf dem Text im gesamten Leseprozess nachgewiesen werden (b_y = –0.304, p < .10). Auch der totale Effekt über die Leserate ist signifikant (b_y = –0.329, p < .10). Es konnte kein signifikanter direkter Effekt der Position der Fragestellung auf die Leserate nachgewiesen werden (b_y = 0.089, p = .354). Eine höhere Leserate führt jedoch zu einer Verkürzung der Verweildauer auf dem Text im gesamten Leseprozess (β = –0.275, p < .01). Ein signifikanter indirekter Effekt von der Position der Fragestellung auf die Verweildauer auf dem Text im gesamten Leseprozess über die Leserate liegt nicht vor. Unter Berücksichtigung der Leserate pro Wort geht eine Voranstellung der Fragestellung vor den Aufgabentext insgesamt also mit einer Verkürzung der Verweildauer einher. Diese Ergebnisse bleiben in ihrer Richtung unter Kontrolle der Lesegenauigkeit, der Lesegeschwindigkeit, des mathematischen Vorwissens und der Arbeitsgedächtnisspanne stabil. Die Pfadkoeffizienten des Pfadmodells mit Kontrollvariablen können in Tabelle 19.20 nachvollzogen werden.

Tabelle 19.19 Pfadkoeffizienten der Pfadanalyse zu Forschungsfrage F5b mit Leserate als Mediator

Pfad	b	b_y	β	SE	p
Direkte Effekte					
von Position der Fragestellung zu					
Verweildauer auf dem Text (gesamter Leseprozess)[a]	–0.304	–0.304		.209	.084
Leserate	0.025	0.089		.237	.354
von Leserate zu					
Verweildauer auf dem Text (gesamter Leseprozess)[a]	–0.981		–0.275	.086	.004
Totale und indirekte Effekte					
von Position der Fragestellung zu Verweildauer auf dem Text (gesamter Leseprozess)[a]	–0.329	–0.329		.218	.066
via Leserate	–0.024	–0.024		.209	.353

Standardfehler und p-Werte sind für die (teil-)standardisierten Koeffizienten angegeben; einseitige Signifikanztests

Tabelle 19.20 Pfadkoeffizienten der Pfadanalyse zu Forschungsfrage F5c mit Leserate als Mediator

Pfad	b	b_y	β	SE	p
Direkte Effekte					
von Position der Fragestellung zu					
Verweildauer auf dem Text (gesamter Leseprozess)[a]	–0.267	–0.267		.181	.080
Leserate	0.013	0.045		.222	.420
von Leserate zu					
Verweildauer auf dem Text (gesamter Leseprozess)[a]	–0.567		–0.159	.101	.066
Totale und indirekte Effekte					
von Position der Fragestellung zu Verweildauer auf dem Text (gesamter Leseprozess)[a]	–0.274	–0.274		.183	.067
via Leserate	–0.007	–0.007		.034	.418

(Fortsetzung)

Tabelle 19.20 (Fortsetzung)

Pfad	*b*	b_y	β	*SE*	*p*
Effekte der Kontrollvariablen					
von Lesegenauigkeit zu					
Verweildauer auf dem Text (gesamter Leseprozess)[a]	–0.022		–0.128	.120	.146
Leserate	–0.004		–0.091	.095	.169
von Lesegeschwindigkeit zu					
Verweildauer auf dem Text (gesamter Leseprozess)[a]	–0.001		–0.264	.084	< .001
Leserate	< 0.001		0.315	.098	< .001
von mathematisches Vorwissen zu					
Verweildauer auf dem Text (gesamter Leseprozess)[a]	–0.023		–0.024	.084	.389
Leserate	–0.20		–0.073	.086	.201
von Arbeitsgedächtnisspanne zu					
Verweildauer auf dem Text (gesamter Leseprozess)[a]	0.036		0.404	.077	< .001
Leserate	–0.003		–0.107	.094	.125

[a] *Modellidentifizierung in Mplus fehlgeschlagen, als Konsequenz wurde diese Variable standardisiert; Standardfehler und p-Werte sind für die (teil-)standardisierten Koeffizienten angegeben; einseitige Signifikanztests*

Für die Varianzaufklärung durch die Pfadmodelle ist festzuhalten, dass durch die Pfadmodelle mit Aufnahme der Kontrollvariablen für jede endogene Variable mit Ausnahme des Regressionsanteils an allen Sakkaden eine signifikante Varianzaufklärung erzielt werden konnte (vgl. Tabelle 19.21).

Tabelle 19.21 Varianzaufklärung durch die Pfadmodelle zu Forschungsfrage 5

Pfadmodell	endogene Variable	R^2	
		ohne Kontroll-variablen	mit Kontrollvariablen
Tabelle 19.11, Tabelle 19.12	Verweildauer auf dem Text (First-Pass-Reading)	.004	.394***
	Verweildauer auf dem Text (Re-Reading)	.027	.276**
	Verweildauer auf dem Text (gesamter Leseprozess)	.027	.333***
Tabelle 19.13, Tabelle 19.14	Verweildauer auf dem Text (gesamter Leseprozess)	.038	.334***
	mittlere Fixationsdauer	< .001	.241**
Tabelle 19.15, Tabelle 19.16	Verweildauer auf dem Text (gesamter Leseprozess)	.822***	.841***
	Sakkaden pro Wort	.008	.252**
Tabelle 19.17, Tabelle 19.18	Verweildauer auf dem Text (gesamter Leseprozess)	.083	.353***
	Regressionsanteil an allen Sakkaden	.006	.063
Tabelle 19.19, Tabelle 19.20	Verweildauer auf dem Text (gesamter Leseprozess)	.102	.355***
	Leserate	.002	.131*

*$p < .05$; **$p < .01$; ***$p < .001$

19.5 Forschungsfrage 6

In Forschungsfrage 6 wurde untersucht, inwiefern die Aufmerksamkeitsallokation auf (ir-)relevante Informationen aus dem Aufgabentext (operationalisiert durch die lokalen Blickbewegungsmetriken Verweildaueranteil relevante Informationen und Verweildaueranteil irrelevante Informationen) durch die Position der Fragestellung beeinflusst wird. Außerdem wurde untersucht, ob diese Einflüsse unter Kontrolle der allgemeinen Lesekompetenz (operationalisiert durch die Lesegeschwindigkeit und -genauigkeit im LGVT 5–12 +), des mathematischen Vorwissens (operationalisiert durch die Mathematiknote auf dem letzten Schul(halb-)jahreszeugnis) sowie der Arbeitsgedächtnisspanne (operationalisiert durch den partiellen Operation-Span-Score im AOSPAN) stabil bleiben. Für die beiden temporalen Phasen (First-Pass- und Re-Reading) sowie den gesamten Leseprozess wurde je ein eigenes Pfadmodell analysiert. Die Ergebnisse der Pfadanalysen ohne Kontrollvariablen sind zusammenfassend in Tabelle 19.22 dargestellt. In Pfaddiagrammen visualisiert finden sich die Ergebnisse in Abbildung 19.8 (F6a / F6d), Abbildung 19.9 (F6b / F6d) und Abbildung 19.10 (F6c / F6d).

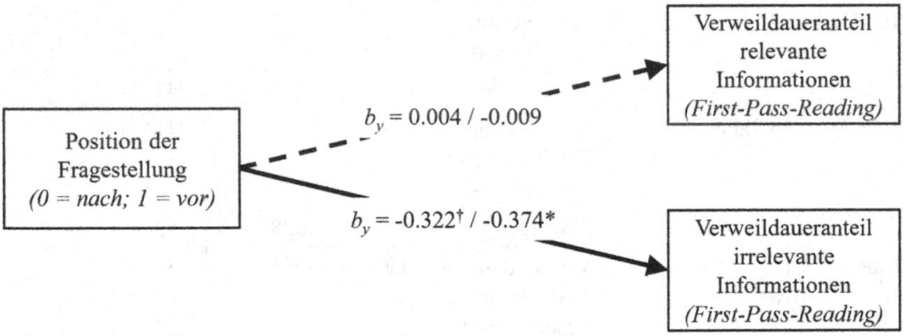

Abbildung 19.8 Pfaddiagramm zu Forschungsfrage F6a / F6d

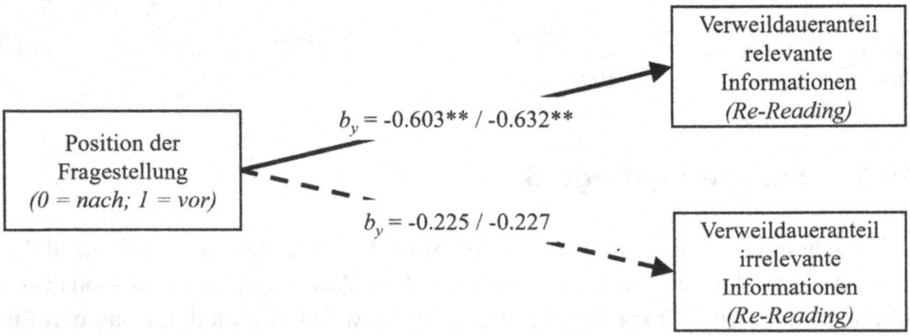

Abbildung 19.9 Pfaddiagramm zu Forschungsfrage F6b / F6d

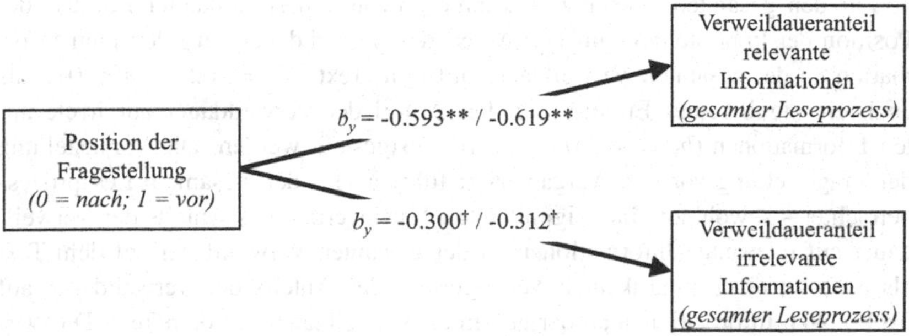

Abbildung 19.10 Pfaddiagramm zu Forschungsfrage F6c / F6d. (Anmerkung zu Abbildung 19.8, Abbildung 19.9 und Abbildung 19.10: nicht signifikante Pfade sind gestrichelt dargestellt; Kontrollvariablen Lesegenauigkeit und -geschwindigkeit, mathematisches Vorwissen und Arbeitsgedächtnisspanne; †p < .10; *p < .05; **p < .01)

Für das First-Pass-Reading konnte kein signifikanter Einfluss der Position der Fragestellung auf den Anteil der Verweildauer auf relevanten Informationen an der gesamten Verweildauer auf dem Text während des First-Pass-Readings festgestellt werden ($b_y = -0.004$, $p = .494$). Hingegen prädiziert die Position der Fragestellung den Anteil der Verweildauer auf irrelevanten Informationen signifikant ($b_y = -0.322$, $p < .10$). Die Voranstellung der Fragestellung vor den Aufgabentext führt also zu einer signifikanten Verringerung des Anteils der Verweildauer auf irrelevanten Informationen an der gesamten Verweildauer auf dem Text beim First-Pass-Reading, d. h. die Versuchspersonen mit vorangestellter Fragestellung allokierten beim First-Pass-Reading verhältnismäßig weniger visuelle Aufmerksamkeit auf irrelevante Informationen als die Kontrollgruppe.

Für das Re-Reading konnte ein signifikanter Einfluss der Position der Fragestellung auf den Anteil der Verweildauer auf relevanten Information an der gesamten Verweildauer auf dem Text während des Re-Readings festgestellt werden ($b_y = -0.603$, $p < .01$). Hingegen prädiziert die Position der Fragestellung den Anteil der Verweildauer auf irrelevanten Informationen nicht signifikant ($b_y = -0.225$, $p = .167$). Die Voranstellung der Fragestellung vor den Aufgabentext führt also zu einer signifikanten Verringerung des Anteils der Verweildauer auf relevanten Informationen an der gesamten Verweildauer auf dem Text beim Re-Reading, d. h. die Versuchspersonen mit vorangestellter Fragestellung allokierten beim Re-Reading verhältnismäßig weniger visuelle Aufmerksamkeit auf relevante Informationen als die Kontrollgruppe.

Für den gesamten Leseprozess konnte sowohl ein signifikanter Einfluss der Position der Fragestellung auf den Anteil der Verweildauer auf relevanten Information an der gesamten Verweildauer auf dem Text (b_y = –0.593, $p < .01$), als auch ein signifikanter Einfluss auf den Anteil der Verweildauer auf irrelevanten Informationen (b_y = –0.300, $p < .10$) festgestellt werden. Die Voranstellung der Fragestellung vor den Aufgabentext führt also – den gesamten Leseprozess betrachtet – sowohl zu einer signifikanten Verringerung des Anteils der Verweildauer auf relevanten Informationen an der gesamten Verweildauer auf dem Text als auch zu einer signifikanten Verringerung des Anteils der Verweildauer auf irrelevanten Informationen an der gesamten Verweildauer auf dem Text. Die Versuchspersonen mit vorangestellter Fragestellung allokierten also in Bezug auf den gesamten Leseprozess verhältnismäßig weniger visuelle Aufmerksamkeit auf relevante und irrelevante Informationen als die Kontrollgruppe.

Diese Ergebnisse bleiben in ihrer Richtung unter Kontrolle der Lesegenauigkeit, der Lesegeschwindigkeit, des mathematischen Vorwissens und der Arbeitsgedächtnisspanne stabil. Die Pfadkoeffizienten der Pfadmodelle mit Kontrollvariablen können in Tabelle 19.23 nachvollzogen werden.

Tabelle 19.22 Pfadkoeffizienten der Pfadanalysen zu Forschungsfragen F6a, F6b und F6c

Pfad	*b*	b_y	*SE*	*p*
Direkte Effekte				
von Position der Fragestellung zu				
Verweildaueranteil relevante Informationen (First-Pass-Reading)	< 0.001	0.004	.239	.494
Verweildaueranteil irrelevante Informationen (First-Pass-Reading)	–0.006	–0.322	.225	.078
Verweildaueranteil relevante Informationen (Re-Reading)	–0.035	–0.603	.226	.004
Verweildaueranteil irrelevante Informationen (Re-Reading)	–0.009	–0.225	.232	.167
Verweildaueranteil relevante Informationen (gesamter Leseprozess)	–0.025	–0.593	.244	.005
Verweildaueranteil irrelevante Informationen (gesamter Leseprozess)	–0.008	–0.300	.227	.097

Standardfehler und p-Werte sind für die teilstandardisierten Koeffizienten angegeben; einseitige Signifikanztests

Tabelle 19.23 Pfadkoeffizienten der Pfadanalysen zu Forschungsfrage F6d

Pfad	*b*	b_y	β	*SE*	*p*
Direkte Effekte					
von Position der Fragestellung zu					
Verweildaueranteil relevante Informationen (First-Pass-Reading)	< 0.001	–0.009		.227	.484
Verweildaueranteil irrelevante Informationen (First-Pass-Reading)	–0.007	–0.374		.195	.030
Verweildaueranteil relevante Informationen (Re-Reading)	–0.037	–0.632		.222	.002
Verweildaueranteil irrelevante Informationen (Re-Reading)	–0.009	–0.227		.232	.165
Verweildaueranteil relevante Informationen (gesamter Leseprozess)	–0.026	–0.619		.242	.003
Verweildaueranteil irrelevante Informationen (gesamter Leseprozess)	–0.009	–0.312		.231	.092
Effekte der Kontrollvariablen					
von Lesegenauigkeit zu					
Verweildaueranteil relevante Informationen (First-Pass-Reading)	< 0.001		–0.045	.088	.294
Verweildaueranteil irrelevante Informationen (First-Pass-Reading)	–0.001		–0.165	.088	.022
Verweildaueranteil relevante Informationen (Re-Reading)	–0.001		–0.143	.101	.077
Verweildaueranteil irrelevante Informationen (Re-Reading)	0.001		0.148	.107	.082
Verweildaueranteil relevante Informationen (gesamter Leseprozess)	–0.001		–0.144	.101	.071
Verweildaueranteil irrelevante Informationen (gesamter Leseprozess)	< 0.001		0.049	.102	.314
von Lesegeschwindigkeit zu					
Verweildaueranteil relevante Informationen (First-Pass-Reading)	< 0.001		0.235	.097	.005
von Lesegeschwindigkeit zu					
Verweildaueranteil irrelevante Informationen (First-Pass-Reading)	< 0.001		0.430	.073	< .001

(Fortsetzung)

Tabelle 19.23 (Fortsetzung)

Pfad	b	b_y	β	SE	p
Verweildaueranteil relevante Informationen (Re-Reading)	< 0.001		0.133	.095	.086
Verweildaueranteil irrelevante Informationen (Re-Reading)	< 0.001		–0.003	.113	.488
Verweildaueranteil relevante Informationen (gesamter Leseprozess)	< 0.001		0.154	.092	.051
Verweildaueranteil irrelevante Informationen (gesamter Leseprozess)	< 0.001		0.124	.106	.125
von mathematisches Vorwissen zu					
Verweildaueranteil relevante Informationen (First-Pass-Reading)	0.006		0.234	.120	.009
Verweildaueranteil irrelevante Informationen (First-Pass-Reading)	–0.003		–0.144	.096	.076
Verweildaueranteil relevante Informationen (Re-Reading)	0.001		0.025	.084	.385
Verweildaueranteil irrelevante Informationen (Re-Reading)	–0.002		–0.050	.121	.342
Verweildaueranteil relevante Informationen (gesamter Leseprozess)	0.002		0.057	.078	.236
Verweildaueranteil irrelevante Informationen (gesamter Leseprozess)	–0.002		–0.085	.118	.240
von Arbeitsgedächtnisspanne zu					
Verweildaueranteil relevante Informationen (First-Pass-Reading)	< 0.001		–0.086	.103	.218
Verweildaueranteil irrelevante Informationen (First-Pass-Reading)	< 0.001		0.019	.081	.407
Verweildaueranteil relevante Informationen (Re-Reading)	–0.001		–0.158	.121	.099
Verweildaueranteil irrelevante Informationen (Re-Reading)	< 0.001		–0.070	.131	.299
von Arbeitsgedächtnisspanne zu					
Verweildaueranteil relevante Informationen (gesamter Leseprozess)	–0.001		–0.136	.115	.124
Verweildaueranteil irrelevante Informationen (gesamter Leseprozess)	< 0.001		0.028	.122	.408

Standardfehler und p-Werte sind für die (teil-)standardisierten Koeffizienten angegeben; einseitige Signifikanztests

Bezüglich der Varianzaufklärung durch die einzelnen Pfadmodelle ist festzuhalten, dass für jede endogene Variable mit Ausnahme des Anteils der Verweildauer auf irrelevanten Information an der gesamten Verweildauer auf dem Text während des Re-Readings und des Anteils der Verweildauer auf irrelevanten Information an der gesamten Verweildauer auf dem Text während des gesamten Leseprozesses eine signifikante Varianzaufklärung erzielt werden konnte (vgl. Tabelle 19.24).

Tabelle 19.24 Varianzaufklärung durch die Pfadmodelle zu Forschungsfrage 6

Pfadmodell	endogene Variable	R^2	
		ohne Kontrollvariablen	mit Kontrollvariablen
First-Pass-Reading	Verweildaueranteil relevante Informationen	< .001	.103†
	Verweildaueranteil irrelevante Informationen	.026	.277***
Re-Reading	Verweildaueranteil relevante Informationen	.091	.149†
	Verweildaueranteil irrelevante Informationen	.013	.043
gesamter Leseprozess	Verweildaueranteil relevante Informationen	.088	.148†
	Verweildaueranteil irrelevante Informationen	.022	.052

$^{\dagger}p < .10$; $^{*}p < .05$; $^{**}p < .01$; $^{***}p < .001$.

19.6 Zusammenfassung der Ergebnisse

Für die Ergebnisse von Studie 2 lässt sich festhalten, dass die Position der Fragestellung die Bearbeitungsdauer unter Berücksichtigung der Lesedauer prädiziert, es liegen sowohl ohne als auch mit Aufnahme von Kontrollvariablen positive

Pfadkoeffizienten vor. Das Voranstellen der Fragestellung vor den Aufgabentext geht entsprechend mit einer verlängerten Bearbeitungsdauer einher. Wird die Lesedauer jedoch durch Blickbewegungsmetrik operationalisiert, in diesem Fall die Verweildauer auf dem Text, so wird deutlich, dass sowohl auf den gesamten Leseprozess bezogen als auch in der Phase des Re-Readings die Verweildauer auf dem Text durch die Voranstellung der Fragestellung verkürzt werden kann. Auch diese Befunde sind unter Aufnahme der Kontrollvariablen Lesegenauigkeit, Lesegeschwindigkeit, mathematisches Vorwissen und Arbeitsgedächtnisspanne stabil.

Wird das Leseverhalten durch die globalen Blickbewegungsmetriken mittlere Fixationsdauer, Anzahl der Sakkaden pro Wort, Regressionsanteil an allen Sakkaden und Leserate operationalisiert, so zeigen die Ergebnisse zwar Prädiktionen ebendieser Metriken auf die Verweildauer auf dem Text im gesamten Leseprozess (mit Ausnahme der mittleren Fixationsdauer), es finden sich jedoch keine direkten Effekte der Position der Fragestellung auf das Leseverhalten. Auch diese Befunde sind unter Kontrolle der o. g. Variablen stabil. Bei der Analyse des Leseverhaltens auf lokaler Ebene, d. h. in diesem Fall durch den Anteil der Verweildauer auf relevanten bzw. irrelevanten Informationen an der gesamten Verweildauer auf dem Text, phasiert nach First-Pass- und Re-Reading bzw. gesamtem Leseprozess, werden Einflüsse der Position der Fragestellung auf das lokale Leseverhalten sichtbar. So führt die Voranstellung der Fragestellung vor den Aufgabentext zu einer verhältnismäßig geringeren Aufmerksamkeitsallokation auf irrelevante Informationen beim First-Pass-Reading, auf relevante Informationen beim Re-Reading und auf den gesamten Leseprozess betrachtet zu einer verhältnismäßig geringeren Aufmerksamkeitsallokation auf relevante und irrelevante Informationen. Auch diese Befunde sind unter Aufnahme der Kontrollvariablen Lesegenauigkeit, Lesegeschwindigkeit, mathematisches Vorwissen und Arbeitsgedächtnisspanne stabil.

Diskussion

20

Da Studie 2 unmittelbar auf Studie 1 aufbaut, sollen an dieser Stelle nur die zentralen Ergebnisse von Studie 2 diskutiert werden. Im nachfolgenden Kapitel V werden beide Studien zusammengeführt und die Ergebnisse aus beiden Studien gemeinsam diskutiert.

20.1 Forschungsfrage 4

Forschungsfrage 4 zielte auf die Replizierbarkeit der Ergebnisse zum Einfluss der Position der Fragestellung auf das Textverstehen bei Modellierungsaufgaben (Forschungsfrage F4a; Replikation von Forschungsfrage F1a) und auf die Lese- und Bearbeitungsdauer (Forschungsfrage F4b; Replikation von Forschungsfrage F3a) ab. Es wurde entsprechend der Hypothesen von Studie 1 ein positiver Effekt auf das Textverstehen bei Modellierungsaufgaben (d. h. Verbesserung des Textverstehens) und ein negativer Effekt auf die Lese- und Bearbeitungsdauer (d. h. Verkürzung der Lese- und Bearbeitungsdauer) durch die Voranstellung der Fragestellung vor den Aufgabentext vermutet.

Entgegen der Hypothese zu F4a konnte kein signifikanter Effekt der Position der Fragestellung auf das Textverstehen bei Modellierungsaufgaben festgestellt werden. Damit steht der Befund entgegen der Ergebnisse von Thevenot et al. (2007), die eine verbesserte Leistung im Lösen von Textaufgaben aus dem Inhaltsbereich der Arithmetik beobachten konnten, wenn die Fragestellung vor dem Aufgabentext platziert worden war. Sie begründeten diesen Effekt auf die mathematische Leistung mit einer Unterstützung des Textverstehens.

V. Böswald, *Die Rolle der Position der Fragestellung beim Textverstehen von mathematischen Modellierungsaufgaben*, Studien zur theoretischen und empirischen Forschung in der Mathematikdidaktik,
https://doi.org/10.1007/978-3-658-43675-9_20

Dieser Befund passt jedoch zu den Ergebnissen zu Forschungsfrage F1a. Dort konnte ebenfalls kein signifikanter Effekt der Position der Fragestellung auf das Textverstehen bei Modellierungsaufgaben gefunden werden. Die in Studie 1 aufgeführten Gründe (vgl. 14.1) sollten aufgrund des ähnlichen Untersuchungsdesigns auch zur Erklärung dieses Befunds gelten: Es erscheint möglich, dass sich zwar das Leseziel durch die experimentelle Variation der Position der Fragestellung in den beiden Gruppen unterscheidet, dieser Unterschied sich jedoch nicht in der gezeigten Leistung im eingesetzten Messinstrument (TVM) niederschlägt. Außerdem könnte die Spezifizierung des Leseziels durch die Voranstellung der Fragestellung auch zu einer Aktivierung von hinderlichem Vorwissen führen, die wiederum hinderlich für den Lese- und Verstehensprozess ist (für eine ausführlichere Diskussion dieses Aspekts siehe 14.1).

Ferner könnte diese Variation zwar wie bei Thevenot et al. (2007) bei Kindern wirksam sein, durch die Kompetenzentwicklung in Bezug auf das Textverstehen mit zunehmendem Alter jedoch an Wirkung verlieren (für eine ausführlichere Diskussion dieses Aspekts siehe 14.1).

Auch die Hypothese zu Forschungsfrage F4b kann anhand der Ergebnisse dieser Studie nicht bestätigt werden. Es konnte kein signifikanter Einfluss der Position der Fragestellung auf die Lesedauer festgestellt werden, auch hier liegt die Gültigkeit der Gründe aus Studie 1 nahe (vgl. 14.1), z. B., dass sich das Leseverhalten gegebenenfalls im First-Pass- und Re-Reading unterscheidet, sich diese Unterschiede aber nicht im gesamten Leseprozess niederschlagen. Außerdem ist es möglich, dass die computerbasierte Messung der Lese- und Bearbeitungsdauer zu Verzerrungen geführt hat. Diese Überlegungen werden in der Diskussion zu den Forschungsfragen 5 und 6 aufgegriffen.

Die oben dargestellten Ergebnisse sind zudem stabil unter Kontrolle der Lesegenauigkeit und -geschwindigkeit, des mathematischen Vorwissens und der Arbeitsgedächtnisspanne. Daher kann davon ausgegangen werden, dass die Befunde zur Verlängerung der Bearbeitungsdauer bei der Skala zum Textverstehen bei Modellierungsaufgaben durch die Voranstellung der Fragestellung vor den Aufgabentext tatsächlich auf letztere zurückzuführen sind.

20.2 Forschungsfrage 5

Mit Forschungsfrage 5 wurde der Einfluss der Position der Fragestellung auf das Leseverhalten mithilfe der Ausdifferenzierung des Leseprozesses in First-Pass- und Re-Reading sowie anhand von globalen Blickbewegungsmetriken untersucht. Über letztgenannte sollten mögliche Einflüsse auf die Verweildauer analysiert werden. Erwartet wurde einerseits, dass die Voranstellung der Fragestellung einerseits zu einer Verkürzung der Verweildauer auf dem Text beim Re-Reading und auch beim gesamten Leseprozess führt. Andererseits wurde erwartet, dass die Voranstellung der Fragestellung zu kürzerer mittlerer Fixationsdauer, kürzerer Verweildauer auf dem Text, weniger Sakkaden pro Wort, einem geringeren Regressionsanteil an allen Sakkaden sowie einer höheren Leserate führt, da diese Blickbewegungsmetriken als Indikatoren für kognitive Prozesse beim Textverstehen gelten (Rayner et al., 2012; Strohmaier, 2020). Etwa interpretieren Hyönä und Nurminen (2006) einen höheren Regressionsanteil von allen Sakkaden als Indikator für größeren Aufwand bei der Konstruktion eines angemessenen Situationsmodells, die Verweildauer auf dem Text beim First-Pass-Reading wird als Indikator für initiale Verarbeitung des Gelesenen herangezogen (Rayner et al., 2012) und das Re-Reading von Wörtern oder Sätzen ist üblicherweise Indikator für die (Re-)Integration des semantischen Inhalts auf Satz- oder Textebene (Radach & Kennedy, 2013). Dementsprechend kann das Re-Reading – ebenso wie die Lesedauer bzw. die Verweildauer auf dem Text im gesamten Leseprozess – Informationen darüber geben, wie viel Zeit Lesende benötigen, um ein ihrer Einschätzung nach angemessenes Situationsmodell konstruiert zu haben (Rayner et al., 2012). Ebenfalls wurden entsprechende Effekte von den Blickbewegungsmetriken auf die Verweildauer auf dem Text im gesamten Leseprozess erwartet, z. B. sollte eine niedrigere Leserate (d. h. eine niedrigere Lesegeschwindigkeit) zu einer Verlängerung der Verweildauer auf dem Text (d. h. der Lesedauer) führen.

Tatsächlich können jedoch auf Basis der Ergebnisse der Pfadanalysen nur die Hypothesen bezüglich des Effekts der Position der Fragestellung auf die Verweildauer auf dem Text beim Re-Reading und beim gesamten Leseprozess bestätigt werden. Da die Verweildauer auf dem Text als tatsächliche Lesezeit interpretiert werden kann (vgl. 16.1.3), liegen hier also Hinweise auf eine Verkürzung des Leseprozesses vor, wenn die Fragestellung dem Aufgabentext vorangestellt wurde. Da für die Verweildauer auf dem Text beim First-Pass-Reading keine signifikanten Effekte nachgewiesen werden konnten, liegt die Erklärung des Befunds für die Verweildauer auf dem Text für den gesamten Leseprozess vermutlich vollständig im Re-Reading.

Dieser Effekt lässt sich mit dem Befund aus Forschungsfrage 4 bezüglich der Verlängerung der Bearbeitungsdauer bei der Skala zum Textverstehen bei Modellierungsaufgaben durch die Voranstellung der Fragestellung vor den Aufgabentext in Verbindung setzen. Gemeinsam betrachtet wird somit deutlich, dass die Versuchspersonen aus der Experimentalgruppe zwar durchschnittlich weniger Zeit für das Lesen der Aufgabenexte benötigten, aber insgesamt mehr Zeit für die

Bearbeitung der Skala zum Textverstehen bei Modellierungsaufgaben aufwendeten. Eine mögliche Erklärung liegt im Design des Testverfahrens. Zwar waren die Versuchspersonen der Auffassung, ein angemessenes Situationsmodell konstruiert zu haben, durch die geringere aufgewendete Zeit wurden jedoch auch weniger Re-Integrationsprozesse von Informationen ins Arbeits- bzw. Langzeitgedächtnis angestoßen. Diese wären jedoch notwendig, um sich an die zur Beantwortung der Items notwendigen Informationen erinnern zu können. Es erfolgte also möglicherweise eine kurzfristige, lesezielrelevante Speicherung der Informationen, deren Abruf zur Beantwortung der Items ohne erneutes Lesen somit erschwert wird. Diese Erklärung wäre zudem konform mit der in 7.2 getroffenen Annahme, das langfristige, nachhaltige Lernen von Fakten aus dem Aufgabentext (vgl. 6.2) könnte durch die Voranstellung der Fragestellung vor den Aufgabentext gehemmt werden.

Die Ergebnisse zu den globalen Blickbewegungsmetriken zeigen, dass der Effekt der Position der Fragestellung auf die Verweildauer auf dem Text nicht direkt durch die globalen Blickbewegungsmetriken erklärt werden kann. Diesbezüglich konnten nur nicht-signifikante direkte und indirekte Effekte nachgewiesen werden. Da jedoch keine Einflüsse der Position der Fragestellung auf das Textverstehen bei Modellierungsaufgaben mit der produktorientierten Messung nachgewiesen werden konnten (Forschungsfrage 4), liegt es nahe, dass sich auch in der prozessorientierten Messung mit Eye-Tracking keine Einflüsse wiederfinden. Zudem wurden zur Beantwortung dieser Forschungsfrage globale Blickbewegungsmetriken eingesetzt. Es ist denkbar, dass für eine temporale Phasierung des gesamten Leseprozesses (d. h. Ausdifferenzierung in First-Pass- und Re-Reading) oder die Verwendung von lokalen Metriken wie in Forschungsfrage 6 (z. B. auf AOIs wie relevanten und irrelevanten Informationen) Einflüsse sichtbar werden würden. Grund dafür ist, dass sich das Leseziel in solchen Maßen niederschlägt, da es schon beim First-Pass-Reading wirkt und im Re-Reading wiederum andere Zwecke erfüllt, etwa die Re-Integration von relevanten Informationen ins Arbeitsgedächtnis (Kaakinen et al., 2003; Radach & Kennedy, 2013). Ebenso konnte in früheren Studien festgestellt werden, dass der Effekt eines spezifizierten Leseziels auf das Leseverhalten zwischen lesezielrelevanten und -irrelevanten Informationen unterschiedlich ausfallen kann (Kaakinen & Hyönä, 2008, 2010; Kaakinen et al., 2002). Dies ist zwar auch ein Grund für die Operationalisierungen in Forschungsfrage 6, sollte jedoch auch Gegenstand von Folgeuntersuchungen sein, z. B. mit Reanalysen der vorliegenden Daten.

Allerdings muss festgehalten werden, dass das Leseverhalten, beschrieben durch die Leserate, den Regressionsanteil an allen Sakkaden sowie die Anzahl der Sakkaden pro Wort, die Verweildauer auf dem Text wie erwartet prädizieren. Für die mittlere Fixationsdauer, die bei Holmqvist et al. (2011) mit Verarbeitungstiefe in Verbindung gesetzt wird, konnte jedoch kein Effekt auf die Verweildauer auf dem Text gefunden werden. Strohmaier et al. (2019) ziehen die mittlere Fixationsdauer bei realitätsbezogenen Textaufgaben jedoch vor allem als Indikator für Text- bzw. Aufgabenschwierigkeit heran. Insofern kann der nicht-signifikante Effekt der mittleren Fixationsdauer auf die Verweildauer auf dem Text im gesamten Leseprozess also auch so gedeutet werden, dass die unterschiedlichen Positionen der Fragestellung nicht zu Unterschieden in der Einschätzung der Text- bzw. Aufgabenschwierigkeit führen.

Die oben dargestellten Ergebnisse sind zudem stabil unter Kontrolle der Lesegenauigkeit und -geschwindigkeit, des mathematischen Vorwissens und der Arbeitsgedächtnisspanne. Daher kann davon ausgegangen werden, dass die Befunde zur Verkürzung der Verweildauer auf dem Text durch die Voranstellung der Fragestellung vor den Aufgabentext tatsächlich auf letztere zurückzuführen sind.

20.3 Forschungsfrage 6

Forschungsfrage 6 fokussierte die Aufmerksamkeitsallokation auf die zur Beantwortung der Fragestellung relevanten und irrelevanten Informationen im Aufgabentext, ausdifferenziert nach First-Pass-Reading (F6a), Re-Reading (F6b) sowie der gesamten Zeit, die zum Lesen des Aufgabentexts benötigt wird (F6c). Es wurde erwartet, dass die Voranstellung der Fragestellung beim First-Pass-Reading die Aufmerksamkeit auf relevanten Informationen positiv und auf irrelevanten Informationen negativ beeinflusst.

Für das First-Pass-Reading wurde die Hypothese formuliert, dass durch die Voranstellung der Fragestellung vor den Aufgabentext irrelevante Informationen schnell als solche identifiziert werden und somit keine zeitaufwendige, tiefe Verarbeitung über die Wortbedeutung hinaus notwendig ist. Dies sollte sich in verhältnismäßig geringerer Verweildauer auf diesen Informationen niederschlagen. Für die relevanten Informationen wurde analog eine verhältnismäßig höhere Verweildauer vermutet. Auf Basis der Ergebnisse der Pfadanalysen muss die Hypothese bezüglich der relevanten Informationen abgelehnt werden. Dies ist jedoch konträr zu den Befunden von Kaakinen et al. (2003), die einen hypothesenkonformen Einfluss nachweisen konnten. Kaakinen et al. (2003) liefern jedoch einen Erklärungsansatz: Bei entsprechendem vorhandenen Vorwissen zum Thema eines Textes müssen Lesende keine zusätzliche Zeit für die Gewichtung von Informationen aus dem Text aufwenden, da diese sogleich enkodiert werden können. Es kann nicht ausgeschlossen werden, dass die Versuchspersonen in der vorliegenden Studie über genau solches Vorwissen verfügten, da nur das mathematische und nicht das kontextuelle Vorwissen Kontrollvariable in dieser Studie ist. Abschließend sei angemerkt, dass die Hypothese dennoch korrekt sein kann und nur aufgrund des gewählten Designs und der Messinstrumente abgelehnt werden muss. So wussten die Versuchspersonen beispielsweise, dass es in der Untersuchung um Mathematikaufgaben geht. Insofern ist es denkbar, dass das Leseziel der Experimentalgruppe zwar höher spezifiziert war als das der Kontrollgruppe, diese jedoch trotzdem das mathematikaufgabenspezifische Leseziel der Beantwortung irgendeiner mathematischen Fragestellung verfolgten. Dies würde zu den von Zwaan (1993) postulierten textsortenspezifischen Lesezielen passen: Die Versuchspersonen der Kontrollgruppe wussten beim First-Pass-Reading noch nicht genau, welche Informationen zur Beantwortung der noch unbekannten Fragestellung relevant sind. Dieser Erklärungsansatz könnte in Folgeuntersuchungen aufgegriffen werden. Etwa ist eine Studie denkbar, in der die Versuchspersonen in ihrem Leseprozess mit der Frage konfrontiert werden, welche Informationen sie im weiteren Verlauf des Textes erwarten würden. Aufgrund der Schulerfahrung der Versuchspersonen und insbesondere ihres mathematischen Vorwissens erweisen sich die in 7.3 beschrieben Hypothesen über die (Ir-)Relevanz von Informationen aus dem Aufgabentext aber möglicherweise in Teilen als zutreffend. Als Konsequenz könnte ein nicht-beobachtbarer Unterschied in den beiden Gruppen hinsichtlich des Verweildaueranteils auf relevanten Informationen beim First-Pass-Reading vorliegen.

Hinsichtlich der verhältnismäßig geringeren Verweildauer auf irrelevanten Informationen in der Experimentalgruppe kann die Hypothese bestätigt werden: Die Versuchspersonen, die die Fragestellung vor dem Aufgabentext lasen, verwendeten einen signifikant geringeren Anteil des First-Pass-Readings auf Dwells auf irrelevanten Informationen. Es lässt sich außerdem argumentieren, dass die Versuchspersonen aus der Kontrollgruppe entsprechend irrelevante Informationen nicht unmittelbar als solche identifizieren konnten. Dies kann als ein empirischer Validitätsnachweis für die theoretischen Überlegungen in 7.3 angesehen werden.

Da die Aufmerksamkeit auf relevanten Informationen im First-Pass-Reading nicht von der Position der Fragestellung prädiziert wird, die Aufmerksamkeit auf irrelevanten hingegen schon, drängt sich eine weitere Schlussfolgerung auf: die übrige Aufmerksamkeit wurde also auf den Rest des Textes gerichtet, der beispielsweise die wichtigen, aber nicht fragestellungsrelevanten Informationen enthält. Wichtige Textpassagen sind solche, ohne die der Text nicht verstanden werden kann, da sie beispielsweise zur Kohärenzbildung beitragen (siehe

5.4.1; Cirilo & Foss, 1980; McCrudden & Schraw, 2007; McCrudden et al., 2005). Träfe diese Schlussfolgerung zu, würden Lesende also durch die Voranstellung der Fragestellung vor den Aufgabentext ihre Aufmerksamkeit vor allem auf das Verstehen des Aufgabentextes richten und dabei irrelevante Informationen weniger beachten. Diese Schlussfolgerung müsste jedoch empirisch überprüft werden. Insgesamt erscheint es auf Basis der Ergebnisse dieser Studie plausibel, dass die Spezifizierung des Leseziels gewisse Relevanzeffekte schon beim First-Pass-Reading auslösen kann.

Bezüglich der Aufmerksamkeitsallokation beim Re-Reading wurde erwartet, dass relevante Informationen durch die Voranstellung der Fragestellung verhältnismäßig kürzer betrachtet werden. Die Ergebnisse der eingesetzten Analysemethoden berechtigen zur Annahme dieser Hypothese: Die Experimentalgruppe verwendete einen signifikant geringeren Anteil des Re-Readings auf Dwells auf relevante Informationen. Die Hypothese wurde mit der verhältnismäßig höheren allokierten Aufmerksamkeit beim First-Pass-Reading in der Experimentalgruppe und der damit verbundenen tieferen initialen Verarbeitung begründet. Insofern konnte auch hier möglicherweise wieder die Aufmerksamkeit auf die wichtigen Informationen gerichtet werden, um ein angemessenes Situationsmodell zum Textgegenstand zu konstruieren. Da für die Kontrollgruppe jedoch nicht von diesem Vorteil ausgegangen werden kann, müssten folglich auch relevante Informationen bewusst ins Arbeitsgedächtnis (re-)integriert werden, was in einer verhältnismäßig höheren Verweildauer auf relevanten Informationen für diese Gruppe resultiert. Eine Voranstellung der Fragestellung kann also dazu führen, den Fokus im Re-Reading auf wichtige Details und wesentliche Konzepte zu richten, die beim First-Pass-Reading möglicherweise nicht vollständig erfasst bzw. ihrer Relevanz und Wichtigkeit angemessen verarbeitet wurden. Damit geht einher, dass die Aufmerksamkeit beim Re-Reading im Fall der Platzierung der Fragestellung nach dem Aufgabentext sowohl auf relevante als auch auf wichtige Informationen gerichtet werden muss. Es muss also verhältnismäßig mehr Zeit auf das Verstehen aufgewendet werden als bei der Voranstellung der Fragestellung vor den Aufgabentext.

Für den gesamten Leseprozess wurde die Hypothese formuliert, dass die Voranstellung der Fragestellung die Aufmerksamkeitsallokation auf relevanten und irrelevanten Informationen negativ beeinflusst. Auf Basis der Ergebnisse der gewählten Analysemethoden kann diese Hypothese bestätigt werden. Die Voranstellung der Fragestellung vor den Aufgabentext führt also dazu, dass Lesende weniger Aufmerksamkeit auf relevante und irrelevante Informationen richten – solange der gesamte Leseprozess berücksichtigt wird. Es liegt somit nahe, dass verhältnismäßig mehr Aufmerksamkeit auf wichtige Informationen allokiert wird, die zwar nicht lesezielrelevant, jedoch unabdingbar für das Verstehen des Textes sind. Es muss jedoch davon ausgegangen werden, dass diese Effekte durch die Operationalisierung der Phasen des Leseprozesses zustande kommen. Der gesamte Leseprozess wurde in dieser Studie nämlich wie in früheren Studien als Summe des First-Pass- und des Re-Readings aufgefasst (Kaakinen et al., 2015; Liversedge et al., 1998; Rayner et al., 2012). Es liegt also nahe, dass es sich hier um einen Übertragungseffekt handelt, wie auch in der Begründung der Hypothese vermutet wurde.

Teil V
Zusammenführung der beiden Studien

Nachdem nun Studie 1 und Studie 2 separat betrachtet wurden, soll in diesem Kapitel zunächst eine integrierende Ergebniszusammenschau und Diskussion stattfinden. Anschließend wird auf Stärken und Grenzen der Untersuchungen eingegangen und es werden Implikationen für die Forschung und Praxis abgeleitet.

21 Diskussion

An dieser Stelle sollen die zentralen Ergebnisse von Studie 1 und Studie 2 erneut aufgegriffen, zusammengeführt und diskutiert werden.

Insgesamt konnten weder in Studie 1 noch in Studie 2 Effekte der Position der Fragestellung auf das Textverstehen bei Modellierungsaufgaben gemessen werden (Forschungsfragen F1a und F4a). Demgegenüber stehen jedoch die Befunde zur Verweildauer auf dem Text aus Forschungsfrage 5. Dort konnte (auch bei Aufnahme der Kontrollvariablen Lesegenauigkeit, Lesegeschwindigkeit, mathematisches Vorwissen und Arbeitsgedächtnisspanne in die jeweiligen Pfadmodelle) gezeigt werden, dass die Voranstellung der Fragestellung vor den Aufgabentext verkürzend auf die Zeit wirkt, die zum Lesen des Texts benötigt wird. Dieser Effekt fand sich in Studie 2 sowohl für das Re-Reading als auch für den gesamten Leseprozess, allerdings nur, wenn die Lesedauer über die Verweildauer auf dem Text operationalisiert wurde (Forschungsfrage 5), für eine Operationalisierung wie in Studie 1 mithilfe der computerbasierten Messung im Rahmen der Testumgebung konnten keine signifikanten Effekte der Position der Fragestellung nachgewiesen werden (Forschungsfrage 4).

Dementsprechend konnte mit der prozessorientierten Messung des Textverstehens auf Basis des Leseverhaltens ein Indikator für die Unterstützung des Textverstehens durch die Voranstellung der Fragestellung vor den Aufgabentext gefunden werden: Obwohl die Position der Fragestellung keinen nachweisbaren Einfluss auf das Textverstehen bei Modellierungsaufgaben hatte, wenn es über ein Produkt gemessen wurde (d. h. das Testergebnis im TVM), so können mithilfe des Eye-Tracking dennoch Einflüsse auf das Textverstehen festgehalten werden. Diese Befunde können gleichzeitig als Indikator für die effizienzsteigernde Wirkung der Voranstellung der Fragestellung für das Textverstehen bei

V. Böswald, *Die Rolle der Position der Fragestellung beim Textverstehen von mathematischen Modellierungsaufgaben*, Studien zur theoretischen und empirischen Forschung in der Mathematikdidaktik,
https://doi.org/10.1007/978-3-658-43675-9_21

Modellierungsaufgaben interpretiert werden: Es liegt kein signifikanter Unterschied zwischen der Experimental- und der Kontrollgruppe im Textverstehen bei Modellierungsaufgaben vor, erstere benötigt jedoch weniger Zeit zum Lesen des Textes. Somit erreicht die Experimentalgruppe ein vergleichbares Textverstehen wie die Kontrollgruppe in geringer Zeit und liest somit effizienter.

In Studie 2 konnte eine verlängernde Wirkung der Voranstellung der Fragestellung vor den Aufgabentext auf die Bearbeitungsdauer bei der Skala zum Textverstehen bei Modellierungsaufgaben nachgewiesen werden, obwohl ein solcher Effekt in Studie 1 nicht vorliegt. Diese unterschiedliche Befundlage bleibt zu klären. Mögliche Erklärungsansätze liegen in den Stichproben und den unterschiedlichen Untersuchungsdesigns. Beispielsweise unterscheiden sich die Stichproben von Studie 1 und 2 nicht nur in der Menge an Versuchspersonen, sondern inferenzstatistisch vor allem auch in der für die Untersuchung aufgewendeten Anstrengung (siehe 19.2). Hier liegt die Vermutung nahe, dass manche Versuchspersonen in Studie 1 das Testverfahren zur Erfassung des Textverstehens bei Modellierungsaufgaben zwar vollständig, aber gegebenenfalls nicht instruktionsgemäß bearbeitet haben. Eine solche nicht-instruktionsgemäße Bearbeitung könnte beispielsweise sein, dass das Lesen des Aufgabentextes übersprungen wurde, d. h. nach Einblendung des Textes sofort zur Bearbeitung der Skala zum Textverstehen bei Modellierungsaufgaben übergegangen wurde. Dies würde sich zunächst in einer verkürzten Lesedauer für die einzelne Versuchsperson niederschlagen (z. B. 1 Sekunde) und als Resultat zu einer Verzerrung der Standardabweichung und der Mittelwerte sowie zu einer fehlerbehafteten Schätzung der Pfadkoeffizienten, ihrer Standardfehler und *p*-Werte führen. Diesen Verzerrungen kann mit der gewählten Methodik für Ausreißer in Studie 1 nicht begegnet werden, da dadurch vor allem Ausreißer identifiziert und folglich ausgeschlossen wurden, die besonders lange Lese- und Bearbeitungsdauern aufwiesen. Eine weitere mögliche Erklärung ist die Instruktion zur Testbearbeitung. Dort wurde von den Versuchspersonen nicht verlangt, möglichst gut und schnell zu arbeiten, sondern nur Wert auf die Qualität zu legen (siehe dazu 22).

Als grundlegender Wirkmechanismus für den hypothetisierten Effekt der Position der Fragestellung auf das Textverstehen bei Modellierungsaufgaben wurde in den theoretischen Überlegungen dieser Arbeit das Leseziel identifiziert. Dieses sollte durch die Voranstellung der Fragestellung vor den Aufgabentext spezifizierter sein, als wenn die Fragestellung erst nach dem Aufgabentext gelesen wird. Lesende sollten folglich ihre Aufmerksamkeit im First-Pass- und Re-Reading – und auch bei Betrachtung des gesamten Leseprozesses – konzentrierter auf relevante und wichtige Informationen allokieren können, während sie verhältnismäßig wenig Aufmerksamkeit auf irrelevante Informationen richten müssen.

Für die Untersuchung der Aufmerksamkeitsallokation kann zusammenfassend festgehalten werden, dass die Spezifizierung des Leseziels über die Voranstellung der Fragestellung vor den Aufgabentext beim First-Pass-Reading positive Auswirkungen hat. Sie kann dazu führen, dass Lesende ihre Aufmerksamkeit vermehrt auf wichtige Informationen richten können, da sie irrelevante Informationen unmittelbar als solche identifizieren. Außerdem legen die Ergebnisse den Schluss nahe, dass Lesende, die derselben Population entstammen wie die hier gezogene Stichprobe, passende Hypothesen über die Relevanz von Informationen aufstellen können. Beim Re-Reading kann die Platzierung der Fragestellung nach dem Aufgabentext dazu führen, dass die Aufmerksamkeit sowohl auf relevante als auch auf wichtige Informationen gerichtet werden muss. Es muss also verhältnismäßig mehr Zeit auf das Verstehen aufgewendet werden als bei der Voranstellung der Fragestellung vor den Aufgabentext. Dort kann sich vollends auf die Re-Integration von wichtigen Informationen und die Validierung der Relevanzeinschätzung fokussiert werden, sodass insgesamt verhältnismäßig weniger Zeit für die Identifizierung von relevanten Informationen benötigt wird. Diese konnte nämlich schon beim First-Pass-Reading erfolgen.

22 Stärken und Grenzen der Untersuchungen

Grundsätzlich ist das Stellen von Fragen vor dem Text geeignet, um Leseziele zu spezifizieren und somit Relevanzeffekte zu induzieren (McCrudden & Schraw, 2007). Insofern sollte auch die Voranstellung der Fragestellung vor den Aufgabentext bei Modellierungsaufgaben eine valide Möglichkeit zur Spezifizierung des Leseziels sein. Dennoch müssen die Ergebnisse und das methodische Vorgehen kritisch diskutiert werden.

Für empirische Studien, nicht nur in der Mathematikdidaktik, stellt sich die Frage nach der Verallgemeinerbarkeit auf andere Themenbereiche und Stichproben. In dieser Arbeit konnte nachgewiesen werden, dass das Textverstehen von Schülerinnen und Schülern gegen Ende ihrer Schullaufbahn über das Leseziel unterstützt werden kann, indem die Fragestellung zum Aufgabentext diesem vorangestellt wird. Diese Befunde beziehen sich auf Modellierungsaufgaben, die genau für die hier vorgestellten Untersuchungen konstruiert wurden und können somit sicherlich nicht auf die gesamte Textsorte Modellierungsaufgaben – insofern eine solche Klassifizierung überhaupt möglich ist – generalisiert werden. Es handelt sich bei den verwendeten Texten also um sogenannte Textoide, d. h. Texte, die genau zu Untersuchungszwecken konstruiert wurden (Graesser et al., 1997). Mit der Verwendung von Textoiden in Untersuchungen geht das Risiko einher, dass betrachtete kognitive Prozesse nicht den tatsächlichen kognitiven Prozessen aus natürlicheren Texten entsprechen oder sogar weit davon entfernt sind. Schukajlow (2013) führt ferner an, dass mathematische Textaufgaben bei Lesenden die Erwartung einer Situationsbeschreibung mit nachgestellter Fragestellung induzieren und eine Veränderung dieser Textstruktur unter Umständen zu Verstehensschwierigkeiten führen kann. Da jedoch die Textsorte der Modellierungsaufgaben nicht wohldefiniert ist, bleibt unklar, inwiefern es sich bei den

V. Böswald, *Die Rolle der Position der Fragestellung beim Textverstehen von mathematischen Modellierungsaufgaben*, Studien zur theoretischen und empirischen Forschung in der Mathematikdidaktik,
https://doi.org/10.1007/978-3-658-43675-9_22

verwendeten Untersuchungstexten gegebenenfalls doch um natürliche Texte oder um Textoide handelt.

Bezüglich der Verallgemeinerbarkeit auf andere Themenbereiche in der Mathematik bietet sich ein Blick auf Thevenot et al. (2007) und die Ergebnisse der vorliegenden Arbeit an. Thevenot et al. konnten Effekte der Position der Fragestellung bei Textaufgaben zum Inhaltsbereich der Arithmetik nachweisen. Die vorliegende Arbeit gibt außerdem Hinweise auf die Existenz solcher Effekte bei Modellierungsaufgaben zum Inhaltsbereich der Geometrie. Insofern kann geschlussfolgert werden, dass auch für andere Themenbereiche in der Mathematik – also beispielsweise für Funktionen – Aufgaben konstruiert werden können, die solche Effekte ermöglichen. Hier gilt jedoch wie oben die Einschränkung, dass die Aufgabentexte bestimmte Eigenschaften erfüllen müssen. Folglich kann nicht grundsätzlich davon ausgegangen werden, dass eine Änderung der Position der Fragestellung automatisch mit einer unterschiedlich starken Unterstützung des Textverstehens einhergeht.

Inwiefern sich die Ergebnisse auf andere Stichproben übertragen lassen, kann nicht völlig geklärt werden. Diese Arbeit kann jedoch in Verbindung mit der Studie von Thevenot et al. (2007) als Hinweis auf die Übertragbarkeit angesehen werden. Thevenot et al. (2007) konnten einen Effekt der Position der Fragestellung auf das Textverstehen und darüber auf die Leistung beim Lösen der Aufgaben für Grundschulkinder feststellen, d. h. für Versuchspersonen, die in einer frühen Phase in ihrer Kompetenzentwicklung in Bezug auf das Verstehen von Texten waren. Zwar konnte in dieser Arbeit kein Einfluss auf die Leistung bei Modellierungsaufgaben nachgewiesen werden, jedoch können die Befunde durchaus als Indizien für eine effizienzsteigernde Wirkung der Voranstellung der Fragestellung vor den Aufgabentext interpretiert werden. Die Versuchspersonen in den hier untersuchten Stichproben waren in ihrer Kompetenzentwicklung in Bezug auf das Verstehen von Texten deutlich fortgeschrittener als bei Thevenot et al. (2007). Deshalb ist denkbar, dass die Unterstützung des lesezielgeleiteten Textverstehens durch die Voranstellung der Fragestellung vor den Aufgabentext auch für jüngere Lernende nachweisbar ist, z. B. für Schülerinnen und Schüler der Sekundarstufe I. Da es sich jedoch bei beiden Studien um nicht-probabilistische Gelegenheitsstichproben handelte, deren Aussagekraft beschränkt ist (Döring & Bortz, 2016), sollte die Hypothese der Übertragbarkeit auf andere Stichproben überprüft werden. Insgesamt gelten die Ergebnisse der hier vorgestellten Studien nicht nur genau für diese so konstruierten Modellierungsaufgaben, sondern auch nur genau für diese Stichproben. So wurde beispielsweise in Studie 2 ein Effekt der Position der Fragestellung auf die Bearbeitungsdauer festgestellt, während dies für Studie 1 nicht gezeigt werden konnte.

Eine weitere inhaltliche Limitation der Studie ist, dass zwar das mathematische, nicht aber das kontextuelle Vorwissen der Teilnehmenden berücksichtigt wurde. Kaakinen und Hyönä (2008) konnten feststellen, dass die Spezifikation des Leseziels, also der grundlegende Mechanismus hinter den hier diskutierten Effekten der Position der Fragestellung, vor allem dann wirkungsvoll für das Textverstehen ist, wenn auch Vorwissen aktiviert werden kann. Insofern sollte bei Folgeuntersuchungen auch das kontextuelle Vorwissen aufgenommen werden, etwa wie bei Österholm (2006). Die Aktivierung von Vorwissen könnte auch in Folgeuntersuchungen berücksichtigt werden (siehe 25).

Doch nicht nur auf inhaltlicher, sondern auch auf methodischer Ebene muss diese Arbeit kritisch reflektiert werden.

Mit Verwendung der Methode des Eye-Tracking können Unterschiede in den Vorgehensweisen der Versuchspersonen aufgedeckt werden, selbst, wenn sich keine signifikanten Unterschiede in den Messinstrumenten nachweisen ließen. Da sich die vermuteten Wirkmechanismen wie spezifizierte Leseziele insbesondere beim Leseprozess beobachten lassen, ist, so Rayner et al. (2012), das Eye-Tracking die zu präferierende Methode. Dies wird deutlich, wenn die Befunde der Analyse von Blickbewegungen in dieser Arbeit betrachtet werden.

Die Verwendung von Eye-Tracking ist sowohl als Stärke als auch als Grenze dieser Arbeit anzusehen. Grundsätzlich ist Eye-Tracking nämlich zur Beobachtung von unterschiedlichen Herangehensweisen geeignet, bringt aber auch Limitationen mit sich. Die Methode des Eye-Tracking und ihre Anwendung in der Leseforschung basiert vor allem auf der Immediacy-Assumption und der Eye-Mind-Assumption (Just & Carpenter, 1976, 1980). Diese beiden Annahmen werden in der Leseforschung zwar weitestgehend als gültig angesehen, stoßen aber dennoch auf Kritik. Beispielsweise kann das sogenannte Mindless Reading nicht treffend durch diese Annahmen erklärt werden. Beim Mindless Reading bewegen Lesende zwar so die Augen, als würden sie lesen, es finden aber keine Verarbeitungsprozesse des Gelesenen statt, da die Aufmerksamkeit der Lesenden anderweitig fokussiert ist (Reichle et al., 2010). Es ist nicht auszuschließen, dass Mindless Reading auch in dieser Studie eingetreten ist. Wegen der Kürze der Texte ist jedoch nicht davon auszugehen, dass die Ergebnisse besonders stark verfälscht wurden, da Mindless Reading üblicherweise mit längeren Texten als den hier verwendeten assoziiert wird (z. B. Reichle et al., 2010).

Die Auswertungsmethodik der Analyse von Pfadmodellen erscheint vor allem wegen der hypothetisierten Mediationen passend. Diese könnten im Ansatz des allgemeinen linearen Modells nicht berücksichtigt werden (Bortz & Schuster, 2010). Dort könnte hingegen einfließen, dass die Bearbeitung der Items nicht nur in den Versuchspersonen, sondern auch in den Kontexten (d. h. den eingesetzten

Modellierungsaufgaben) geclustert sind. Diese nicht-hierarchische Clusterung ist in der für diese Arbeit gewählten Auswertungsmethodik nicht einbezogen, kann aber in Folgeuntersuchungen zur Geltung kommen.

Die Verwendung von saturierten Modellen trägt zur möglichst großen Varianzaufklärung bei (Reinecke, 2014). Zu beachten ist jedoch, dass saturierte Modelle nicht sparsam sind, da alle möglichen Beziehungen zwischen endogenen Variablen spezifiziert werden; eine freie Schätzung von Parametern wird restringiert. Gerade bei experimentellen Untersuchungen sind saturierte Pfadmodelle jedoch deshalb nicht abzulehnen, wenn das Modell – wie in dieser Arbeit geschehen – auf Grundlage von theoretischen Überlegungen konstruiert wird. Die experimentelle Variation und ihre (nicht) vorhandenen Auswirkungen auf die endogenen Variablen müssen dann zur Validierung des Modells genutzt werden, da die Modellpassung per Definition gegeben ist und somit kein Kriterium für Validität sein kann (Bamber & van Santen, 1985, 2000; Reinecke, 2014). Von der Validität der Pfadmodelle kann aufgrund der (teilweise) erwartungskonformen Ergebnisse der beiden hier vorgestellten Studien ausgegangen werden.

Auch die Signifikanzniveaus müssen kritisch hinterfragt werden. Für Studie 2 wurde, anders als in der üblichen Konvention von 5 %, ein Signifikanzniveau von 10 % verwendet. Diese Liberalisierung des Signifikanzniveaus von 5 % in Studie 1 hin zu 10 % in Studie 2 geht zwar mit einer erhöhten Teststärke einher, allerdings steigt damit auch die Wahrscheinlichkeit für einen Alpha-Fehler (Döring & Bortz, 2016). Insofern ist es notwendig, zur Bestätigung der Ergebnisse in Folgeuntersuchungen mit größerem Stichprobenumfang und konservativerem Signifikanzniveau zu arbeiten. Die Notwendigkeit für die kleinere Stichprobe und somit das liberalere Signifikanzniveau ergibt sich jedoch durch die Methode des Eye-Tracking. Pro Eye-Tracking-System können lediglich die Blickbewegungen von einer einzigen Person gleichzeitig aufgezeichnet werden, sodass ökonomischere Testungen im Klassenverband o. ä. nicht möglich sind.

Eine weitere Grenze der Arbeit ist sicherlich die Messung des Textverstehens auf Basis eines Tests. Graesser et al. (1994) postulieren, dass idiosynkratische Leseziele auch hinsichtlich der Bearbeitung eines Tests entwickelt werden können. Möglicherweise haben die Teilnehmenden also eine Art sekundäres Leseziel entwickelt, nämlich das Lesen, um möglichst gut im Test abzuschneiden. Eine weitere Grenze der Arbeit ergibt sich unmittelbar aus der Messung des Textverstehens bei Modellierungsaufgaben mit einem Test. Der Test scheint zwar valide das Konstrukt „Textverstehen bei Modellierungsaufgaben" zu messen, für die Forschungsfragen ist jedoch vor allem das Leseziel und darüber schließlich die Aufmerksamkeitsallokation bzw. das Leseverhalten von Interesse. Da es sich beim eingesetzten Verfahren jedoch um eine produktorientierte Messung handelt, eigentlich jedoch der Prozess von Relevanz ist, sollten für zukünftige Untersuchungen vor allem prozessorientierte Maße wie das in Studie 2 eingesetzte Eye-Tracking oder Prozessdaten aus Online-Testumgebungen verwendet werden.

Mögliche ausbleibende Effekte auf das Mathematisieren könnten auf die Art der Messung zurückzuführen sein. Insgesamt konnten nur geringe Lösungsraten für die Items zum Mathematisieren festgestellt werden, sodass hier gegebenenfalls Bodeneffekte vorliegen. Zudem ist die Skala zum Mathematisieren eher als Screening anzusehen, da sie über nur 4 Items gebildet wurde und eine Skala ein Merkmal präziser erfasst, je mehr Items eingesetzt werden (Jonkisz et al., 2012). Da die auf das Mathematisieren bezogene Forschungsfrage in dieser Arbeit jedoch explorativ gestellt war, kann dieses Screening als ökonomisches Instrument bezeichnet werden. Eine reliablere Messung würde den signifikanten Nachweis von Effekten jedoch vereinfachen (Döring & Bortz, 2016). Dennoch ist anzumerken, dass diese atomistische Art der Messung nicht der natürlichen Überprüfung von Leistungen im schulischen Kontext entspricht. Dort sind schriftliche Aufgabenlösungen inklusive den vorangehenden und nachfolgenden Schritten des Modellierungskreislaufs üblich; die Erfassung erfolgt holistisch. Solche Ansätze finden sich in der Forschung vor allem, wenn allgemeine Modellierungskompetenz erfasst werden soll (Greefrath & Maaß, 2020). Allerdings wird in Forschungen zu Teilkompetenzen des Modellierens – wie es in dieser Arbeit der Fall ist – der atomistische Ansatz verfolgt. In diesem werden die Teilkompetenzen einzeln oder maximal zu zweit getrennt von den übrigen Teilkompetenzen erfasst (z. B. Hankeln et al., 2019; Zöttl, 2010).

Für beide Skalen im TVM ist anzumerken, dass ein erneutes Lesen des Aufgabentexts nicht möglich war. Dies war für die vorgestellten Studien zwar forschungsmethodisch notwendig, stellt für Versuchspersonen, in diesem Fall also für Schülerinnen und Schüler, jedoch ein unnatürliches Setting dar. Sie sind sonst vermutlich gewohnt, Zugriff auf den Aufgabentext zu haben, wenn sie Fragen zu ihm beantworten sollen.

Die Art, wie die Lese- und Bearbeitungsdauer interpretiert werden kann, ist stark abhängig von der Instruktion, die die Versuchspersonen für die Testbearbeitung erhalten haben. Die Versuchspersonen sollten alle eingesetzten Testverfahren bearbeiten, so gut es ihnen möglich ist. Allerdings wurde nur beim LGVT 5–12 + ein Zeitlimit gesetzt und somit eine Speed-Komponente integriert. Daher kann es sein, dass die Versuchspersonen bei der Bearbeitung der Skala zum Textverstehen bei Modellierungsaufgaben zwar möglichst gute Leistungen erbringen wollten, diese jedoch nicht in möglichst geringer Zeit erreichen wollten. Insofern sind die Messung und darüber schließlich die Befunde zur Lese- und Bearbeitungsdauer nur mit Einschränkungen als valide anzusehen.

Es ist sicherlich auch anzumerken, dass computerbasierte Untersuchungen nicht immer natürliches Leseverhalten mit sich bringen und das Verstehen durch das Lesen auf digitalen Medien eingeschränkt wird (Clinton, 2019; Delgado et al., 2018; Kong et al., 2018). Insbesondere wurde der Einsatz von kognitiven Lesestrategien, wie beispielsweise das Markieren oder das Anfertigen von Notizen bzw. Skizzen, durch das Untersuchungsdesign vollständig unterbunden. Es konnte jedoch beispielsweise in anderen Studien nachgewiesen werden, dass die Anzahl der genutzten kognitiven Strategien während des Verstehensprozesses mit der Konstruktion eines angemessenen Situationsmodells zusammenhängt (Leiss et al., 2019). Es scheint also möglich, dass die Effekte der Position der Fragestellung durch den Einsatz von Lesestrategien kompensiert werden können. Insofern schränkt das experimentelle Untersuchungsdesign die Implikationen für die Praxis ein.

Im Untersuchungsdesign liegt jedoch eine große Stärke der Arbeit. Durch diese besonders erstrebenswerte Art von Untersuchungsdesigns werden anders als bei quasi- oder nicht-experimentellen Studien „die laut Theorie bzw. Hypothese postulierten Ursache-Wirkungs-Relationen unter Ausschaltung von personenbezogenen und untersuchungsbedingten Störeinflüssen aktiv hergestellt“ (Döring & Bortz, 2016, S. 194). Experimentelle Studien weisen eine hohe interne Validität auf (Döring & Bortz, 2016). Da die experimentelle Manipulation, also die angepasste Position der Fragestellung je nach Gruppenzugehörigkeit, durch die Verwendung der Online-Testumgebung abgesichert wurde, konnte die tatsächliche Unterschiedlichkeit der Gruppen hinsichtlich dieses Merkmals gewährleistet werden. Folglich ist die kausale Aussagekraft und auch die interne Validität beider Studien hoch, unterliegt dennoch den oben beschriebenen Limitationen (Döring & Bortz, 2016). Insbesondere in Studie 2 ist die interne Validität als besonders hoch einzuschätzen, da zusätzliche Störvariablen wie die oben beschriebene mögliche Ablenkung der Versuchspersonen durch Smartphones oder andere Browsertabs in Studie 1 im Laborsetting ausgeschlossen werden konnten. Damit geht jedoch auch einher, dass – wie oben schon angedeutet – die externe Validität, also die Generalisierbarkeit der Ergebnisse über die Versuchspersonen hinaus, durch die unnatürlicheren Versuchsbedingungen im Vergleich mit denen aus Studie 1 sinkt (Döring & Bortz, 2016). Die Verbindung der beiden Studien ist insofern als gewinnbringend einzuschätzen. Ein weiteres Beispiel für diese Argumentation ist die Wahl der Stichproben. Diese sind sicherlich eine Positiv-Selektion. In beiden Studien mussten sich die Versuchspersonen aktiv für die Teilnahme an der jeweiligen Studie entscheiden, in Studie 1 war die Erhebung jedoch im Klassenverband, während in Studie 2 Einzelerhebungen stattfanden, für die individuelle

Terminabsprachen mit der Untersuchungsleitung notwendig waren. Dieser Mehraufwand schränkt die Aussagekraft der Ergebnisse zusätzlich ein; es liegt ein sogenannter participation bias vor (Döring & Bortz, 2016). Die unterschiedlichen Stichproben sind jedoch als Stärke der vorliegenden Arbeit anzusehen. Für Studie 1 konnte eine größere Stichprobe rekrutiert werden, mit der Effekte mittlerer Größe aufgedeckt werden könnten. Studie 2 hingegen weist eine kleinere Stichprobe auf, d. h. kleinere Effekte könnten nicht aufgedeckt werden. Allerdings ist die Stichprobe von Studie 2 im Vergleich mit anderen mathematikdidaktischen Studien mit der Methode des Eye-Tracking dennoch überdurchschnittlich groß (für einen Überblick siehe Strohmaier, MacKay et al., 2020). Zudem entstanden die Ergebnisse von Studie 2 aufgrund der Einzelerhebungen in einem weitaus kontrollierbarerem Setting als Studie 1, was ein zentrales Argument für die Validität der Ergebnisse ist. Außerdem muss hervorgehoben werden, dass neben der Größe der Eye-Tracking-Stichprobe auch die Untersuchung von Schülerinnen und Schülern bei mathematikdidaktischen Eye-Tracking-Studien noch eher unüblich ist (Strohmaier, MacKay et al., 2020). Insofern kann auch hier von einer Stärke der Untersuchungen gesprochen werden.

Zusammenfassend ist festzuhalten, dass die Ergebnisse der beiden Studien und auch ihre Zusammenführung nur unter Berücksichtigung der hier beschriebenen Limitationen interpretiert werden können.

Implikationen für die Forschung 23

In diesem Kapitel sollen zunächst Implikationen für die Leseforschung dargestellt werden, bevor anschließend auf Implikationen für die Forschung zum mathematischen Modellieren eingegangen werden soll. Abschließend wird eine zentrale forschungsmethodische Implikation dieser Arbeit dargelegt.

Für die Leseforschung ergibt sich aus dieser Arbeit vor allem die Bestätigung von früheren Ergebnissen zur Aufmerksamkeitsallokation auf relevanten und irrelevanten Informationen beim Textverstehen, wie sie z. B. in den Theorien von McCrudden et al. (2011) oder van den Broek et al. (2001) postuliert werden. Es konnte gezeigt werden, dass die Aufmerksamkeitsallokation auf relevanten und irrelevanten Informationen bei der Textsorte „mathematische Modellierungsaufgaben" vom Leseziel abhängt. Darüber kann inferiert werden, dass für diese Textsorte in Abhängigkeit vom Leseziel auch mehr oder weniger Aufmerksamkeit auf wichtige Informationen gerichtet wird.

Für die Forschung zum mathematischen Modellieren ist die wohl wichtigste theoretische Implikation, die aus dieser Arbeit hervorgeht, die Existenz eines nicht zu vernachlässigenden Einflusses der Spezifizierung des Leseziels auf den Lese- und Verstehensprozess bei Modellierungsaufgaben in Einklang mit den theoretischen Ansätzen bei Böswald und Schukajlow (2022). Mit dieser Implikation geht schon einher, dass Leseziele überhaupt für Modellierungsaufgaben spezifiziert werden können und diesbezügliche Theorien auch für Modellierungsaufgaben Geltung besitzen. Auch dies konnte in dieser Arbeit gezeigt werden.

Ebenfalls kann das eingesetzte Testverfahren zur Analyse des Textverstehens bei Modellierungsaufgaben als Gewinn für die Forschung zum mathematischen Modellieren angesehen werden. Das Verstehen der Realsituation wurde bislang

V. Böswald, *Die Rolle der Position der Fragestellung beim Textverstehen von mathematischen Modellierungsaufgaben*, Studien zur theoretischen und empirischen Forschung in der Mathematikdidaktik,
https://doi.org/10.1007/978-3-658-43675-9_23

in qualitativen Studien über die Methode des lauten Denkens (z. B. Leiss et al., 2019) erfasst, in quantitativ nutzbaren Testverfahren aber vor allem implizit in Verbindung mit anderen Teilkompetenzen des Modellierens berücksichtigt (z. B. Hankeln et al., 2019; Zöttl, 2010; für einen Überblick siehe Böckmann & Schukajlow, 2020). Eine dezidierte Erfassung des (Text-)Verstehens bei Modellierungsaufgaben kann mit dem in dieser Arbeit vorgestellten Messinstrument mindestens angebahnt werden.

Eine weitere Implikation für die Forschung zum mathematischen Modellieren bezieht sich auf affektiv-motivationale Komponenten des Lernens, wie sie etwa in psychologischen Erwartungs-Wert-Theorien (z. B. Eccles & Wigfield, 2020) modelliert werden. In dieser Arbeit wurden zwar nur kognitive Prozesse untersucht, wird jedoch der Verstehensprozess durch die Voranstellung der Fragestellung vor den Aufgabentext unterstützt, sind mögliche Effekte auf affektiv-motivationale Komponenten des Lernens nicht auszuschließen. So wird in der Literatur häufig postuliert, dass das Verstehen und Bearbeiten von Modellierungsaufgaben bei Lernenden häufig mit hohen kognitiven Kosten assoziiert wird (für einen Überblick siehe z. B. Schukajlow et al., 2012; Schukajlow et al., 2023). Infolgedessen könnten Lernende die Bearbeitung solcher Aufgaben möglicherweise als weniger wichtig empfinden als innermathematische oder eingekleidete Aufgaben (Böswald & Schukajlow, 2023a; Krawitz & Schukajlow, 2018; Rellensmann & Schukajlow, 2017). Durch die Spezifizierung des Leseziels und die daraus resultierende Unterstützung der Aufmerksamkeitsallokation ist eine Verminderung dieser Kosten denkbar. Dieser Ansatz könnte Gegenstand von Folgeuntersuchungen sein.

Eine letzte zentrale Implikation, die sich aus den Ergebnissen der vorliegenden Arbeit ergibt, ist methodischer Natur: Eye-Tracking ist in der mathematikdidaktischen Forschung eine noch eher selten eingesetzte Methode der Datengewinnung (Lilienthal & Schindler, 2019; Strohmaier, MacKay et al., 2020). In dieser Studie konnte gezeigt werden, dass es sich auch für textbasierte Aufgaben in der Mathematik wie Modellierungsaufgaben zur Erfassung des Textverstehens eignet, insbesondere wenn grundlegende Wirkmechanismen wie Leseziele erfasst werden.

Implikationen für die Praxis 24

Nicht nur für den akademischen Kontext können Implikationen aus den Ergebnissen der beiden hier vorgestellten Studien abgeleitet werden. Auch für die schulische Praxis sind die Ergebnisse von Belang. Von besonderer Relevanz für das Fach Mathematik in der Schule ist der Befund, dass über die Voranstellung der Fragestellung vor den Aufgabentext die Aufmerksamkeit anders verteilt wird. Dieser Befund lässt sich durch eine entsprechende Gestaltung der Aufgaben leicht auf den Mathematikunterricht übertragen. Werden die Lernenden somit unabhängig von ihrem strategischen Vorgehen darauf gelenkt, die Fragestellung zuerst zu lesen, können sich bewusst und zielgeleitet auf das Verstehen des Aufgabentextes und das Identifizieren von relevanten Informationen konzentrieren. Irrelevante Informationen können sie somit schon beim ersten Lesen als solche erkennen. Es wird also eine Unterstützung der Aufmerksamkeitsallokation ermöglicht. Da jedoch nicht davon auszugehen ist, dass Aufgaben in Schulbüchern entsprechend gestaltet werden, ist die Aufklärung der Lernenden über diese Effekte in (Lese-) Strategietrainings wie dem TeMo-Projekt der Universität Münster (Krawitz et al., 2019) nicht zu vernachlässigen, wie es in strategischen Ansätzen zur Bearbeitung von Texten schon lange gefordert und integriert wird; ein Beispiel ist der SQ3R-Ansatz (Robinson, 1961).

Dennoch muss darauf hingewiesen werden, dass das Lernen aus dem Text (insbesondere von Fakten) durch den Einsatz von vorangestellten Fragestellungen behindert werden kann (siehe 7.2). Eine sorgfältige didaktische Abwägung erscheint hier dringend notwendig. Andere Studien weisen jedoch darauf hin, dass durch die Voranstellung der Fragestellung vor den Aufgabentext die als relevant erachteten Textinformationen besser erinnert werden können (z. B. Baillet & Keenan, 1986; Kaakinen & Hyönä, 2011; Kaakinen et al., 2002, 2003; Pichert &

V. Böswald, *Die Rolle der Position der Fragestellung beim Textverstehen von mathematischen Modellierungsaufgaben*, Studien zur theoretischen und empirischen Forschung in der Mathematikdidaktik,
https://doi.org/10.1007/978-3-658-43675-9_24

Anderson, 1977; Schraw et al., 1993; van den Broek et al., 2001). Dieser Herausforderung kann beispielsweise damit begegnet werden, dass die relevanten Informationen gleichzeitig diejenigen sein sollten, die zur Weiterentwicklung der Allgemeinbildung der Lernenden inzidentell gelernt werden sollen.

Zusammenfassend kann die zentrale Implikation abgeleitet werden, wie sie schon bei McCrudden und Schraw (2007) gefolgert wurde: Eine Voranstellung der Fragestellung vor den Aufgabentext und die damit verbundene Relevanz-Instruktion ist einfach und schnell umzusetzen und kann größere Effekte mit sich bringen. Inwieweit sich die hier untersuchte experimentelle Manipulation jedoch tatsächlich in Strategietrainings und den Unterrichtsalltag wirksam einbinden lässt, müssen Folgeuntersuchungen zeigen. Dennoch erscheint es logisch, die Fragestellung aufgrund der in dieser Arbeit aufgezeigten Potenziale bei Modellierungsaufgaben (und gegebenenfalls auch bei anderen realitätsbezogenen Aufgaben) vor dem Aufgabentext zu platzieren.

Teil VI
Zusammenfassung und Ausblick

In diesem letzten Teil der Arbeit wird ein Ausblick auf mögliche Folgeuntersuchungen gegeben. Abschließend wird ein Fazit zur gesamten Arbeit gezogen.

Folgeuntersuchungen 25

Da Effekte der Position der Fragestellung als Indizien auf die Effizienz beim Textverstehen von Modellierungsaufgaben nachgewiesen werden konnten, sollten Folgeuntersuchungen zu möglichen Auswirkungen auf die Modellierungsleistung durch diese Auswirkungen durchgeführt werden. Konkret könnte überprüft werden, ob sich die Effekte auf Lese- und Bearbeitungsdauer bei der Skala zum Textverstehen bei Modellierungsaufgaben auch in vollständigen Lösungsprozessen wiederfinden lassen.

Krawitz, Chang et al. (2022) konnten außerdem nachweisen, dass Unterstützungsmaßnahmen für das Textverstehen, in ihrem Fall Verstehensaufforderungen, nur dann wirksam sind, wenn sich die Lernenden auch wirklich mit ihnen auseinandergesetzt haben. Hier könnte eine aus dieser Arbeit resultierende Folgeuntersuchungen anknüpfen. In den Analysen wurde beispielsweise nicht berücksichtigt, ob und wie lange die Fragestellung und die Überschrift – die ja gemeinsam ein initiales Verständnis erzeugen und das Leseziel spezifizieren sollten – tatsächlich fixiert wurden und ob in Abhängigkeit davon unterschiedlich starke Effekte zustande kommen. Eine Re-Analyse der Rohdaten von Studie 2 wäre hier möglich.

Zudem sollte überprüft werden, ob Effekte nur für bestimmte Gruppen von Lernenden auftreten. So wären beispielsweise Clusterungen auf Basis der Kontrollvariablen Arbeitsgedächtnisspanne und basaler Lesekompetenz denkbar, obwohl bislang keine eindeutigen empirischen mathematikdidaktischen Befunde für das Auftreten von Effekten der Position der Fragestellung nur in bestimmten Personengruppen vorliegen. Für andere Disziplinen und Textsorten existieren beispielsweise Befunde zu unterschiedlichen Effekten für starke und schwache

V. Böswald, *Die Rolle der Position der Fragestellung beim Textverstehen von mathematischen Modellierungsaufgaben*, Studien zur theoretischen und empirischen Forschung in der Mathematikdidaktik,
https://doi.org/10.1007/978-3-658-43675-9_25

Lesende bzw. Personen mit hoher oder niedriger Arbeitsgedächtnisspanne (vgl. 7).

Da in diesen experimentellen Studien festgestellt werden konnte, dass die Leseziele zu Modellierungsaufgaben in Abhängigkeit von der Position der Fragestellung festgelegt werden, kann in Folgeuntersuchungen überprüft werden, inwiefern Lesende diesen Befund strategisch nutzen. Eine Ausdifferenzierung des Lese- und Verstehensprozesses für Modellierungsaufgaben – ähnlich wie bei Strohmaier, Schiepe-Tiska et al. (2020) – wäre wünschenswert. Außerdem könnte die Prävalenz von direkten Übersetzungsstrategien bei Modellierungsaufgaben erforscht werden. Damit einher geht die in 22 angebahnte Frage, inwiefern die Effekte der Position der Fragestellung durch strategisches Vorgehen von Lesenden beim Lesen und Verstehen von Modellierungsaufgaben kompensiert werden können. Hier könnten nicht-experimentelle Studien Einblicke geben, in denen nicht wie in dieser Arbeit gesichert wird, dass die Fragestellung tatsächlich zuerst gelesen wird, wenn sie vor dem Aufgabentext steht.

In 22 wurden einige mögliche Folgeuntersuchungen angebahnt. Eine davon bezieht sich auf die Berücksichtigung des Vorwissens zur Erklärung der Effekte. Eine weitere Möglichkeit, den Einfluss des Vorwissens auf Effekte der Position der Fragestellung bei Modellierungsaufgaben systematisch zu untersuchen, bietet eine Anpassung des Aufbaus der hier eingesetzten Aufgabentexte. In dieser Studie war die Fragestellung entweder an zweiter Stelle zwischen der Überschrift und dem Aufgabentext oder an dritter Stelle (d. h. am Ende) positioniert. Denkbar wäre jedoch auch eine Integrierung der Fragestellung in den Aufgabentext. So könnte beispielsweise jeder Aufgabentext mit vorwissensaktivierenden Informationen zur beschriebenen Realsituation beginnen. In der Experimentalgruppe würde nun die Fragestellung folgen, bevor sich der Teil des Aufgabentexts mit den zur Beantwortung der Fragestellung relevanten und irrelevanten Informationen anschließt. Damit könnte eine Verbindung zum Konzept der inserted questions (z. B. McCrudden et al., 2005; Schumacher et al., 1983) geschaffen werden, das hinsichtlich der Wirkmechanismen verwandt mit den hier untersuchten Pre-Questions ist.

Insgesamt wird deutlich, dass diese Arbeit viele Anknüpfungspunkte für Folgeuntersuchungen – entweder als Reanalysen der Daten oder eigenständige Untersuchungen – bietet.

26 Fazit

Ziel dieser Arbeit war der Vergleich von Lese- und Verstehensprozessen bei Modellierungsaufgaben in Abhängigkeit von der Position der Fragestellung. Zunächst wurden dazu die theoretischen Hintergründe zu Effekten der Position der Fragestellung beim Textverstehen von mathematischen Modellierungsaufgaben sowie die kognitionspsychologischen Grundlagen für Aufmerksamkeitsallokation erörtert. Daraus wurde abgeleitet, warum die Platzierung der Fragestellung vor dem Aufgabentext, der die Realsituation beschreibt, für die Verstehensprozesse der Lernenden von Vorteil sein sollte. Dies sollte letztlich dem Lösungsprozessen zugutekommen. Als zentraler Wirkmechanismus wurde die aus der Voranstellung der Fragestellung resultierende Spezifizierung des Leseziels identifiziert. Dadurch sollten die Lesenden dabei unterstützt werden, ihre Aufmerksamkeit besser auf relevante und wichtige Informationen zu verteilen, statt diese auf irrelevante Informationen zu richten. Weitere Unterstützung sollte durch ein adäquates anfängliches Situationsmodell erfolgen, das nur aus der Überschrift und der Fragestellung der Modellierungsaufgabe konstruiert wird.

Zur Überprüfung dieser Hypothesen wurden zwei Studien geplant, durchgeführt und hier vorgestellt.

In der ersten Studie konnte festgestellt werden, dass die Qualität des konstruierten Situationsmodell nicht von der Position der Fragestellung abhängt und daher auch nicht häufiger korrekte Mathematisierungen vorgenommen werden. Auch konnte nicht nachgewiesen werden, dass die Voranstellung der Fragestellung zu einer Verkürzung der Lese- und Bearbeitungsdauer führt. In der zweiten Studie konnte hingegen belegt werden, dass die Versuchspersonen weniger Zeit zum Lesen der Aufgabentexte benötigen, wenn die Fragestellung vor dem Aufgabentext platziert worden war. Insbesondere die Dauer des Re-Readings konnte mit

V. Böswald, *Die Rolle der Position der Fragestellung beim Textverstehen von mathematischen Modellierungsaufgaben*, Studien zur theoretischen und empirischen Forschung in der Mathematikdidaktik,
https://doi.org/10.1007/978-3-658-43675-9_26

dieser experimentellen Manipulation verkürzt werden. Allerdings zeigte sich in der Experimentalgruppe eine Verlängerung der Bearbeitungsdauer bei der Skala zum Textverstehen bei Modellierungsaufgaben.

Auf besondere Weise hervorzuheben sind die Befunde zur Aufmerksamkeitsallokation. Die experimentelle Manipulation machte sichtbar, dass diejenigen, die die Fragestellung vor dem Aufgabentext gelesen hatten, sowohl beim First-Pass-Reading als auch beim Re-Reading (und als Übertragungseffekt auch im gesamten Leseprozess) ihre Aufmerksamkeit anders auf relevante und irrelevante Informationen richteten als die Versuchspersonen in der Kontrollgruppe. Sie mussten insgesamt verhältnismäßig weniger Aufmerksamkeit auf relevante und irrelevante Informationen aufwenden, sodass mehr Aufmerksamkeit auf wichtige Informationen gerichtet werden konnte – also diejenigen Informationen, die zusätzlich für das Textverstehen benötigt werden.

Mit diesen Erkenntnissen wird deutlich, dass sich die Lese- und Verstehensprozesse bei Modellierungsaufgaben nicht nur theoretisch, sondern auch empirisch unterscheiden, wenn die Position der Fragestellung variiert wird.

Abschließend lässt sich resümieren, dass mit dieser Arbeit forschungsethisch vertretbar wertvolle Erkenntnisse für die mathematikdidaktische Forschung und möglicherweise sogar darüber hinaus gewonnen werden konnten.

Literaturverzeichnis

Aamodt, A. & Nygård, M. (1995). Different roles and mutual dependencies of data, information, and knowledge – An AI perspective on their integration. *Data & Knowledge Engineering, 16*(3), 191–222. https://doi.org/10.1016/0169-023X(95)00017-M

Abassian, A., Safi, F., Bush, S. & Bostic, J. (2020). Five different perspectives on mathematical modeling in mathematics education. *Investigations in Mathematics Learning, 12*(1), 53–65. https://doi.org/10.1080/19477503.2019.1595360

Abedi, J. (2015). Language Issues in Item Development. In S. Lane, M. R. Raymond & T. M. Haladyna (Hrsg.), *Handbook of test development* (2. Aufl., S. 355–373). Routledge.

Abshagen, M. (2015). *Praxishandbuch Sprachbildung Mathematik: Sprachsensibel unterrichten – Sprache fördern.* Ernst Klett Sprachen.

Adams, B. C., Bell, L. C. & Perfetti, C. A. (1995). A trading relationship between reading skill and domain knowledge in children's text comprehension. *Discourse Processes, 20*(3), 307–323. https://doi.org/10.1080/01638539509544943

Ahern, S. & Beatty, J. (1979). Pupillary responses during information processing vary with Scholastic Aptitude Test scores. *Science, 205*(4412), 1289–1292. https://doi.org/10.1126/science.472746

Alexander, P. A., Schallert, D. L. & Hare, V. C. (1991). Coming to Terms: How Researchers in Learning and Literacy Talk about Knowledge. *Review of Educational Research, 61*(3), 315. https://doi.org/10.2307/1170635

Anderson, J. R. (1983). *The architecture of cognition.* Lawrence Erlbaum Associates, Inc.

Anderson, J. R. (2007). *How can the human mind occur in the physical universe?* Oxford University Press. https://doi.org/10.1093/acprof:oso/9780195324259.001.0001

Anderson, J. R. (2020). *Cognitive psychology and its implications* (9. Aufl.). Macmillan Learning.

Anderson, J. R., Bothell, D. & Douglass, S. (2004). Eye Movements Do Not Reflect Retrieval Processes: Limits of the Eye-Mind-Hypothesis. *Psychological Science, 15*(4), 225–231.

Annas, A. (2022). *Die Rolle des allgemeinen Leseverstehens und der Position der Fragestellung beim Verstehen von Modellierungsaufgaben. Eine quantitative Studie mit Schülerinnen und Schülern der Jahrgangsstufe 10.* (unveröffentlichte Masterarbeit). WWU Münster.

V. Böswald, *Die Rolle der Position der Fragestellung beim Textverstehen von mathematischen Modellierungsaufgaben*, Studien zur theoretischen und empirischen Forschung in der Mathematikdidaktik,
https://doi.org/10.1007/978-3-658-43675-9

Artelt, C., McElvany, N., Christmann, U., Richter, T., Groeben, N., Köster, J., Schneider, W [Wolfgang], Stanat, P., Ostermeier, C., Schiefele, U., Valtin, R. & Ring, K. (2007). *Förderung von Lesekompetenz: Expertise. Bildungsforschung: Bd. 17.*

Artelt, C., Schiefele, U. & Schneider, W [Wolfgang] (2000). Predictors of Reading Literacy. *European Journal of Psychology of Education, 16*, 363–383.

Arter, J. A. & Clinton, L. (1974). Time and Error Consequences of Irrelevant Data and Question Placement in Arithmetic Word Problems II: Fourth Graders. *The Journal of Educational Research, 68*(1), 28–31. https://doi.org/10.1080/00220671.1974.10884696

Atchison, D. (2023). *Optics of the Human Eye* (2. Aufl.). CRC Press. https://doi.org/10.1201/9781003128601

Atkinson, R. C. & Shiffrin, R. M. (1968). Human Memory: A Proposed System and its Control Processes. In *Psychology of Learning and Motivation* (Bd. 2, S. 89–195). Elsevier. https://doi.org/10.1016/S0079-7421(08)60422-3

Ausubel, D. P. (1968). *Educational psychology: a cognitive view.* New York.

Baddeley, A. D. (1979). Working Memory and Reading. In P. A. Kolers, M. E. Wrolstad & H. Bouma (Hrsg.), *Processing of Visible Language* (S. 355–370). Springer US. https://doi.org/10.1007/978-1-4684-0994-9_21

Baddeley, A. D. (1983). Working Memory. *Philosophical Transactions of the Royal Society of London. Series B, Biological Sciences, 302*(1110), 311–324.

Baddeley, A. D. (1986). *Working memory.* Oxford University Press.

Baddeley, A. D. (1992). Working Memory. *Science, 255*(5044), 556–559. https://doi.org/10.1126/science.1736359

Baddeley, A. D. (2000). The episodic buffer: a new component of working memory? *Trends in cognitive sciences, 4*(11), 417–423. https://doi.org/10.1016/S1364-6613(00)01538-2

Baddeley, A. D. (2003). Working memory: looking back and looking forward. *Nature reviews. Neuroscience, 4*(10), 829–839. https://doi.org/10.1038/nrn1201

Baddeley, A. D. (2010). Working memory. *Current biology, 20*(4), R136-R140. https://doi.org/10.1016/j.cub.2009.12.014

Baddeley, A. D. & Hitch, G. (1974). Working Memory. In G. H. Bower (Hrsg.), *Psychology of Learning and Motivation: Advances in Research and Theory* (Bd. 8, S. 47–89). Academic Press. https://doi.org/10.1016/S0079-7421(08)60452-1

Baillet, S. D. & Keenan, J. M. (1986). The role of encoding and retrieval processes in the recall of text. *Discourse Processes, 9*(3), 247–268. https://doi.org/10.1080/01638538609544643

Bamber, D. & van Santen, J. P. (1985). How many parameters can a model have and still be testable? *Journal of mathematical psychology, 29*(4), 443–473. https://doi.org/10.1016/0022-2496(85)90005-7

Bamber, D. & van Santen, J. P. (2000). How to Assess a Model's Testability and Identifiability. *Journal of mathematical psychology, 44*(1), 20–40. https://doi.org/10.1006/jmps.1999.1275

Barnard, P. (1985). Interacting cognitive subsystems: A psycholinguistic approach ot short-term memory. In A. W. Ellis (Hrsg.), *Progress in the psychology of language* (Bd. 2, S. 197–258). Erlbaum.

Barwell, R. (2009). Mathematical word problems and bilingual learners in England. In R. Barwell (Hrsg.), *Bilingual education and bilingualism. Multilingualism in mathematics classrooms: Global perspectives* (S. 63–77). Multilingual Matters.

Bentler, P. M. & Bonett, D. G. (1980). Significance tests and goodness of fit in the analysis of covariance structures. *Psychological bulletin, 88*(3), 588–606. https://doi.org/10.1037/0033-2909.88.3.588

Björnsson, C. H. (1968). *Lesbarkeit durch Lix (Tech. Rep. No. 6).* Stockholm, Schweden. Pedagogical Centre.

Björnsson, C. H. (1983). Readability of Newspapers in 11 Languages. *Reading Research Quarterly, 18*(4), 480–497.

Blomhøj, M. (2009). Different Perspectives in Research on the Teaching and Learning Mathematical Modelling. In M. Blomhøj & S. P. Carreira (Hrsg.), *Mathematical applications and modelling in the teaching and learning of mathematics: Proceedings from Topic Study Group 21 at the 11th International Congress on Mathematical Education* (S. 1–14). ICME.

Blomhøj, M. (2020). Characterising Modelling Competency in Students' Projects: Experiences from a Natural Science Bachelor Program. In G. Stillman, G. Kaiser & C. E. Lampen (Hrsg.), *International Perspectives on the Teaching and Learning of Mathematical Modelling. Mathematical Modelling Education and Sense-making* (1. Aufl., S. 395–405). Springer International Publishing; Imprint Springer. https://doi.org/10.1007/978-3-030-37673-4_34

Blum, W. (1996). Anwendungsbezüge im Mathematikunterricht: Trends und Perspektiven. In G. Kadunz, H. Kautschitsch, G. Ossimitz & E. Schneider (Hrsg.), *Schriftenreihe Didaktik der Mathematik: Bd. 23. Trends und Perspektiven* (S. 15–38). Hölder-Pichler-Tempsky.

Blum, W. (2011). Can Modelling Be Taught and Learnt? Some Answers from Empirical Research. In G. Kaiser, W. Blum, R. Borromeo Ferri & G. Stillman (Hrsg.), *International Perspectives on the Teaching and Learning of Mathematical Modelling. Trends in Teaching and Learning of Mathematical Modelling* (Bd. 1, S. 15–30). Springer Netherlands. https://doi.org/10.1007/978-94-007-0910-2_3

Blum, W. (2015). Quality Teaching of Mathematical Modelling: What Do We Know, What Can We Do? In S. J. Cho (Hrsg.), *The Proceedings of the 12th International Congress on Mathematical Education* (S. 73–96). Springer International Publishing. https://doi.org/10.1007/978-3-319-12688-3_9

Blum, W. & Borromeo Ferri, R. (2009). Mathematical Modelling: Can It Be Taught And Learnt? *Journal of Mathematical Modelling and Application, 1*(1), 45–58.

Blum, W. & Leiß, D. (2005). Modellieren im Unterricht mit der „Tanken"-Aufgabe. *mathematik lehren, 128,* 18–21.

Blum, W. & Leiß, D. (2007). How do Students and Teachers Deal with Modelling Problems? In C. R. Haines, P. L. Galbraith, W. Blum & S. Khan (Hrsg.), *Mathematical modelling (ICTMA 12): Education, engineering and economics; proceedings from the twelfth international conference on the teaching of mathematical modelling and applications* (S. 222–231). Horwood Publishing.

Blum, W. & Niss, M. (1991). Applied Mathematical Problem Solving, Modelling, Applications, and Links to Other Subjects: State, Trends and Issues in Mathematics Instruction. *Educational Studies in Mathematics, 22*(1), 37–68.

Boaler, J. (1993). Encouraging the transfer of 'school' mathematics to the 'real world' through the integration of process and content, context and culture. *Educational Studies in Mathematics, 25*(4), 341–373. https://doi.org/10.1007/BF01273906

Böckmann, M [Madlin] & Schukajlow, S. (2020). Bewertung der Teilkompetenzen „Verstehen" und „Vereinfachen/Strukturieren" und ihre Relevanz für das mathematische Modellieren. In G. Greefrath & K. Maaß (Hrsg.), *Realitätsbezüge im Mathematikunterricht. Modellierungskompetenzen – Diagnose und Bewertung* (S. 113–131). Springer. https://doi.org/10.1007/978-3-662-60815-9_6

Borromeo Ferri, R. (2006). Theoretical and empirical differentiations of phases in the modelling process. *ZDM*, *38*(2), 86–95. https://doi.org/10.1007/BF02655883

Borromeo Ferri, R. (2010). On the Influence of Mathematical Thinking Styles on Learners' Modeling Behavior. *Journal für Mathematik-Didaktik*, *31*(1), 99–118. https://doi.org/10.1007/s13138-010-0009-8

Borromeo Ferri, R. (2011). *Wege zur Innenwelt des mathematischen Modellierens: Kognitive Analysen zu Modellierungsprozessen im Mathematikunterricht*. Vieweg+Teubner. https://doi.org/10.1007/978-3-8348-9784-8

Bortz, J. & Schuster, C. (2010). *Statistik für Human- und Sozialwissenschaftler* (7., vollständig überarbeitete und erweiterte Auflage). Springer.

Bosch, H. (1490–1500). *Der Garten der Lüste [Gemälde]*. Inventarnummer P002823. Museo del Prado, Madrid.

Böswald, V. & Schukajlow, S. (2020). Effekte der Position der Fragestellung auf das Textverstehen bei Modellierungsaufgaben. In H.-S. Siller, W. Weigel & J. F. Wörler (Hrsg.), *Beiträge zum Mathematikunterricht 2020* (S. 157–160). WTM Verlag.

Böswald, V. & Schukajlow, S. (2022). Reading comprehension and modelling problems: Does it matter where the question is placed? In J. Hodgen, E. Geraniou, G. Bolondi & F. Ferretti (Hrsg.), *Proceedings of the Twelfth Congress of the European Society for Research in Mathematics Education (CERME12)* (S. 3952–3959). Free University of Bozen-Bolzano and ERME. https://hal.archives-ouvertes.fr/hal-03753483

Böswald, V. & Schukajlow, S. (2023a). I value the problem, but I don't think my students will: preservice teachers' judgments of task value and self-efficacy for modelling, word, and intramathematical problems. *ZDM Mathematics Education*(55), 331–344. https://doi.org/10.1007/s11858-022-01412-z

Böswald, V. & Schukajlow, S. (2023b). Verstehen Schüler*innen Modellierungsaufgaben besser, wenn sie die Fragestellung schon kennen? In *Beiträge zum Mathematikunterricht 2022: 56. Jahrestagung der Gesellschaft für Didaktik der Mathematik.*

Bransford, J. D. & Johnson, M. K. (1972). Contextual Prerequisites for Understanding: Some Investigations of Comprehension and Recall. *Journal of Verbal Learning and Verbal Behavior*, *11*, 717–726.

Brewer, W. F. (1980). Literary Theory, Rhetoric, and Stylistics: Implications for Psychology. In R. J. Spiro, B. C. Bruce & W. F. Brewer (Hrsg.), *Theoretical issues in reading comprehension: Perspectives from cognitive psychology, linguistics, artificial intelligence and education* (S. 221–240). Routledge.

Britt, M. A., Richter, T. & Rouet, J.-F. (2014). Scientific Literacy: The Role of Goal-Directed Reading and Evaluation in Understanding Scientific Information. *Educational Psychologist*, *49*(2), 104–122. https://doi.org/10.1080/00461520.2014.916217

Browne, M. W. & Cudeck, R. (1992). Alternative Ways of Assessing Model Fit. *Sociological Methods & Research*, *21*(2), 230–258. https://doi.org/10.1177/0049124192021002005

Bühner, M. (2021). *Einführung in die Test- und Fragebogenkonstruktion* (4., korrigierte und erweiterte Auflage). Pearson.

Bullimore, M. A. & Bailey, I. L. (1995). Reading and Eye Movements in Age-Related Maculopathy. *Optometry and Vision Science, 72*(2), 125–138.

Busse, A. (2011). Upper Secondary Students' Handling of Real-World Contexts. In G. Kaiser, W. Blum, R. Borromeo Ferri & G. Stillman (Hrsg.), *International Perspectives on the Teaching and Learning of Mathematical Modelling. Trends in Teaching and Learning of Mathematical Modelling* (Bd. 1, S. 37–46). Springer Netherlands. https://doi.org/10.1007/978-94-007-0910-2_5

Busse, A. & Borromeo Ferri, R. (2003). Methodological reflections on a three-step-design combining observation, stimulated recall and interview. *ZDM, 35*(6), 257–264. https://doi.org/10.1007/BF02656690

Byrne, B. (2012). *Structural Equation Modeling with Mplus*. Routledge; Safari.

Carpenter, S. K., Rahman, S. & Perkins, K. (2018). The effects of prequestions on classroom learning. *Journal of experimental psychology. Applied, 24*(1), 34–42. https://doi.org/10.1037/xap0000145

Cevikbas, M., Kaiser, G. & Schukajlow, S. (2022). A systematic literature review of the current discussion on mathematical modelling competencies: state-of-the-art developments in conceptualizing, measuring, and fostering. *Educational Studies in Mathematics, 109*(2), 205–236. https://doi.org/10.1007/s10649-021-10104-6

Chall, J. S. (1983). *Stages of reading development*. McGraw-Hill.

Christmann, U. & Groeben, N. (1999). Psychologie des Lesens. In B. Franzmann, K. Hasemann, D. Löffler & E. Schön (Hrsg.), *Handbuch Lesen* (S. 145–223). De Gruyter.

Cirilo, R. K. & Foss, D. J. (1980). Text structure and reading time for sentences. *Journal of Verbal Learning and Verbal Behavior, 19*(1), 96–109. https://doi.org/10.1016/S0022-5371(80)90560-5

Clements, M. A. (1980). Analyzing children's errors on written mathematical tasks. *Educational Studies in Mathematics, 11*, 1–21. https://doi.org/10.1007/BF00369157

Clifton Jr., C., Ferreira, F., Henderson, J. M., Inhoff, A. W., Liversedge, S. P., Reichle, E. D. & Schotter, E. R. (2016). Eye movements in reading and information processing: Keith Rayner's 40 year legacy. *Journal of Memory and Language, 86*, 1–19.

Clinton, V. (2019). Reading from paper compared to screens: A systematic review and meta-analysis. *Journal of Research in Reading, 42*(2), 288–325. https://doi.org/10.1111/1467-9817.12269

Conway, A. R. A., Kane, M. J., Bunting, M. F., Hambrick, D. Z., Wilhelm, O. & Engle, R. W. (2005). Working memory span tasks: A methodological review and user's guide. *Psychonomic Bulletin & Review, 12*(5), 769–786.

Cook, A. E. & O'Brien, E. J. (2019). Fundamental Components of Reading Comprehension. In J. Dunlosky & K. A. Rawson (Hrsg.), *Cambridge handbooks in psychology. The Cambridge handbook of cognition and education* (Bd. 12, S. 237–265). Cambridge University Press. https://doi.org/10.1017/9781108235631.011

Corbetta, M. & Shulman, G. L. (2002). Control of goal-directed and stimulus-driven attention in the brain. *Nature reviews. Neuroscience, 3*(3), 201–215. https://doi.org/10.1038/nrn755

Cox, G. E. & Shiffrin, R. M. (2017). A dynamic approach to recognition memory. *Psychological Review, 124*(6), 795–860. https://doi.org/10.1037/rev0000076

Cronbach, L. J. (1951). Coefficient alpha and the internal structure of tests. *Psychometrika*, *16*(3), 297–334.

Crowder, R. G. (1982). The demise of short-term memory. *Acta psychologica*, *50*(3), 291–323. https://doi.org/10.1016/0001-6918(82)90044-0

D'Ambrosio, U. (1999). Literacy, Matheracy, and Technocracy: A Trivium for Today. *Mathematical Thinking and Learning*, *1*(2), 131–153. https://doi.org/10.1207/s15327833mtl0102_3

Daneman, M. & Carpenter, P. A. (1980). Individual Differences in Working Memory and Reading. *Journal of Verbal Learning and Verbal Behavior*, *19*, 450–466.

Daroczy, G., Wolska, M., Meurers, W. D. & Nuerk, H.-C. (2015). Word problems: a review of linguistic and numerical factors contributing to their difficulty. *Frontiers in psychology*, *6*. https://doi.org/10.3389/fpsyg.2015.00348

Darwin, C. J., Turvey, M. T. & Crowder, R. G. (1972). An auditory analogue of the sperling partial report procedure: Evidence for brief auditory storage. *Cognitive Psychology*, *3*(2), 255–267. https://doi.org/10.1016/0010-0285(72)90007-2

de Jong, T. & Ferguson-Hessler, M. G. M. (1996). Types and qualities of knowledge. *Educational Psychologist*, *31*(2), 105–113. https://doi.org/10.1207/s15326985ep3102_2

Dehaene, S. (1992). Varieties of numerical abilities. *Cognition*, *44*(1-2), 1–42. https://doi.org/10.1016/0010-0277(92)90049-N

Delgado, P., Vargas, C., Ackerman, R. & Salmerón, L. (2018). Don't throw away your printed books: A meta-analysis on the effects of reading media on reading comprehension. *Educational Research Review*, *25*, 23–38. https://doi.org/10.1016/j.edurev.2018.09.003

Demes, B. (2021). *Die Positionierung der Fragestellung und ihre Auswirkungen auf den Textverstehensprozess bei Modellierungsaufgaben – eine qualitative Untersuchung von Lernenden der gymnasialen Oberstufe*. (unveröffentlichte Masterarbeit). WWU Münster.

Devidal, M., Fayol, M. & Barrouillet, P. (1997). Stratégies de lecture et résolution de problèmes arithmétiques. *L'année psychologique*, *97*(1), 9–31. https://doi.org/10.3406/psy.1997.28935

DGPs. (2016). *Berufsethische Richtlinien des BDP und der DGPs (zugleich Berufsordnung des BDP)*. https://www.dgps.de/die-dgps/aufgaben-und-ziele/berufsethische-richtlinien/

Di Vesta, F. J. & Di Cintio, M. J. (1997). Interactive effects of working memory span and text context on reading comprehension and retrieval. *Learning and Individual Differences*, *9*(3), 215–231.

Djepaxhija, B., Vos, P. & Fuglestad, A. B. (2017). Assessing Mathematizing Competences Through Multiple-Choice Tasks: Using Students' Response Processes to Investigate Task Validity. In G. Stillman, W. Blum & G. Kaiser (Hrsg.), *International Perspectives on the Teaching and Learning of Mathematical Modelling. Mathematical Modelling and Applications: Crossing and Researching Boundaries in Mathematics Education* (1. Aufl., S. 601–611). Springer International Publishing. https://doi.org/10.1007/978-3-319-62968-1_50

Döring, N. & Bortz, J. (2016). *Forschungsmethoden und Evaluation in den Sozial- und Humanwissenschaften* (5. vollständig überarbeitete, aktualisierte und erweiterte Auflage). Springer. https://doi.org/10.1007/978-3-642-41089-5

Dutke, S. (1993). Mentale Modelle beim Erinnern sprachlich beschriebener räumlicher Anordnungen: Zur Interaktion von Gedächtnisschemata und Textrepräsentation. *Zeitschrift für experimentelle und angewandte Psychologie*, *40*(1), 44–71.

Dutke, S. (1998). Zur Konstruktion von Sachverhaltsrepräsentationen beim Verstehen von Texten: Fünfzehn Jahre nach Johnson-Lairds Mental Models. *Zeitschrift für Experimentelle Psychologie, 45*(1), 42–59.

Eason, S. H., Goldberg, L. F., Young, K. M., Geist, M. C. & Cutting, L. E. (2012). Reader-Text Interactions: How Differential Text and Question Types Influence Cognitive Skills Needed for Reading Comprehension. *Journal of Educational Psychology, 104*(3), 515–528. https://doi.org/10.1037/a0027182

Eccles, J. S. & Wigfield, A. (2020). From expectancy-value theory to situated expectancy-value theory: A developmental, social cognitive, and sociocultural perspective on motivation. *Contemporary educational psychology, 61*, Artikel 101859. https://doi.org/10.1016/j.cedpsych.2020.101859

Ellis, J. A., Wulfeck II, W. H., Konoske, P. J. & Montague, W. E. (1986). Effect of Generic Advance Instructions on Learning a Classification Task. *Journal of Educational Psychology, 78*(4), 294–299.

Enders, C. K. (2010). *Applied missing data analysis. Methodology in the social sciences.* Guilford Press. http://site.ebrary.com/lib/alltitles/docDetail.action?docID=10389908

Engle, R. W. (2001). What is working memory capacity? In H. L. Roediger, J. S. Nairne, I. Neath & A. M. Surprenant (Hrsg.), *The nature of remembering: Essays in honor of Robert G. Crowder* (S. 297–314). American Psychological Association. https://doi.org/10.1037/10394-016

Fincher-Kiefer, R., Post, T. A., Greene, T. R. & Voss, J. F. (1988). On the role of prior knowledge and task demands in the processing of text. *Journal of Memory and Language, 27*(4), 416–428. https://doi.org/10.1016/0749-596X(88)90065-4

Fletcher, C. R. & Chrysler, S. T. (1990). Surface forms, textbases, and situation models: Recognition memory for three types of textual information. *Discourse Processes, 13*(2), 175–190. https://doi.org/10.1080/01638539009544752

Franke, M. (2003). *Didaktik des Sachrechnens in der Grundschule.* Spektrum Akademischer Verlag.

Frase, L. T. (1968). Effect of question location, pacing, and mode upon retention of prose material. *Journal of Educational Psychology, 59*(4), 244–249. https://doi.org/10.1037/h0025947

Frase, L. T. (1973). Sampling and response requirements of adjunct questions. *Journal of Educational Psychology, 65*(2), 273–278.

Frejd, P. & Ärlebäck, J. B. (2011). First Results from a Study Investigating Swedish Upper Secondary Students' Mathematical Modelling Competencies. In G. Kaiser, W. Blum, R. Borromeo Ferri & G. Stillman (Hrsg.), *International Perspectives on the Teaching and Learning of Mathematical Modelling. Trends in Teaching and Learning of Mathematical Modelling* (Bd. 1, S. 407–416). Springer Netherlands. https://doi.org/10.1007/978-94-007-0910-2_40

Frenken, L. (2022). *Mathematisches Modellieren in einer digitalen Lernumgebung: Konzeption und Evaluation auf der Basis computergenerierter Prozessdaten.* Springer Spektrum. https://doi.org/10.1007/978-3-658-37330-6

Freudenthal, H. (1983). *Didactical Phenomenology of Mathematical Structures.* Reidel.

Fuchs, L. S., Fuchs, D., Compton, D. L., Hamlett, C. L. & Wang, A. Y. (2015). Is Word-Problem Solving a Form of Text Comprehension? *Scientific Studies of Reading, 19*(3), 204–223. https://doi.org/10.1080/10888438.2015.1005745

Fuchs, L. S., Fuchs, D., Seethaler, P. M. & Barnes, M. A. (2020). Addressing the role of working memory in mathematical word-problem solving when designing intervention for struggling learners. *ZDM Mathematics Education, 52*(1), 87–96. https://doi.org/10.1007/s11858-019-01070-8

Fuchs, L. S., Geary, D. C., Compton, D. L., Fuchs, D., Hamlett, C. L., Seethaler, P. M., Bryant, J. D. & Schatschneider, C. (2010). Do different types of school mathematics development depend on different constellations of numerical versus general cognitive abilities? *Developmental psychology, 46*(6), 1731–1746. https://doi.org/10.1037/a0020662

Fuchs, L. S., Gilbert, J. K., Fuchs, D., Seethaler, P. M. & Martin, B. N. (2018). Text Comprehension and Oral Language as Predictors of Word-Problem Solving: Insights into Word-Problem Solving as a Form of Text Comprehension. *Scientific Studies of Reading, 22*(2), 152–166. https://doi.org/10.1080/10888438.2017.1398259

Galbraith, P. L. & Stillman, G. (2006). A framework for identifying student blockages during transitions in the modelling process. *ZDM Mathematics Education, 38*(2), 143–162. https://doi.org/10.1007/BF02655886

Garnham, A. (1987). *Mental models as representations of discourse and text. Ellis Horwood series in cognitive science*. Ellis Horwood.

Gathercole, S. E. & Baddeley, A. D. (1993). *Working memory and language*. Psychology Press. https://doi.org/10.4324/978131580468

Gillard, E., van Dooren, W., Schaeken, W. & Verschaffel, L. (2009). Proportional reasoning as a heuristic-based process: time constraint and dual task considerations. *Experimental psychology, 56*(2), 92–99. https://doi.org/10.1027/1618-3169.56.2.92

Gillund, G. & Shiffrin, R. M. (1984). A retrieval model for both recognition and recall. *Psychological Review, 91*(1), 1–67. https://doi.org/10.1037/0033-295X.91.1.1

Gniesmer, J. (2021). *Identifikation des Situationsmodells beim Textverstehen von Modellierungsaufgaben – Ein Testkonzept und seine deskriptiv-statistische Evaluation*. (unveröffentlichte Masterarbeit). WWU Münster.

Goertzen, J. R. & Cribbie, R. A. (2010). Detecting a lack of association: an equivalence testing approach. *The British journal of mathematical and statistical psychology, 63*(Pt 3), 527–537. https://doi.org/10.1348/000711009X475853

Graesser, A. C. & Lehman, B. (2011). Questions drive comprehension of text and multimedia. In M. T. McCrudden, J. P. Magliano & G. Schraw (Hrsg.), *Text Relevance and Learning from Text* (S. 53–74). Information Age Publishing.

Graesser, A. C., Millis, K. K. & Zwaan, R. A. (1997). Discourse comprehension. *Annual Review of Psychology, 48*, 163–189. https://doi.org/10.1146/annurev.psych.48.1.163

Graesser, A. C., Singer, M. & Trabasso, T. (1994). Constructing inferences during narrative text comprehension. *Psychological Review, 101*(3), 371–395. https://doi.org/10.1037/0033-295X.101.3.371

Greefrath, G. (2010). *Didaktik des Sachrechnens in der Sekundarstufe*. Spektrum Akademischer Verlag. https://doi.org/10.1007/978-3-8274-2679-6

Greefrath, G. (2018). *Anwendungen und Modellieren im Mathematikunterricht*. Springer. https://doi.org/10.1007/978-3-662-57680-9

Greefrath, G., Kaiser, G., Blum, W. & Borromeo Ferri, R. (2013). Mathematisches Modellieren – Eine Einführung in theoretische und didaktische Hintergründe. In R. Borromeo Ferri, G. Greefrath & G. Kaiser (Hrsg.), *Realitätsbezüge im Mathematikunterricht*.

Mathematisches Modellieren für Schule und Hochschule: Theoretische und didaktische Hintergründe (S. 11–38). Springer Fachmedien.

Greefrath, G. & Maaß, K. (2020). Diagnose und Bewertung beim mathematischen Modellieren. In G. Greefrath & K. Maaß (Hrsg.), *Realitätsbezüge im Mathematikunterricht. Modellierungskompetenzen – Diagnose und Bewertung* (S. 1–19). Springer. https://doi.org/10.1007/978-3-662-60815-9_1

Greer, B. D., Verschaffel, L., van Dooren, W. & Mukhopadhyay, S. (2009). Introduction. Making sense of word problems: past, present, and future. In L. Verschaffel, B. D. Greer, W. van Dooren & S. Mukhopadhyay (Hrsg.), *Words and Worlds. Modelling verbal descriptions of situations*. Sense Publisher.

Groeben, N. (1982). *Leserpsychologie: Textverständnis – Textverständlichkeit*. Aschendorff.

Gruber, T. (2018). *Gedächtnis*. Springer Berlin Heidelberg. https://doi.org/10.1007/978-3-662-56362-5

Hagena, M., Leiss, D. & Schwippert, K. (2017). Using Reading Strategy Training to Foster Students' Mathematical Modelling Competencies: Results of a Quasi-Experimental Control Trial. *EURASIA Journal of Mathematics, Science and Technology Education, 13*, 4057–4085. https://doi.org/10.12973/eurasia.2017.00803a

Hammoud, R. I. & Mulligan, J. B. (2008). Introduction to Eye Monitoring. In R. I. Hammoud (Hrsg.), *Passive Eye Monitoring: Algorithms, Applications and Experiments* (S. 1–19). Springer. https://doi.org/10.1007/978-3-540-75412-1_1

Han, J., Pei, J. & Tong, H. (2023). *Data mining: Concepts and techniques* (4. Aufl.). Morgan Kaufmann.

Hankeln, C., Adamek, C. & Greefrath, G. (2019). Assessing Sub-competencies of Mathematical Modelling – Development of a New Test Instrument. In G. Stillman & J. P. Brown (Hrsg.), *ICME-13 Monographs. Lines of Inquiry in Mathematical Modelling Research in Education* (S. 143–160). Springer International Publishing. https://doi.org/10.1007/978-3-030-14931-4_8

Hankeln, C. & Greefrath, G. (2021). Mathematische Modellierungskompetenz fördern durch Lösungsplan oder Dynamische Geometrie-Software? Empirische Ergebnisse aus dem LIMo-Projekt. *Journal für Mathematik-Didaktik, 42*(2), 367–394. https://doi.org/10.1007/s13138-020-00178-9

Hartig, J., Frey, A. & Jude, N. (2012). Validität. In H. Moosbrugger & A. Kelava (Hrsg.), *Testtheorie und Fragebogenkonstruktion* (2. Aufl., S. 143–172). Springer Berlin Heidelberg.

Hegarty, M., Mayer, R. E. & Monk, C. A. (1995). Comprehension of arithmetic word problems: A comparison of successful and unsuccessful problem solvers. *Journal of Educational Psychology, 87*(1), 18–32.

Heinze, A., Herwartz-Emden, L. & Reiss, K. M. (2007). Mathematikkenntnisse und sprachliche Kompetenz bei Kindern mit Migrationshintergrund zu Beginn der Grundschulzeit. *Zeitschrift für Pädagogik, 53*(4), 562–581. https://doi.org/10.25656/01:4412

Heller, K. A. & Perleth, C. (2000). *KFT 4–12+ R: Kognitiver Fähigkeitstest für 4. bis 12. Klassen, Revision*. Beltz.

Henn, H.-W. & Müller, J. H. (2013). Von der Welt ins Modell und zurück. In R. Borromeo Ferri, G. Greefrath & G. Kaiser (Hrsg.), *Realitätsbezüge im Mathematikunterricht.*

Mathematisches Modellieren für Schule und Hochschule: Theoretische und didaktische Hintergründe (S. 202–220). Springer Fachmedien. https://doi.org/10.1007/978-3-658-01580-0_10

Hergovich, A. (2021). *Allgemeine Psychologie: Denken und Lernen* (2. Aufl.). *utb Psychologie: Bd. 5591*. Facultas.

Hickendorff, M. (2021). The Demands of Simple and Complex Arithmetic Word Problems on Language and Cognitive Resources. *Frontiers in psychology*, *12*, 727761. https://doi.org/10.3389/fpsyg.2021.727761

Hidayat, R., Syed Zamri, S. N. A., Zulnaidi, H. & Yuanita, P. (2020). Meta-cognitive behaviour and mathematical modelling competency: mediating effect of performance goals. *Heliyon*, *6*(4), e03800. https://doi.org/10.1016/j.heliyon.2020.e03800

Hiebert, J., Gallimore, R., Garnier, H., Givvin, K. B., Hollingsworth, H., Jacobs, J., Chui, A. M.-Y., Wearne, D., Smith, M., Kersting, N., Manaster, A., Tseng, E., Etterbeek, W., Manaster, C., Gonzales, P. & Stigler, J. (2003). *Teaching mathematics in seven countries: Results from the TIMSS 1999 video study*. NCES.

Holmqvist, K., Nyström, M., Anderson, R. C., Dewhurst, R., Jarodzka, H. & van Weijer, J. de. (2011). *Eye tracking: A comprehensive guide to methods and measures*. Oxford University Press.

Hunt, E. (1978). Mechanics of verbal ability. *Psychological Review*, *85*(2), 109–130. https://doi.org/10.1037/0033-295X.85.2.109

Hyde, T. S. & Jenkins, J. J [James J.] (1973). Recall for words as a function of semantic, graphic, and syntactic orienting tasks. *Journal of Verbal Learning and Verbal Behavior*, *12*(5), 471–480. https://doi.org/10.1016/S0022-5371(73)80027-1

Hyönä, J. & Kaakinen, J. K. (2019). Eye Movements During Reading. In C. Klein & U. Ettinger (Hrsg.), *Studies in Neuroscience, Psychology and Behavioral Economics. Eye Movement Research* (Bd. 19, S. 239–274). Springer International Publishing. https://doi.org/10.1007/978-3-030-20085-5_7

Hyönä, J. & Nurminen, A.-M. (2006). Do adult readers know how they read? Evidence from eye movement patterns and verbal reports. *British journal of psychology (London, England : 1953)*, *97*(Pt 1), 31–50. https://doi.org/10.1348/000712605X53678

Jackson, D. L., Gillaspy, J. A. & Purc-Stephenson, R. (2009). Reporting practices in confirmatory factor analysis: an overview and some recommendations. *Psychological Methods*, *14*(1), 6–23. https://doi.org/10.1037/a0014694

Jankvist, U. T. & Niss, M. (2020). Upper secondary school students' difficulties with mathematical modelling. *International Journal of Mathematical Education in Science and Technology*, *51*(4), 467–496. https://doi.org/10.1080/0020739X.2019.1587530

Ji, Z. & Guo, K. (2023). The association between working memory and mathematical problem solving: A three-level meta-analysis. *Frontiers in psychology*, *14*, 1091126. https://doi.org/10.3389/fpsyg.2023.1091126

Johnson-Laird, P. N. (1983). *Mental models: Towards a cognitive science of language, inference, and consciousness*. Harvard University Press.

Johnson-Laird, P. N. & Stevenson, R. (1970). Memory for syntax. *Nature*, *227*(5256), 412. https://doi.org/10.1038/227412a0

Jonkisz, E., Moosbrugger, H. & Brandt, H. (2012). Planung und Entwicklung von Tests und Fragebogen. In H. Moosbrugger & A. Kelava (Hrsg.), *Testtheorie und Fragebogenkonstruktion* (2. Aufl., S. 27–74). Springer Berlin Heidelberg. https://doi.org/10.1007/978-3-642-20072-4_3

Jordan, A., Krauss, S., Löwen, K., Blum, W., Neubrand, M., Brunner, M., Kunter, M. & Baumert, J. (2008). Aufgaben im COACTIV-Projekt: Zeugnisse des kognitiven Aktivierungspotentials im deutschen Mathematikunterricht. *Journal für Mathematik-Didaktik, 29*(2), 83–107. https://doi.org/10.1007/BF03339055

Just, M. A. & Carpenter, P. A. (1976). Eye fixations and cognitive processes. *Cognitive Psychology, 8*(4), 441–480. https://doi.org/10.1016/0010-0285(76)90015-3

Just, M. A. & Carpenter, P. A. (1980). A theory of reading: From eye fixations to comprehension. *Psychological Review, 87*(4), 329–354. https://doi.org/10.1037/0033-295X.87.4.329

Just, M. A. & Carpenter, P. A. (1992). A capacity theory of comprehension: Individual differences in working memory. *Psychological Review, 99*(1), 122–149.

Just, M. A. & Carpenter, P. A. (2002). A capacity theory of comprehension: Individual differences in working memory. In T. A. Polk & C. M. Seifert (Hrsg.), *Cognitive modeling* (S. 131–177). Boston Review.

Kaakinen, J. K. & Hyönä, J. (2007). Perspective effects in repeated reading: an eye movement study. *Memory & cognition, 35*(6), 1323–1336.

Kaakinen, J. K. & Hyönä, J. (2008). Perspective-driven text comprehension. *Applied Cognitive Psychology, 22*(3), 319–334. https://doi.org/10.1002/acp.1412

Kaakinen, J. K. & Hyönä, J. (2010). Task effects on eye movements during reading. *Journal of experimental psychology. Learning, memory, and cognition, 36*(6), 1561–1566. https://doi.org/10.1037/a0020693

Kaakinen, J. K. & Hyönä, J. (2011). Online Processing of and Memory for Perspective-Relevant and Irrelevant Text Information. In M. T. McCrudden, J. P. Magliano & G. Schraw (Hrsg.), *Text Relevance and Learning from Text* (S. 223–242). Information Age Publishing.

Kaakinen, J. K., Hyönä, J. & Keenan, J. M. (2001). Individual differences in perspective effects on text memory. *Current Psychology Letters: Behaviour, Brain & Cognition, 5.*

Kaakinen, J. K., Hyönä, J. & Keenan, J. M. (2002). Perspective Effects on Online Text Processing. *Discourse Processes, 33*(2), 159–173. https://doi.org/10.1207/S15326950DP3302_03

Kaakinen, J. K., Hyönä, J. & Keenan, J. M. (2003). How prior knowledge, WMC, and relevance of information affect eye fixations in expository text. *Journal of experimental psychology. Learning, memory, and cognition, 29*(3), 447–457. https://doi.org/10.1037/0278-7393.29.3.447

Kaakinen, J. K., Lehtola, A. & Paattilammi, S. (2015). The influence of a reading task on children's eye movements during reading. *Journal of Cognitive Psychology, 27*(5), 640–656. https://doi.org/10.1080/20445911.2015.1005623

Kaiser, G. (2007). Modelling and modelling competencies in school. In C. R. Haines, P. L. Galbraith, W. Blum & S. Khan (Hrsg.), *Mathematical modelling (ICTMA 12): Education, engineering and economics; proceedings from the twelfth international conference on the teaching of mathematical modelling and applications* (S. 168–175). Horwood Publishing.

Kaiser, G. & Maaß, K. (2007). Modelling in Lower Secondary Mathematics Classroom – Problems and Opportunities. In W. Blum, P. L. Galbraith, H.-W. Henn & M. Niss (Hrsg.), *New ICMI study series: Bd. 10. Modelling and applications in mathematics education: The 14th ICMI study* (Bd. 10, S. 99–108). Springer. https://doi.org/10.1007/978-0-387-29822-1_8

Kaiser, G. & Sriraman, B. (2006). A global survey of international perspectives on modelling in mathematics education. *ZDM Mathematics Education, 38*(3), 302–310. https://doi.org/10.1007/BF02652813

Kaiser-Meßmer, G. (1986). *Anwendungen im Mathematikunterricht*. Franzbecker.

Kammering, J. (2021). *Gibt es, beim Lesen von Modellierungsaufgaben, Auswirkungen eines Question Placement Effects auf die Blickbewegung?* (unveröffentlichte Masterarbeit). WWU Münster.

Kanefke, J. & Schukajlow, S. (2022). Students' processing of modelling problems with missing data. In J. Hodgen, E. Geraniou, G. Bolondi & F. Ferretti (Hrsg.), *Proceedings of the Twelfth Congress of the European Society for Research in Mathematics Education (CERME12)* (S. 1101–1108). Free University of Bozen-Bolzano and ERME.

Kelava, A. & Moosbrugger, H. (2012). Deskriptivstatistische Evaluation von Items (Itemanalyse) und Testwertverteilungen. In H. Moosbrugger & A. Kelava (Hrsg.), *Testtheorie und Fragebogenkonstruktion* (2. Aufl., S. 75–102). Springer Berlin Heidelberg. https://doi.org/10.1007/978-3-642-20072-4_4

Kendeou, P. & van den Broek, P. W. (2007). The effects of prior knowledge and text structure on comprehension processes during reading of scientific texts. *Memory & cognition, 35*(7), 1567–1577.

Kenny, D. A. (1979). *Correlation and Causality*. Wiley-Interscience.

Kenny, D. A. (2019). Enhancing validity in psychological research. *The American psychologist, 74*(9), 1018–1028. https://doi.org/10.1037/amp0000531

Kintsch, W. (1986). Learning From Text. *Cognition and Instruction, 3*(2), 87–108.

Kintsch, W. (1988). The role of knowledge in discourse comprehension: a construction-integration model. *Psychological Review, 95*(2), 163–182. https://doi.org/10.1037/0033-295x.95.2.163

Kintsch, W. (1998). *Comprehension: A paradigm for cognition*. Cambridge University Press.

Kintsch, W. (2018). Revisiting the Construction – Integration Model of Text Comprehension and its Implications for Instruction. In D. E. Alvermann, N. J. Unrau, M. Sailors & R. B. Ruddell (Hrsg.), *Theoretical models and processes of literacy* (7. Aufl., S. 178–203). Routledge. https://doi.org/10.4324/9781315110592-12

Kintsch, W. & Greeno, J. G. (1985). Understanding and solving word arithmetic problems. *Psychological Review, 92*(1), 109–129. https://doi.org/10.1037/0033-295X.92.1.109

Kintsch, W. & van Dijk, T. A. (1978). Toward a model of text comprehension and production. *Psychological Review, 85*(5), 363–394. https://doi.org/10.1037/0033-295X.85.5.363

Kline, R. B. (2016). *Principles and practice of structural equation modeling* (4. Aufl.). *Methodology in the social sciences*. Guilford Press.

KMK. (2012). *Bildungsstandards im Fach Mathematik für die Allgemeine Hochschulreife*.

KMK. (2022a). *Bildungsstandards für das Fach Deutsch: Erster Schulabschluss (ESA) und Mittlerer Schulabschluss (MSA)*.

KMK. (2022b). *Bildungsstandards für das Fach Mathematik: Erster Schulabschluss (ESA) und Mittlerer Schulabschluss (MSA)*.

KMK. (2022c). *Bildungsstandards für das Fach Mathematik: Primarbereich.*

Komogortsev, O. V., Gobert, D. V., Jayarathna, S., Koh, D.-H. & Gowda, S. (2010). Standardization of automated analyses of oculomotor fixation and saccadic behaviors. *IEEE transactions on bio-medical engineering, 57*(11). https://doi.org/10.1109/TBME.2010.2057429

Kong, Y., Seo, Y. S. & Zhai, L. (2018). Comparison of reading performance on screen and on paper: A meta-analysis. *Computers & Education, 123*, 138–149. https://doi.org/10.1016/j.compedu.2018.05.005

Krawitz, J. (2020). *Vorwissen als nötige Voraussetzung und potentieller Störfaktor beim mathematischen Modellieren.* Springer Fachmedien. https://doi.org/10.1007/978-3-658-29715-2

Krawitz, J., Chang, Y.-P., Yang, K.-L. & Schukajlow, S. (2022). The role of reading comprehension in mathematical modelling: improving the construction of a real-world model and interest in Germany and Taiwan. *Educational Studies in Mathematics, 109*, 337–359. https://doi.org/10.1007/s10649-021-10058-9

Krawitz, J., Kanefke, J., Schukajlow, S. & Rakoczy, K. (2022). Making realistic assumptions in mathematical modelling. In C. Fernández, S. Llinares, Á. Gutiérrez & N. Planas (Hrsg.), *Proceedings of the 45th Conference of the International Group for the Psychology of Mathematics Education* (Bd. 3, S. 59–66). PME.

Krawitz, J. & Schukajlow, S. (2018). Do students value modelling problems, and are they confident they can solve such problems? Value and self-efficacy for modelling, word, and intra-mathematical problems. *ZDM Mathematics Education, 50*(1-2), 143–157. https://doi.org/10.1007/s11858-017-0893-1

Krawitz, J., Schukajlow, S., Böckmann, M [Matthias] & Schmelzer, M. (2019). Textverstehen und mathematisches Modellieren: Konzeption und Evaluation des Praxisprojekts Mathematik. In M. Bönnighausen (Hrsg.), *Schriften zur allgemeinen Hochschuldidaktik. Praxisprojekte in Kooperationsschulen: Fachdidaktische Modellierung von Lehrkonzepten zur Förderung strategiebasierten Textverstehens in den Fächern Deutsch, Geographie, Geschichte und Mathematik* (S. 223–249). WTM Verlag.

Krawitz, J., Schukajlow, S., Chang, Y.-P. & Yang, K.-L. (2017). Reading Comprehension, Enjoyment, and Performance in Solving Modelling Problems: How Important is a Deeper Situation Model? In B. Kaur, W. K. Ho, T. L. Toh & B. H. Choy (Hrsg.), *Proceedings of the 41st Conference of the International Group for the Psychology of Mathematics Education* (Bd. 3, S. 97–104). PME.

Krawitz, J., Schukajlow, S. & van Dooren, W. (2018). Unrealistic responses to realistic problems with missing information: what are important barriers? *Educational Psychology, 38*(10), 1221–1238. https://doi.org/10.1080/01443410.2018.1502413

Lakens, D., Scheel, A. M. & Isager, P. M. (2018). Equivalence Testing for Psychological Research: A Tutorial. *Advances in Methods and Practices in Psychological Science, 1*(2), 259–269. https://doi.org/10.1177/2515245918770963

Landis, J. R. & Koch, G. G. (1977). The Measurement of Observer Agreement for Categorical Data. *Biometrics, 33*(1), 159. https://doi.org/10.2307/2529310

Lapan, R. & Reynolds, R. E. (1994). The Selective Attention Strategy as a Time-Dependent Phenomenon. *Contemporary educational psychology, 19*, 379–398.

Lehman, S. & Schraw, G. (2002). Effects of coherence and relevance on shallow and deep text processing. *Journal of Educational Psychology, 94*(4), 738–750. https://doi.org/10.1037//0022-0663.94.4.738

Leiß, D. & Blum, W. (2010). Beschreibung zentraler mathematischer Kompetenzen. In W. Blum, C. Drüke-Noe, R. Hartung & O. Köller (Hrsg.), *Bildungsstandards Mathematik: konkret: Sekundarstufe I: Aufgabenbeispiele, Unterrichtsanregungen, Fortbildungsideen ; mit CD-ROM* (4. Aufl., S. 33–50). Cornelsen Verlag Scriptor.

Leiss, D. & Plath, J. (2020). „Im Mathematikunterricht muss man auch mit Sprache rechnen!“ – Sprachbezogene Fachleistung und Unterrichtswahrnehmung im Rahmen mathematischer Sprachförderung. *Journal für Mathematik-Didaktik, 128*(2), 377. https://doi.org/10.1007/s13138-020-00159-y

Leiss, D., Plath, J. & Schwippert, K. (2019). Language and mathematics – Key factors influencing the comprehension process in reality-based tasks. *Mathematical Thinking and Learning, 21*(2), 131–153.

Leiss, D., Schukajlow, S., Blum, W., Messner, R. & Pekrun, R. (2010). The Role of the Situation Model in Mathematical Modelling – Task Analyses, Student Competencies, and Teacher Interventions. *Journal für Mathematik-Didaktik, 31*(1), 119–141. https://doi.org/10.1007/s13138-010-0006-y

Lenhard, W. (2019). *Leseverständnis und Lesekompetenz: Grundlagen – Diagnostik – Förderung* (2., aktualisierte Auflage). Kohlhammer.

Lenhard, W. & Lenhard, A. (2014–2022). *Berechnung des Lesbarkeitsindex LIX nach Björnson.* http://www.psychometrica.de/lix.html. https://doi.org/10.13140/RG.2.1.1512.3447

Lenhard, W., Lenhard, A. & Schneider, W [Wolfgang]. (2020). *ELFE II: Ein Leseverständnistest für Erst- bis Siebtklässler* (4., unveränderte Auflage). Hogrefe.

León, J. A., Moreno, J. D., Escudero, I. & Kaakinen, J. K. (2019). *Selective attention to question-relevant text information precedes high-quality summaries: Evidence from eye movements.*

Lesh, R. A. & Doerr, H. M. (Hrsg.). (2003). *Beyond constructivism: Models and modeling perspectives on mathematics problem solving, learning, and teaching.* Lawrence Erlbaum Associates, Inc. https://doi.org/10.4324/9781410607713

Lewis, M. R. & Mensink, M. C. (2012). Prereading Questions and Online Text Comprehension. *Discourse Processes, 49*(5), 367–390. https://doi.org/10.1080/0163853X.2012.662801

Lilienthal, A. J. & Schindler, M. (2019). Eye tracking research in mathematics education: A PME literature review. In M. Graven, H. Venkat, A. A. Essien & P. Vale (Hrsg.), *Proceedings of the 43rd conference of the international group for the psychology of mathematics education: Volume 4, oral communications and poster presentations* (S. 62). PME.

Linderholm, T. & van den Broek, P. W. (2002). The effects of reading purpose and working memory capacity on the processing of expository text. *Journal of Educational Psychology, 94*(4), 778–784. https://doi.org/10.1037//0022-0663.94.4.778

Liversedge, S. P., Paterson, K. B. & Pickering, M. J. (1998). Eye Movements and Measures of Reading Time. In G. Underwood (Hrsg.), *Eye guidance in reading and scene perception* (S. 55–75). Elsevier. https://doi.org/10.1016/B978-008043361-5/50004-3

Lohmann, D. F. (1996). Spatial Ability and g. In I. Dennis & P. Tapsfield (Hrsg.), *Human abilities: Their nature and measurement* (S. 97–116). Lawrence Erlbaum Associates.

Long, D. L., Oppy, B. J. & Seely, M. R. (1997). Individual Differences in Readers' Sentence- and Text-Level Representations. *Journal of Memory and Language*, *36*, 129–145. https://doi.org/10.1006/jmla.1996.2485

Maaß, K. (2010). Classification Scheme for Modelling Tasks. *Journal für Mathematik-Didaktik*, *31*(2), 285–311. https://doi.org/10.1007/s13138-010-0010-2

MacKinnon, D. P. (2008). *Introduction to Statistical Mediation Analysis*. Routledge. https://doi.org/10.4324/9780203809556

MacKinnon, D. P., Krull, J. L. & Lockwood, C. M. (2000). Equivalence of the mediation, confounding and suppression effect. *Prevention science*, *1*(4), 173–181. https://doi.org/10.1023/a:1026595011371

Malmberg, K. J., Raaijmakers, J. G. W. & Shiffrin, R. M. (2019). 50 years of research sparked by Atkinson and Shiffrin (1968). *Memory & cognition*, *47*(4), 561–574. https://doi.org/10.3758/s13421-019-00896-7

Malmberg, K. J. & Shiffrin, R. M. (2005). The „one-shot" hypothesis for context storage. *Journal of experimental psychology. Learning, memory, and cognition*, *31*(2), 322–336. https://doi.org/10.1037/0278-7393.31.2.322

Mayer, R. E. (1979). Can Advance Organizers Influence Meaningful Learning? *Review of Educational Research*, *49*(2), 371–383. https://doi.org/10.3102/00346543049002371

Mayer, R. E. & Hegarty, M. (1996). The Process of Understanding Mathematical Problems. In R. J. Sternberg & T. Ben-Zeev (Hrsg.), *The Nature of Mathematical Thinking* (S. 29–54). Routledge.

McCrudden, M. T., Magliano, J. P. & Schraw, G. (2011). Relevance in text comprehension. In M. T. McCrudden, J. P. Magliano & G. Schraw (Hrsg.), *Text Relevance and Learning from Text*. Information Age Publishing.

McCrudden, M. T. & Schraw, G. (2007). Relevance and Goal-Focusing in Text Processing. *Educational Psychology Review*, *19*(2), 113–139. https://doi.org/10.1007/s10648-006-9010-7

McCrudden, M. T., Schraw, G. & Kambe, G. (2005). The Effect of Relevance Instructions on Reading Time and Learning. *Journal of Educational Psychology*, *97*(1), 88–102. https://doi.org/10.1037/0022-0663.97.1.88

McKeown, M. G., Beck, I. L. & Blake, R. G. (2009). Rethinking Reading Comprehension Instruction: A Comparison of Instruction for Strategies and Content Approaches. *Reading Research Quarterly*, *44*(3), 218–253. https://doi.org/10.1598/RRQ.44.3.1

McNamara, D. S. & Kintsch, W. (1996). Learning from texts: Effects of prior knowledge and text coherence. *Discourse Processes*, *22*(3), 247–288.

McNamara, D. S., Kintsch, E., Songer, N. B. & Kintsch, W. (1996). Are Good Texts Always Better? Interactions of Text Coherence, Background Knowledge, and Levels of Understanding in Learning From Text. *Cognition and Instruction*, *14*(1), 1–43. https://doi.org/10.1207/s1532690xci1401_1

McNamara, D. S. & Magliano, J. P. (2009). Toward a Comprehensive Model of Comprehension. In B. H. Ross (Hrsg.), *Psychology of Learning and Motivation: Bd. 51. The Psychology of Learning and Motivation* (S. 297–384). Elsevier. https://doi.org/10.1016/S0079-7421(09)51009-2

Messick, S. (1995). Validity of psychological assessment: Validation of inferences from persons' responses and performances as scientific inquiry into score meaning. *American Psychologist*, *50*(9), 741–749. https://doi.org/10.1037/0003-066X.50.9.741

Miller, L. M. S., Cohen, J. A. & Wingfield, A. (2006). Contextual knowledge reduces demands on working memory during reading. *Memory & cognition, 34*(6), 1355–1367. https://doi.org/10.3758/bf03193277

Millisecond Software L.L.C. (2015). *Inquisit* (Version 4.0) [Computer software]. Seattle, WA.

Mischo, C. & Maaß, K. (2012). Which personal factors affect mathematical modelling? The effect of abilities, domain specific and cross domain-competences and beliefs on performance in mathematical modelling. *Journal of Mathematical Modelling and Application, 7*(1), 3–19.

Moosbrugger, H. & Kelava, A. (2020). Qualitätsanforderungen an Tests und Fragebogen („Gütekriterien"). In H. Moosbrugger & A. Kelava (Hrsg.), *Testtheorie und Fragebogenkonstruktion* (3. Aufl., S. 13–38). Springer Berlin Heidelberg. https://doi.org/10.1007/978-3-662-61532-4_2

Morasky, R. L. & Willcox, H. H. (1970). Time Required to Process Information as a Function of Question Placement. *American Educational Research Journal, 7*(4), 561–567. https://doi.org/10.2307/1161837

Muthén, L. K. & Muthén, B. O. (1998–2017). *Mplus User's Guide. Eigth Edition.* Muthén & Muthén.

Myers, D. G. (2014). *Psychologie.* Springer. https://doi.org/10.1007/978-3-642-40782-6

Nelson, A. B. & Shiffrin, R. M. (2013). The co-evolution of knowledge and event memory. *Psychological Review, 120*(2), 356–394. https://doi.org/10.1037/a0032020

Nguyen, H. (2021). *Validierung eines Testverfahrens zur Messung des Textverstehens bei mathematischen Modellierungsaufgaben – eine qualitative Untersuchung mit Lernenden der gymnasialen Oberstufe.* (unveröffentlichte Masterarbeit). WWU Münster.

Nieding, G. (2006). *Wie verstehen Kinder Texte? Die Entwicklung kognitiver Repräsentationen.* Pabst Science Publishers.

Niss, M. (2010). Modeling a Crucial Aspect of Students' Mathematical Modeling. In R. A. Lesh, P. L. Galbraith, C. R. Haines & A. Hurford (Hrsg.), *Modeling Students' Mathematical Modeling Competencies* (S. 43–59). Springer US. https://doi.org/10.1007/978-1-4419-0561-1_4

Niss, M. & Blum, W. (2020). *The learning and teaching of mathematical modelling.* Routledge.

Niss, M., Blum, W. & Galbraith, P. L. (2007). Introduction. In W. Blum, P. L. Galbraith, H.-W. Henn & M. Niss (Hrsg.), *New ICMI study series: Bd. 10. Modelling and applications in mathematics education: The 14th ICMI study.* Springer.

Nunnally, J. C. (1967). *Psychometric theory.* McGraw-Hill.

Nunnally, J. C. & Bernstein, I. H. (1994). *Psychometric Theory* (3. Aufl.). *McGraw-Hill series in psychology.* McGraw-Hill.

Oberauer, K., Farrell, S., Jarrold, C. & Lewandowsky, S. (2016). What limits working memory capacity? *Psychological bulletin, 142*(7), 758–799. https://doi.org/10.1037/bul0000046

Oberauer, K., Süß, H.-M., Schulze, R., Wilhelm, O. & Wittmann, W. W. (2000). Working memory capacity – facets of a cognitive ability construct. *Personality and Individual Differences, 29*(6), 1017–1045. https://doi.org/10.1016/S0191-8869(99)00251-2

OECD. (2003). *The PISA 2003 Assessment Framework – Mathematics, Reading, Science and Problem Solving Knowlege and Skills.* OECD.

OECD. (2019a). *PISA 2018 Assessment and Analytical Framework*. OECD Publishing. https://doi.org/10.1787/b25efab8-en

OECD. (2019b). *What Students Know and Can Do. PISA 2018 Results: Volume I*. OECD Publishing. https://doi.org/10.1787/5f07c754-en

Österholm, M. (2006). Characterizing Reading Comprehension of Mathematical Texts. *Educational Studies in Mathematics, 63*(3), 325–346. https://doi.org/10.1007/s10649-005-9016-y

Oudega, M. & van den Broek, P. W. (2018). Standards of Coherence in Reading: Variations in Processing and Comprehension of Text. In K. K. Millis, D. L. Long, J. P. Magliano & K. Wiemer (Hrsg.), *Deep comprehension: Multi-disciplinary approaches to understanding, enhancing, and measuring comprehension* (S. 41–51). Routledge Taylor & Francis Group.

Ozuru, Y., Dempsey, K. & McNamara, D. S. (2009). Prior knowledge, reading skill, and text cohesion in the comprehension of science texts. *Learning and Instruction, 19*(3), 228–242. https://doi.org/10.1016/j.learninstruc.2008.04.003

Paas, F. G. W. C. & van Merriënboer, J. J. G. (1993). The Efficiency of Instructional Conditions: An Approach to Combine Mental Effort and Performance Measures. *Human Factors: The Journal of the Human Factors and Ergonomics Society, 35*(4), 737–743. https://doi.org/10.1177/001872089303500412

Paetsch, J. & Felbrich, A. (2015). Longitudinale Zusammenhänge zwischen sprachlichen Kompetenzen und elementaren mathematischen Modellierungskompetenzen bei Kindern mit Deutsch als Zweitsprache. *Psychologie in Erziehung und Unterricht, 63*(1), 16. https://doi.org/10.2378/peu2016.art03d

Palermo, D. S. & Jenkins, J. J [J. J.]. (1964). *Word association norms: Grade school through college*. U. Minnesota Press.

Peeck, J. (1970). Effect of prequestions on delayed retention of prose material. *Journal of Educational Psychology, 61*(3), 241–246. https://doi.org/10.1037/h0029104

Peng, P., Namkung, J., Barnes, M. A. & Sun, C. (2016). A meta-analysis of mathematics and working memory: Moderating effects of working memory domain, type of mathematics skill, and sample characteristics. *Journal of Educational Psychology, 108*(4), 455–473. https://doi.org/10.1037/edu0000079

Perfetti, C. A. (1994). Psycholinguistics and reading ability. In M. A. Gernsbacher (Hrsg.), *Handbook of psycholinguistics* (S. 849–894). Academic Press.

Philipp, M. (2011). *Lesesozialisation in Kindheit und Jugend: Lesemotivation, Leseverhalten und Lesekompetenz in Familie, Schule und Peer-Beziehungen. Lehren und Lernen*. Kohlhammer.

Pichert, J. W. & Anderson, R. C. (1977). Taking different perspectives on a story. *Journal of Educational Psychology, 69*(4), 309–315. https://doi.org/10.1037/0022-0663.69.4.309

Piefke, M. & Fink, G. (2013). Gedächtnissysteme und Taxonomie von Gedächtnisstörungen. In T. Bartsch & P. Falkai (Hrsg.), *Gedächtnisstörungen* (S. 14–30). Springer Berlin Heidelberg. https://doi.org/10.1007/978-3-642-36993-3_2

Plath, J. & Leiss, D. (2018). The impact of linguistic complexity on the solution of mathematical modelling tasks. *ZDM Mathematics Education, 50*(1-2), 159–171. https://doi.org/10.1007/s11858-017-0897-x

Pollak, H. (1969). How can we teach application of mathematics? *Educational Studies in Mathematics, 2*, 393–404.

Pollatsek, A., Reichle, E. D. & Rayner, K. (2006). Tests of the E-Z Reader model: exploring the interface between cognition and eye-movement control. *Cognitive Psychology*, *52*(1), 1–56. https://doi.org/10.1016/j.cogpsych.2005.06.001

Porath, P. (2021). *Ändert die Position der Fragestellung das Leseverhalten? Eine qualitative Analyse von Blickbewegungen beim Verstehen von Modellierungsaufgaben.* (unveröffentlichte Masterarbeit). WWU Münster.

Posner, M. I., Nissen, M. J. & Ogden, W. C. (1978). Attended and Unattended Processing Modes: The Role of Set for Spatial Location. In J. Pick & E. Saltzman (Hrsg.), *Modes of Perceiving and Processing Information* (S. 137–157). Erlbaum.

Postman, L., Adams, P. A. & Bohm, A. M. (1956). Studies in incidental learning. V. Recall for order and associative clustering. *Journal of Experimental Psychology*, *51*(5), 334–342. https://doi.org/10.1037/h0046394

Prediger, S., Wilhelm, N., Büchter, A., Gürsoy, E. & Benholz, C. (2015). Sprachkompetenz und Mathematikleistung – Empirische Untersuchung sprachlich bedingter Hürden in den Zentralen Prüfungen 10. *Journal für Mathematik-Didaktik*, *36*(1), 77–104. https://doi.org/10.1007/s13138-015-0074-0

Pressley, M., McDaniel, M. A., Turnure, J. E., Wood, E. & Ahmad, M. (1987). Generation and precision of elaboration: Effects on intentional and incidental learning. *Journal of Experimental Psychology: Learning, Memory, and Cognition*, *13*(2), 291–300. https://doi.org/10.1037/0278-7393.13.2.291

Raaijmakers, J. G. W. & Shiffrin, R. M. (1980). SAM: A Theory of Probabilistic Search of Associative Memory. In G. H. Bower (Hrsg.), *Psychology of Learning and Motivation* (Bd. 14, S. 207–262). Academic Press. https://doi.org/10.1016/S0079-7421(08)60162-0

Raaijmakers, J. G. W. & Shiffrin, R. M. (1981). Search of associative memory. *Psychological Review*, *88*(2), 93–134. https://doi.org/10.1037/0033-295X.88.2.93

Radach, R. & Kennedy, A. (2013). Eye movements in reading: some theoretical context. *Quarterly Journal of Experimental Psychology*, *66*(3), 429–452.

Radvansky, G. A. & Copeland, D. E. (2004). Working Memory Span and Situation Model Processing. *The American Journal of Psychology*, *117*(2), 191–213. https://doi.org/10.2307/4149022

Rawson, K. A. & Kintsch, W. (2002). How does background information improve memory for text content? *Memory & cognition*, *30*(5), 768–778. https://doi.org/10.3758/bf03196432

Rayner, K. (1979). Eye movements and landing positions in reading: a retrospective. *Perception*, *8*, 21–30.

Rayner, K., Li, X. & Pollatsek, A. (2007). Extending the e-z reader model of eye movement control to chinese readers. *Cognitive science*, *31*(6), 1021–1033. https://doi.org/10.1080/03640210701703824

Rayner, K. & Liversedge, S. P. (2011). Linguistic and cognitive influences on eye movements during reading. In S. P. Liversedge, I. D. Gilchrist & S. Everling (Hrsg.), *The Oxford handbook of eye movements* (S. 751–766). Oxford University Press.

Rayner, K., Pollatsek, A., Ashby, J. & Clifton Jr., C. (2012). *Psychology of Reading* (2. Aufl.). Psychology Press.

Razahli, N. M. & Wah, Y. B. (2011). Power comparisons of Shapiro-Wilk, Kolmogorov-Smirnov, Lilliefors and Anderson-Darling tests. *Journal of Statistical Modeling and Analytics*, *2*(1), 21–33.

Redick, T. S., Broadway, J. M., Meier, M. E., Kuriakose, P. S., Unsworth, N., Kane, M. J. & Engle, R. W. (2012). Measuring Working Memory Capacity With Automated Complex Span Tasks. *European Journal of Psychological Assessment*, *28*(3), 164–171. https://doi.org/10.1027/1015-5759/a000123

Reichle, E. D. & Laurent, P. A. (2006). Using reinforcement learning to understand the emergence of „intelligent" eye-movement behavior during reading. *Psychological Review*, *113*(2), 390–408. https://doi.org/10.1037/0033-295X.113.2.390

Reichle, E. D., Pollatsek, A., Fisher, D. L. & Rayner, K. (1998). Toward a model of eye movement control in reading. *Psychological Review*, *105*(1), 125–157. https://doi.org/10.1037/0033-295x.105.1.125

Reichle, E. D., Rayner, K. & Pollatsek, A. (1999). Eye movement control in reading: accounting for initial fixation locations and refixations within the E-Z Reader model. *Vision research*, *39*(26), 4403–4411. https://doi.org/10.1016/s0042-6989(99)00152-2

Reichle, E. D., Rayner, K. & Pollatsek, A. (2003). The E-Z reader model of eye-movement control in reading: comparisons to other models. *Behavioral and Brain Sciences*, *26*(4), 445–76; discussion 477–526. https://doi.org/10.1017/s0140525x03000104

Reichle, E. D., Reineberg, A. E. & Schooler, J. W. (2010). Eye movements during mindless reading. *Psychological Science*, *21*(9), 1300–1310. https://doi.org/10.1177/0956797610378686

Reichle, E. D., Vanyukov, P. M., Laurent, P. A. & Warren, T. (2008). Serial or parallel? Using depth-of-processing to examine attention allocation during reading. *Vision research*, *48*(17), 1831–1836. https://doi.org/10.1016/j.visres.2008.05.007

Reichle, E. D., Warren, T. & McConnell, K. (2009). Using E-Z Reader to model the effects of higher level language processing on eye movements during reading. *Psychonomic Bulletin & Review*, *16*(1), 1–21. https://doi.org/10.3758/PBR.16.1.1

Reinecke, J. (2014). *Strukturgleichungsmodelle in den Sozialwissenschaften* (2., aktualisierte und erweiterte Auflage). De Gruyter Oldenbourg. https://doi.org/10.1524/9783486854008

Reingold, E. M. & Rayner, K. (2006). Examining the word identification stages hypothesized by the E-Z Reader model. *Psychological Science*, *17*(9), 742–746. https://doi.org/10.1111/j.1467-9280.2006.01775.x

Reinhold, F., Hofer, S., Berkowitz, M., Strohmaier, A. R., Scheuerer, S., Loch, F., Vogel-Heuser, B. & Reiss, K. M. (2020). The role of spatial, verbal, numerical, and general reasoning abilities in complex word problem solving for young female and male adults. *Mathematics Education Research Journal.* Vorab-Onlinepublikation. https://doi.org/10.1007/s13394-020-00331-0

Rellensmann, J. & Schukajlow, S. (2017). Does students' interest in a mathematical problem depend on the problem's connection to reality? An analysis of students' interest and pre-service teachers' judgments of students' interest in problems with and without a connection to reality. *ZDM Mathematics Education*, *49*(3), 367–378. https://doi.org/10.1007/s11858-016-0819-3

Renkl, A. (2008). Lehren und Lernen im Kontext der Schule. In A. Renkl (Hrsg.), *Psychologie Lehrbuch. Lehrbuch pädagogische Psychologie* (S. 109–153). Huber.

Renkl, A. (2020). Wissenserwerb. In E. Wild & J. Möller (Hrsg.), *Pädagogische Psychologie* (S. 3–24). Springer Berlin Heidelberg. https://doi.org/10.1007/978-3-662-61403-7_1

Reusser, K. (1985). *From Situation to Equation: On Formulation, Understanding and Solving „Situation Problems"*. Boulder, Colorado. Institute of Cognitive Science, University of Colorado.

Reusser, K. (1989). *Vom Text zur Situation zur Gleichung: Kognitive Simulation von Sprachverständnis und Mathematisierung beim Lösen von Textaufgaben.*

Reusser, K. (1990). *Vom Text zur Situation zur Gleichung: Kognitive Simulation von Sprachverständnis und Mathematisierung beim Lösen von Textaufgaben* [From text to situation to equation: Cognitive simulation of language comprehension and mathematization in word problem solving]. University of Bern.

Reusser, K. & Staebler, R. (1997). Every word problem has a solution: The suspension of reality and sense-making in the culture of school mathematics. *Learning and Instruction, 7*(4), 309–327. https://doi.org/10.1016/S0959-4752(97)00014-5

Reußner, M. (2019). *Die Güte der Gütemaße: Zur Bewertung von Strukturgleichungsmodellen.* De Gruyter Oldenbourg. https://doi.org/10.1515/9783110624199

Reyna, V. F. & Brainerd, C. J. (1995). Fuzzy-trace theory: An interim synthesis. *Learning and Individual Differences, 7*(1), 1–75. https://doi.org/10.1016/1041-6080(95)90031-4

Reynolds, R. E., Trathen, W., Sawyer, M. L. & Shepard, C. R. (1993). Causal and Epiphenomenal Use of the Selective Attention Strategy in Prose Comprehension. *Contemporary educational psychology, 18*(2), 258–278. https://doi.org/10.1006/ceps.1993.1020

Rickards, J. P. (1976). Stimulating High-Level Comprehension by Interspersing Questions in Text Passages. *Educational Technology, 16*(11), 13–17.

Rickards, J. P. & Hatcher, C. W. (1977–1978). Interspersed Meaningful Learning Questions as Semantic Cues for Poor Comprehenders. *Reading Research Quarterly, 13*(4), 538–553. https://doi.org/10.2307/747511

Robinson, F. P. (1961). *Effective Study* (Revised Edition). Harper & Row.

Rodríguez Gallegos, R. & Quiroz Rivera, S. (2015). Developing Modelling Competencies Through the Use of Technology. In G. Stillman, W. Blum & M. Salett Biembengut (Hrsg.), *International Perspectives on the Teaching and Learning of Mathematical Modelling. Mathematical Modelling in Education Research and Practice: Cultural, Social and Cognitive Influences* (S. 443–452). Springer International Publishing. https://doi.org/10.1007/978-3-319-18272-8_37

Rogers, J. L., Howard, K. I. & Vessey, J. T. (1993). Using significance tests to evaluate equivalence between two experimental groups. *Psychological bulletin, 113*(3), 553–565. https://doi.org/10.1037/0033-2909.113.3.553

Rothkopf, E. Z. & Billington, M. J. (1979). Goal-guided learning from text: Inferring a descriptive processing model from inspection times and eye movements. *Journal of Educational Psychology, 71*(3), 310–327.

Rouet, J.-F. & Britt, M. A. (2011). Relevance processes in multiple document comprehension. In M. T. McCrudden, J. P. Magliano & G. Schraw (Hrsg.), *Text Relevance and Learning from Text* (S. 19–52). Information Age Publishing.

Sales, B. D. & Folkman, S. (2000). *Ethics in research with human participants.* American Psychological Association.

Salvucci, D. D. & Goldberg, J. H. (2000). Identifying fixations and saccades in eye-tracking protocols. In A. T. Duchowski (Hrsg.), *Proceedings of the 2000 symposium on Eye tracking research & applications* (S. 71–78). ACM. https://doi.org/10.1145/355017.355028

Schleppegrell, M. J. (2004). *The language of schooling: A functional linguistics perspective.* Lawrence Erlbaum Associates. https://doi.org/10.4324/9781410610317

Schmitz, A. & Karstens, F. (2021). Lesestrategien zur Unterstützung des Verstehens von Textaufgaben. Vermittlung und Routinen im Mathematikunterricht aus Sicht von Lehrkräften und Lernenden. *Journal für Mathematik-Didaktik.* Vorab-Onlinepublikation. https://doi.org/10.1007/s13138-021-00188-1

Schmitz, M. (2022). *Dekorative und repräsentative Bilder beim mathematischen Modellieren: Eine Eyetracking Studie.* Dissertation. Westfälische Wilhelms-Universität Münster.

Schneekloth, J. (2021). *Blickbewegungen beim Textverstehen von Modellierungsaufgaben und der Einfluss der Position der Fragestellung – Eine qualitative Untersuchung mit Schülerinnen und Schülern der Qualifikationsphase.* (unveröffentlichte Masterarbeit). WWU Münster.

Schneider, W [Walter] & Detweiler, M. (1988). A Connectionist/Control Architecture for Working Memory. *Psychology of Learning and Motivation, 21*, 53–119. https://doi.org/10.1016/S0079-7421(08)60026-2

Schneider, W [Wolfgang] & Körkel, J. (1989). The knowledge base and text recall: Evidence from a short-term longitudinal study. *Contemporary educational psychology, 14*(4), 382–393. https://doi.org/10.1016/0361-476X(89)90023-4

Schneider, W [Wolfgang], Schlagmüller, M. & Ennemoser, M. (2007). *LGVT 6–12: Lesegeschwindigkeits- und -verständnistest für die Klassen 6–12.* Hogrefe.

Schneider, W [Wolfgang], Schlagmüller, M. & Ennemoser, M. (2017a). *LGVT 5–12+: Lesegeschwindigkeits- und -verständnistest für die Klassen 5–12+* (2., erweiterte und neu normierte Auflage). Hogrefe.

Schneider, W [Wolfgang], Schlagmüller, M. & Ennemoser, M. (2017b). *LGVT 5–12+: Lesegeschwindigkeits- und -verständnistest für die Klassen 5–12+. Manual* (2., erweiterte und neu normierte Auflage). Hogrefe.

Schoenfeld, A. H. (1991). On mathematics as sense-making: An informal attack on the unfortunate divorce of formal and informal mathematics. In J. F. Voss, D. N. Perkins & J. W. Segal (Hrsg.), *Informal reasoning and education* (S. 311–343). Lawrence Erlbaum Associates, Inc.

Schotter, E. R., Tran, R. & Rayner, K. (2014). Don't believe what you read (only once): comprehension is supported by regressions during reading. *Psychological Science, 25*(6), 1218–1226. https://doi.org/10.1177/0956797614531148

Schraw, G., Wade, S. E. & Kardash, C. A. (1993). Interactive effects of text-based and task-based importance on learning from text. *Journal of Educational Psychology, 85*(4), 652–661. https://doi.org/10.1037/0022-0663.85.4.652

Schukajlow, S. (2011). *Mathematisches Modellieren: Schwierigkeiten und Strategien von Lernenden als Bausteine einer lernprozessorientierten Didaktik der neuen Aufgabenkultur.* Waxmann.

Schukajlow, S. (2013). Lesekompetenz und mathematisches Modellieren. In R. Borromeo Ferri, G. Greefrath & G. Kaiser (Hrsg.), *Realitätsbezüge im Mathematikunterricht. Mathematisches Modellieren für Schule und Hochschule: Theoretische und didaktische Hintergründe* (Bd. 128, S. 125–143). Springer Fachmedien.

Schukajlow, S., Kaiser, G. & Stillman, G. (2018). Empirical research on teaching and learning of mathematical modelling: a survey on the current state-of-the-art. *ZDM Mathematics Education, 50*(1-2), 5–18. https://doi.org/10.1007/s11858-018-0933-5

Schukajlow, S., Kaiser, G. & Stillman, G. (2021). Modeling from a cognitive perspective: theoretical considerations and empirical contributions. *Mathematical Thinking and Learning*, 1–11. https://doi.org/10.1080/10986065.2021.2012631

Schukajlow, S., Kolter, J. & Blum, W. (2015). Scaffolding mathematical modelling with a solution plan. *ZDM Mathematics Education*, *47*(7), 1241–1254. https://doi.org/10.1007/s11858-015-0707-2

Schukajlow, S., Leiss, D., Pekrun, R., Blum, W., Müller, M. & Messner, R. (2012). Teaching methods for modelling problems and students' task-specific enjoyment, value, interest and self-efficacy expectations. *Educational Studies in Mathematics*, *79*(2), 215–237. https://doi.org/10.1007/s10649-011-9341-2

Schukajlow, S., Rakoczy, K. & Pekrun, R. (2023). Emotions and motivation in mathematics education: Where we are today and where we need to go. *ZDM Mathematics Education*, *55*(2), 249–267. https://doi.org/10.1007/s11858-022-01463-2

Schumacher, G. M., Moses, J. D. & Young, D. (1983). Students' Studying Processes on Course Related Texts: The Impact of Inserted Questions. *Journal of Reading Behavior*, *15*(2), 19–36. https://doi.org/10.1080/10862968309547481

Schwippert, K., Kasper, D., Köller, O., McElvany, N., Selter, C., Steffensky, M. & Wendt, H. (2020). *TIMSS 2019. Mathematische und naturwissenschaftliche Kompetenzen von Grundschulkindern in Deutschland im internationalen Vergleich.* Waxmann. https://doi.org/10.31244/9783830993193

Secada, W. G. (1992). Race, ethnicity, social class, language, and achievement in mathematics. In D. Grouws (Hrsg.), *Handbook for Research on Mathematics Teaching and Learning* (S. 623–660). Macmillan.

Sedlmeier, P. & Renkewitz, F. (2018). *Forschungsmethoden und Statistik für Psychologen und Sozialwissenschaftler* (3., aktualisierte und erweiterte Auflage). Pearson.

Shadish, W. R., Cook, T. D. & Campbell, D. T. (2002). *Experimental and quasi-experimental designs for generalized causal inference.* Houghton, Mifflin and Company.

Shanahan, T. (1986). Predictions and the Limiting Effects of Prequestions. In J. A. Niles & R. V. Lalik (Hrsg.), *Solving problems in literacy: Learners, teachers, and researchers: Thirty-fith yearbook of the National Reading Conference* (S. 92–98). National Reading Conference.

Shapiro, S. S. & Wilk, M. B. (1965). An Analysis of Variance Test for Normality (Complete Samples). *Biometrika*, *52*(3/4), 591–611.

Shavelson, R. J., Berliner, D. C., Ravitch, M. M. & Loeding, D. (1974). Effects of position and type of question on learning from prose material: Interaction of treatments with individual differences. *Journal of Educational Psychology*, *66*(1), 40–48. https://doi.org/10.1037/h0035813

Shiffrin, R. M. & Steyvers, M. (1997). A model for recognition memory: REM-retrieving effectively from memory. *Psychonomic Bulletin & Review*, *4*(2), 145–166. https://doi.org/10.3758/BF03209391

Smith, B. L., Holliday, W. G. & Austin, H. W. (2010). Students' comprehension of science textbooks using a question-based reading strategy. *Journal of Research in Science Teaching*, *47*(4), 363–379. https://doi.org/10.1002/tea.20378

Snyder, K. M., Ashitaka, Y., Shimada, H., Ulrich, J. E. & Logan, G. D. (2014). What skilled typists don't know about the QWERTY keyboard. *Attention, perception & psychophysics*, *76*(1), 162–171. https://doi.org/10.3758/s13414-013-0548-4

Sperling, G. (1960). The information available in brief visual presentations. *Psychological Monographs: General and Applied, 74*(11), 1–29. https://doi.org/10.1037/h0093759

Squire, L. R. (1987). *Memory and brain.* Oxford University Press.

St. Hilaire, K. J. & Carpenter, S. K. (2020). Prequestions enhance learning, but only when they are remembered. *Journal of experimental psychology. Applied.* Vorab-Onlinepublikation. https://doi.org/10.1037/xap0000296

Stephany, S. (2017). Textkohärenz als Einflussfaktor beim Lösen mathematischer Textaufgaben. In D. Leiss, M. Hagena, A. Neumann & K. Schwippert (Hrsg.), *Sprachliche Bildung: Band 3. Mathematik und Sprache: Empirischer Forschungsstand und unterrichtliche Herausforderungen* (S. 43–61). Waxmann.

Stephany, S. (2018). *Sprache und mathematische Textaufgaben* [Dissertation, Waxmann Verlag]. GBV Gemeinsamer Bibliotheksverbund.

Stillman, G. & Brown, J. P. (2014). Evidence of implemented anticipation in mathematising by beginning modellers. *Mathematics Education Research Journal, 26*(4), 763–789. https://doi.org/10.1007/s13394-014-0119-6

Stillman, G., Brown, J. P. & Galbraith, P. L. (2010). Identifying Challenges within Transition Phases of Mathematical Modeling Activities at Year 9. In R. A. Lesh, P. L. Galbraith, C. R. Haines & A. Hurford (Hrsg.), *Modeling Students' Mathematical Modeling Competencies* (S. 385–398). Springer US. https://doi.org/10.1007/978-1-4419-0561-1_33

Stillman, G. & Galbraith, P. L. (1998). Applying mathematics with real world connections: metacognitive characteristics of secondary students. *Educational Studies in Mathematics, 36*(2), 157–194. https://doi.org/10.1023/A:1003246329257

Strasburger, H., Rentschler, I. & Jüttner, M. (2011). Peripheral vision and pattern recognition: a review. *Journal of vision, 11*(5), 13. https://doi.org/10.1167/11.5.13.

Streiner, D. L. (2003). Starting at the beginning: an introduction to coefficient alpha and internal consistency. *Journal of personality assessment, 80*(1), 99–103. https://doi.org/10.1207/S15327752JPA8001_18

Strohmaier, A. R. (2020). *When reading meets mathematics: Using eye movements to analyze complex word problem solving*. Technische Universität München.

Strohmaier, A. R., Ehmke, T., Härtig, H. & Leiss, D. (2023). On the role of linguistic features for comprehension and learning from STEM texts. A meta-analysis. *Educational Research Review, 39*, 100533. https://doi.org/10.1016/j.edurev.2023.100533

Strohmaier, A. R., Lehner, M. C., Beitlich, J. T. & Reiss, K. M. (2019). Eye Movements During Mathematical Word Problem Solving – Global Measures and Individual Differences. *Journal für Mathematik-Didaktik, 39*(6). https://doi.org/10.1007/s13138-019-00144-0

Strohmaier, A. R., MacKay, K. J., Obersteiner, A. & Reiss, K. M. (2020). Eye-tracking methodology in mathematics education research: A systematic literature review. *Educational Studies in Mathematics, 104*(2), 147–200. https://doi.org/10.1007/s10649-020-09948-1

Strohmaier, A. R., Schiepe-Tiska, A., Chang, Y.-P., Müller, F., Lin, F.-L. & Reiss, K. M. (2020). Comparing eye movements during mathematical word problem solving in Chinese and German. *ZDM Mathematics Education, 52*, 45–58. https://doi.org/10.1007/s11858-019-01080-6

Tardieu, H., Ehrlich, M.-F. & Gyselinck, V. (1992). Levels of representation and domain-specific knowledge in comprehension of scientific texts. *Language and Cognitive Processes, 7*(3/4), 335–351. https://doi.org/10.1080/01690969208409390

Taub, G. E., Keith, T. Z., Floyd, R. G. & Mcgrew, K. S. (2008). Effects of general and broad cognitive abilities on mathematics achievement. *School Psychology Quarterly, 23*(2), 187–198. https://doi.org/10.1037/1045-3830.23.2.187

Thevenot, C., Barrouillet, P. & Fayol, M. (2004). Représentation mentale et procédures de résolution de problèmes arithmétiques : l'effet du placement de la question. *L'année psychologique, 104*(4), 683–699. https://doi.org/10.3406/psy.2004.29685

Thevenot, C., Devidal, M., Barrouillet, P. & Fayol, M. (2007). Why does placing the question before an arithmetic word problem improve performance? A situation model account. *Quarterly Journal of Experimental Psychology, 60*(1), 43–56.

Tivian XI GmbH. (1999–2021a). *EFS Online-Dokumentation.* https://qbdocs.atlassian.net/wiki/spaces/DOK/overview

Tivian XI GmbH. (1999–2021b). *Unipark [Computer software].* Köln.

Tobii AB. (2018). *Eye Tracker Data Quality Test Report: Tobii Pro Spectrum.* Tobii AB.

Tobii AB. (2022). *Tobii Pro Lab (Version 1.194) [Computer software].* Tobii Pro AB. Danderyd, Schweden.

Tobinski, D. A. (2017). *Kognitive Psychologie.* Springer Berlin Heidelberg. https://doi.org/10.1007/978-3-662-53948-4

Tulving, E. (1972). Episodic and semantic memory. In E. Tulving & W. Donaldson (Hrsg.), *Organization of memory.* Academic Press.

Tulving, E. (1986). Episodic and semantic memory: Where should we go from here? *Behavioral and Brain Sciences, 9*(3), 573–577. https://doi.org/10.1017/s0140525x00047257

Tulving, E. & Schacter, D. L. (1990). Priming and human memory systems. *Science, 247*(4940), 301–306.

Turner, M. L. & Engle, R. W. (1989). Is working memory capacity task dependent? *Journal of Memory and Language, 28*(2), 127–154. https://doi.org/10.1016/0749-596X(89)90040-5

Unsworth, N., Heitz, R. P., Schrock, J. C. & Engle, R. W. (2005). An automated version of the operation span task. *Behavior Research Methods, 37*(3), 498–505.

van den Broek, P. W. (2010). Using texts in science education: cognitive processes and knowledge representation. *Science (New York, N.Y.), 328*(5977), 453–456. https://doi.org/10.1126/science.1182594

van den Broek, P. W., Fletcher, C. R. & Risden, K. (1993). Investigations of inferential processes in reading: A theoretical and methodological integration. *Discourse Processes, 16*(1-2), 169–180. https://doi.org/10.1080/01638539309544835

van den Broek, P. W. & Helder, A. (2017). Cognitive Processes in Discourse Comprehension: Passive Processes, Reader-Initiated Processes, and Evolving Mental Representations. *Discourse Processes, 54*(5-6), 360–372. https://doi.org/10.1080/0163853X.2017.1306677

van den Broek, P. W., Lorch, R. F., Linderholm, T. & Gustafson, M. (2001). The effects of readers' goals on inference generation and memory for texts. *Memory & cognition, 29*(8), 1081–1087. https://doi.org/10.3758/bf03206376

van den Broek, P. W., Risden, K. & Husebye-Hartmann, E. (1995). The role of readers' standards for coherence in the generation of inferences during reading. In R. F. Lorch & E.

J. O'Brien (Hrsg.), *Sources of coherence in reading* (S. 353–373). Lawrence Erlbaum Associates, Inc.

van Dijk, T. A. & Kintsch, W. (1983). *Strategies of Discourse Comprehension.* Academic Press.

Verbeek, M. (2017). *A Guide to Modern Econometrics* (5. Aufl.). John Wiley & Sons.

Verschaffel, L., Depaepe, F. & van Dooren, W. (2015). Individual differences in word problem solving. In R. C. Kadosh & A. Dowker (Hrsg.), *Oxford library of psychology. The Oxford handbook of numerical cognition* (S. 953–974). Oxford University Press. https://doi.org/10.1093/oxfordhb/9780199642342.001.0001

Verschaffel, L., Greer, B. D. & de Corte, E. (2000). *Making sense of word problems. Contexts of learning: Bd. 8.* Swets & Zeitlinger.

Verschaffel, L., Schukajlow, S., Star, J. & van Dooren, W. (2020). Word problems in mathematics education: a survey. *ZDM Mathematics Education, 52*(1), 1–16. https://doi.org/10.1007/s11858-020-01130-4

Verschaffel, L., van Dooren, W., Greer, B. D. & Mukhopadhyay, S. (2010). Reconceptualising Word Problems as Exercises in Mathematical Modelling. *Journal für Mathematik-Didaktik, 31*(1), 9–29. https://doi.org/10.1007/s13138-010-0007-x

Vilenius-Tuohimaa, P. M., Aunola, K. & Nurmi, J.-E. (2008). The association between mathematical word problems and reading comprehension. *Educational Psychology, 28*(4), 409–426. https://doi.org/10.1080/01443410701708228

Wagner, A. C., Uttendorfer-Marek, I. & Weidle, R. (1977). Die Analyse von Unterrichtsstrategien mit der Methode des „Nachträglichen Lauten Denkens "von Lehrern und Schülern zu ihrem unterrichtlichen Handeln. *Unterrichtswissenschaft, 3*, 244–250.

Wandell, B. A. (1995). *Foundations of Vision.* Sinauer Associates.

Wang, A. Y., Fuchs, L. S. & Fuchs, D. (2016). Cognitive and Linguistic Predictors of Mathematical Word Problems With and Without Irrelevant Information. *Learning and Individual Differences, 52*, 79–87.

Weidle, R. & Wagner, A. C. (1994). Die Methode des Lauten Denkens. In G. L. Huber & H. Mandl (Hrsg.), *Verbale Daten: Eine Einführung in die Grundlagen und Methoden der Erhebung und Auswertung* (2. Aufl., S. 81–103). Beltz.

Weinstein, C. F. & Mayer, R. E. (1986). The teaching of learning strategies. In M. Wittrock (Hrsg.), *Handbook of research on teaching* (3. Aufl., S. 315–372). Macmillan.

Weitkamp, B. (2022). *Auswirkungen der Position der Fragestellung auf das Textverstehen von mathematischen Modellierungsaufgaben und der Einfluss des Leseverstehens.* (unveröffentlichte Masterarbeit). WWU Münster.

Wess, R. (2020). *Professionelle Kompetenz zum Lehren mathematischen Modellierens.* Springer Fachmedien. https://doi.org/10.1007/978-3-658-29801-2

Wickens, D. D. (1973). Some characteristics of word encoding. *Memory & cognition, 1*(4), 485–490. https://doi.org/10.3758/BF03208913

Wiesendanger, K. D., Birlem, E. D. & Wollenberg, J. (1982). A Summary of Studies Related to the Effect of Question Placement on Reading Comprehension. *Reading Horizons, 23*(1), Artikel 2, 15–21.

Wiggs, C. L. & Martin, A. (1998). Properties and mechanisms of perceptual priming. *Current opinion in neurobiology, 8*(2), 227–233. https://doi.org/10.1016/S0959-4388(98)80144-X

Wijaya, A. (2017). Exploring students' modeling competences: A case of a GeoGebra-based modeling task. In T. Hidayat, A. B. D. Nandiyanto, A. Jupri, E. Suhendi & H. S. H. Munawaroh (Hrsg.), *Mathematics, Science, and Computer Science Education (MSCEIS 2016): Proceedings of the 3rd International Seminar on Mathematics, Science, and Computer Science Education* (Bd. 1848, 040008–1–040008–6). AIP Publishing. https://doi.org/10.1063/1.4983946

Wijaya, A., van den Heuvel-Panhuizen, M. & Doorman, M. (2015). Opportunity-to-learn context-based tasks provided by mathematics textbooks. *Educational Studies in Mathematics, 89*(1), 41–65. https://doi.org/10.1007/s10649-015-9595-1

Wijaya, A., van den Heuvel-Panhuizen, M., Doorman, M. & Robitzsch, A. (2014). Difficulties in solving context-based PISA mathematics tasks: An analysis of students' errors. *The Mathematics Enthusiast, 11*(3), 555–584.

Wilhelm, N. (2016). *Zusammenhänge zwischen Sprachkompetenz und Bearbeitung mathematischer Textaufgaben*. Springer Fachmedien. https://doi.org/10.1007/978-3-658-13736-6

Winter, H. (1995). Mathematik und Allgemeinbildung. *Mitteilungen der Gesellschaft für Didaktik der Mathematik, 61*, 37–46.

Winter, M. & Venkat, H. (2013). Pre-service Teacher Learning for Mathematical Modelling. In G. Stillman, G. Kaiser, W. Blum & J. P. Brown (Hrsg.), *International Perspectives on the Teaching and Learning of Mathematical Modelling. Teaching mathematical modelling: Connecting to research and practice* (S. 395–404). Springer. https://doi.org/10.1007/978-94-007-6540-5_33

Yekovich, F. R., Walker, C. H., Ogle, L. T. & Thompson, M. A. (1990). The Influence of Domain Knowledge on Inferencing In Low-Aptitude Individuals. In A. C. Graesser & G. H. Bower (Hrsg.), *Psychology of Learning and Motivation* (Bd. 25, S. 259–278). Academic Press. https://doi.org/10.1016/S0079-7421(08)60259-5

Zöttl, L. (2010). *Modellierungskompetenz fördern mit heuristischen Lösungsbeispielen*. Franzbecker.

Zubi, I. A., Peled, I. & Yarden, M. (2019). Children with mathematical difficulties cope with modelling tasks: what develops? *International Journal of Mathematical Education in Science and Technology, 50*(4), 506–526. https://doi.org/10.1080/0020739X.2018.1527404

Zwaan, R. A. (1993). *Aspects of Literary Comprehension: A cognitive approach*. John Benjamins Publishing Company.

Zwaan, R. A. (1999). Situation Models: The Mental Leap Into Imagined Worlds. *Current Directions in Psychological Science, 8*(1), 15–18. https://doi.org/10.1111/1467-8721.00004

Zwaan, R. A. & Brown, C. M. (1996). The influence of language proficiency and comprehension skill on situation-model construction. *Discourse Processes, 21*(3), 289–327. https://doi.org/10.1080/01638539609544960

Zwaan, R. A. & Radvansky, G. A. (1998). Situation Models in Language Comprehension and Memory. *Psychological bulletin, 123*(2).